U0177823

岭南建筑丛书·第四辑

桂林乡村景观演进

李自若◎著

中国建筑工业出版社

图书在版编目（CIP）数据

桂林乡村景观演进 / 李自若著．—北京：中国建筑工业出版社，2023.9
（岭南建筑丛书．第四辑）
ISBN 978-7-112-28968-4

Ⅰ.①桂… Ⅱ.①李… Ⅲ.①乡村—景观设计—研究—桂林 Ⅳ.①TU986.2

中国国家版本馆CIP数据核字（2023）第143723号

本书基于整体、动态的研究视角，针对桂林地区环境的特殊性，以建筑为主的聚落环境、田园为主的生产环境、山水为主的自然环境，进行综合的乡村景观形态分析与演进研究，挖掘桂林地区乡村景观形态变化的内在规律与成因。通过史料分析与实地考察调研，总结了桂林地区乡村景观形态演变的主要逻辑、桂林地区乡村景观的演进路径以及桂林地区乡村景观地域特质的精髓，对完善桂林乡村地区的地域建筑及其环境研究和当地乡村的可持续营造有一定的推进作用。本书适用于乡村景观研究从业者及科研人员、相关专业在校师生、对桂林历史文化感兴趣的读者阅读参考。

责任编辑：唐　旭　张　华
文字编辑：李东禧
书籍设计：锋尚设计
责任校对：张　颖
校对整理：赵　菲

岭南建筑丛书·第四辑
桂林乡村景观演进
李自若　著
*
中国建筑工业出版社出版、发行（北京海淀三里河路9号）
各地新华书店、建筑书店经销
北京锋尚制版有限公司制版
北京中科印刷有限公司印刷
*
开本：787毫米×1092毫米　1/16　印张：14¾　字数：322千字
2023年9月第一版　2023年9月第一次印刷
定价：**78.00**元
ISBN 978-7-112-28968-4
（41123）

总序

文化是人类社会实践的能力和产物，是人类活动方式的总和。人的实践能力是构成文化的重要内容，也是文化发展的一种尺度。而人类社会实践的能力及其对象总是历史的、具体的、多样的，因此任何一种地域文化都会由于该地区独有的自然环境、人文环境及实践主体的不同而具有不同的特质。

岭南文化首先是一种原生型的文化。它有自己的土壤和深根，相对独立，自成体系。古代岭南虽处边陲，但与中原地区文化交往源远流长，从未间断，特别是到南北朝、两宋时期，汉民族南迁使文化重心南移，文化发展更为迅速。虽然古代岭南人创造的本根文化逐渐融汇中原文化及海外文化的影响，却始终保持有原味，并从外来文化中吸收养分，发展自己。

其次，岭南文化带有“亚热带与热带性”。在该生态环境下，使岭南有着与岭北地区显著不同的文化特征。地域特点决定了地域文化的特色，岭南奇异的地理环境、独特的人文底蕴，造就了岭南文化之独特魅力。岭南文化作为中华民族传统文化中最具特色和活力的地域文化之一，拥有两千多年历史，一直以来在建筑、园林、绘画、饮食、音乐、戏剧、影视等领域独具风格特色，受到世人的瞩目和关注。岭南建筑作为岭南文化的重要载体，更是岭南文化的精髓。

任何地方建筑都具有文化地域性，岭南建筑强调的是适应亚热带海洋气候，顺应沙田、丘陵、山区地形。任何一种成熟的建筑风格形成，总离不开四项主要因素的制约，即自然因素、经济因素、社会因素和文化因素。从自然因素而言，岭南地区丘陵广布、水网纵横、暖湿气候本来就有利于花木生长，山、水、植物资源的丰富性，让这一地区已经具备了先天的优良自然环境，使得人工环境的塑造容易得自然之惠。从经济因素而言，岭南地区的发展步伐不一，也间接在建筑上体现出形制、体量、装饰等方面的差异。而社会因素和文化因素影响下的岭南建筑，不仅在类型上形成了多样化特征，同时在民系文化影响下，各地域的建筑差异化特征也得到进一步强化。生活在这块土地上的岭南人民用自己的辛勤和智慧，创造了种类繁多、风格独特、辉煌绚丽的建筑文化遗产。

因此，从理论上来总结岭南地区的建筑文化之特点非常必要，也非常重要。而这种学术层面的总结提高是长期且持久的工作，并非短时间就能了结完事。“岭南建筑丛书”第一辑、第二辑、第三辑在2005年、2010年、2015年已由中国建筑工业出版社出版，得到了业内外人士的关注和赞许。这次“岭南建筑丛书”第四辑的书稿编辑，主要呈现在岭南传统聚落、民居和园林等范畴。无论从村落尺度上对传统格局凝结的生态智慧通过量化的求证，探寻乡村聚落地景空间和人工空间随时间演变的物理特征，还是研究岭南乡民或乡村社区的营建逻辑与空间策略；无论探讨岭南园林在经世致用原则营造中与防御、供水、交通、灌溉等生产系统的关系以及如何塑造公共景观，还是寻求寺观园林在岭南本土化、地域化下的空间营造特征等，皆是丰富岭南建筑研究的重要组成部分。

就学科领域而言，岭南民居建筑研究乃至中国民居建筑研究，在长期的发展实践中，已逐渐形成该领域独特的研究方法。民居研究领域已形成视域广阔、方法多元等特点，不同研究团队针对不同研究对象和研究目的，在学科交叉视野下已发展出多种特征。实时对国内民居建筑研究的历程与路径特色进行总结和提炼，也是该辑丛书分册中的重要内容，有助于推进民居建筑理论研究的持续深化。

无论如何，加强岭南建筑的理论研究，提高民族自信心，不但有着重要的学术价值，也有着重大的现实意义。

陆琦

于广州华南理工大学民居建筑研究所

2022年11月25日

前言

桂林，位于广西壮族自治区东北部，是五岭南北文化交融的节点，有着复杂的自然地理环境与多样的族群构成。它以奇美的山水景致与积淀深厚的历史文化闻名于世。在自然与社会共同作用下，当地乡村与山水相融、族群杂居，形成了具有地域特质的聚居环境。随着乡村旅游与新农村建设的拓展，桂林乡村也成为外来游客关注及本地居住环境提升的焦点。

在我国新农村建设的大背景下，2007年我开始接触桂林地区的乡村。在具体的调研与实践参与中，产生了几个疑问：

桂林的乡村有什么特点呢?

它是怎么形成，有着怎样的逻辑?

而未来，它又将去往何方?

因此，2009年我开始深入研究桂林乡村。由于个人风景园林学与建筑学的跨学科背景，导师陆琦教授建议我结合桂林乡村地域建筑及其环境进行研究。通过系统的文献阅读，自己也发现当时桂林地区的研究成果集中于桂林漓江周边的小部分区域以及北部龙胜地区为主的山地区域，以乡村建筑与聚落讨论或乡村旅游、生态为主。因此，我便以整体的乡村实体环境为研究对象，以桂林地区乡村形态研究为起点，结合景观演进研究，挖掘地方环境营造的影响因素及内在逻辑，探讨桂林地区乡村实体环境的地域特质、价值与发展趋向。2014年，在与桂林相遇的7年后，我完成了自己的博士论文。

2021年，借由出版的契机，自己重新回顾这份研究的缘起，众多的瞬间也再次浮现。其中包含了很多城市与乡村的矛盾，如乡民们坐在祠堂或家门口看见我们感叹山水、田园、古宅的美好，却直白地回问：“这山看几十年，都一样，真不明白有什么好。城里人这么喜欢，不如我们换着住?”乡民早已放弃土坯砖、青砖的老房子，搬进自己打工赚钱新建的楼房。而面对这些新建的房屋，城里来的同学或游客常常评价不适合当地风貌。村里的道路美化种植了很多花色靓丽的植物吸引游客。但在种植的第二天，它们就消失了。这些真实生活中的各种瞬间，驱动自己去理解乡村的生活、乡村的复杂、乡村的变化。博士论文结束后的7年，桂林乡村已经发生了更多的改变，中国的城乡关系也正踏入新的阶段。这份研究很显然无法跟进桂林最新的乡村全貌，但我还是期望它可以带大家走进桂林乡村，感受它千年的变化以及我们此刻所处。

目录

第一章

绪论：我国乡村地域建筑及其环境研究的发展脉络

乡村景观有着非常多的解释。它涉及“地域”，更涉及“人与自然”的某种关系。结合建筑学、风景园林的特点，本书主要将以山水为主的自然环境、田园为主的生产环境、建筑为主的聚落环境作为综合研究对象进行乡村景观的探讨。基于地域建筑及其环境的研究范畴，本书对相关研究进行回顾并期望可以：

一、明晰相关研究的发展背景及当下的时代需求；

二、把握相关研究在学术问题上的研究视角与趋向；

三、总结桂林地区相关研究的成果，明确研究的基础；

四、总结相关研究存在的缺憾，明确研究重点。

第一节

我国乡村地域建筑及其环境研究的发展过程

我国乡村地域建筑及其环境研究与其他学术讨论相近，是在近代一系列社会变革的背景下开始的。伴随着近代百年的国内外政治时局变动，乡村问题不断变化，乡村课题逐渐被提出，并在各时期有着不同的研究焦点。同时，伴随着相关科研机构的建设成熟、乡村建设规划管理机构的设立，乡村地区的地域建筑及其环境研究在研究范域、研究内容也不断地拓展、扩充。

20世纪初始，在政策与国情的需要下，乡村建设成为各种新思潮、革命的介入对象。近代新兴知识分子、企业家，外来传教士，新政权机构或革命党派，都以不同的思路对乡村展开实践与研究讨论。实践成果斐然，但整体而言这些乡村建设的讨论重点更集中在人的改造、社会的改造，如地权调整、文化教育、卫生医疗、农技、宗教信仰、风俗习惯等。乡村环境的研究，在此时更多的只是乡村建设中的一部分。

随着中国近现代学科建构与拓展，20世纪20年代成为现代学科的萌发期。外来学者与本土学者共同推动地域建筑及环境的研究。早期的研究为调研和西方研究方法的引入应用，其主要来自民族学、建筑学与地理学三个学科。早期民族学方面，以中山大学为首的学者深入西南少数民族或偏远地区的乡村进行了细致的调研，在厘清地区民族分布的同时，针对民族文化及其建筑聚落环境作了重要风俗记述。同一时期的海外学者也有相应的研究。相关类别的研究成果包括《云南民族调查报告》（杨承志，1930）；《两广猺山调查》（庞新民，1935）；《西南民族及其文化》（岑家梧，1940）等。建筑学方面，则在传统建筑研究大背景下涉猎乡村，如20世纪40年代前后，刘敦桢、刘致平及日本学者对于我国西南、东北、台湾等地区传统聚落与民居建筑进行了调研。乡村整体环境或聚落尺度的分析来自地理学方向。20世纪二三十年代，法国学者让·白吕纳的《人地学原理》引入中国。在乡村建设的风潮下，国内农村聚落地理、区域农村地理是主要的研究领域，相关研究论文集中在《地理》《地理学刊》等刊物上发表[①]。葛绥成的《乡土地理研究法》（1939）对于乡村地理进行了研究方法的讨论。整体而言，这一时期的相关研究数量有限，在研究方法上受到比较多的外来影响，“乡村”地区的相关讨论尚在起步。

中华人民共和国成立后，国家开始休养生息，逐步开展乡村现代化建设。中华人民共和国成立初期，相关研究文献一方面是引入苏联经验的乡村建设指导，另一方面是各地乡村居住建筑的调研资料。这包括《农村居民点的规划修建和福利设施》[（苏联）利雅查诺夫，1956]；《村镇规划技术经济基础》[（苏联）列甫琴柯，1956]；《集体农庄的绿化》[（苏联）什米德特1957]；建筑工程部设计总局的《城市及乡村居住建筑调查资料》（1959）；建筑历史研究所的《浙江民居调查》（1960）等。但20世纪60年代中后期至20世纪70年代末，相关学术研究工作受到影响。1978年后，随着政策的调整，相关研究与建设管理机构恢复正常运作。在总结近现代已有乡村理论成果的基础上，学者们积极开展对于国外相关研究的引入及国内乡村地域建筑及其环境的调研。这一时期研究成果斐然。20世纪80～90年代初，土地利用、村镇规划、环境保护为主要研究方向，成果集中在地理学科、生态学科以及建筑学科的研究中，如比较经典的论著有《农村聚落地理》（金其铭，1988）、《广东民居》（陆元鼎、魏彦钧，1990）；《桂北民间建筑》（李长杰，1990）；《传统村镇聚落景观分析》（彭一刚，1992）等。20世纪的后十年，全国的城镇化进程加快，学术界对于乡村地区的关注存在一定局限。但研究方向上，学界开始较多地关注到：城镇化对于城乡关系以及城乡边界形态的影响；乡村地区土地利用的集约化需求；乡村聚落环境及其传统文化特质的保存。其中，地理学在“乡村地理”方面有着持续关注，主要研究机构每年对“乡村地理”国内外研究进行追踪分析。具体研究中，“城镇化”对于乡村地区的影响以及从文化地理学视角挖掘乡村地域特质是两个主要方向，如《陕南乡村聚落体系的空间分析》（李瑛、陈宗兴，1994）；《乡村聚落空间结构的演变机制》（范少言，1994）；《试论乡村聚落空间结构的研究内容》（范少言、陈宗兴，1995）；《苏南乡村城市化发展研究》（张小林，1996）；《中国历史文化村落的空间构成及其地域文化特点》（刘沛林，1996）等。建筑学的相关研究，在民居研究的基础上拓展到乡村聚落环境的讨论上，注重传统空间形态的分析，如《福建漳浦赵家堡村寨形态研究》（章晓宇，1990）；《富阳县龙门村聚落结构形态与社会组织》（沈克宁，1992）；《陕西关中地区乡村聚落空间结构初探》（陈晓键、陈宗兴，1993）；《传统聚落分析——以澎湖许家村为例》（林世超，1996）；《从生态学观点探讨传统聚居特征及承传与发展》（李晓峰，1996）；《东南传统聚落研究——人类聚落学的架构》（余英、陆元鼎，1996）；《传统聚落形态研究》（陈紫兰，1997）；《村落的未来

① 金其铭. 农村聚落地理［M］. 北京：科学出版社，1988，4：13-15.

景象——传统村落的经验与当代聚落规划》（王路，2000）；《传统村镇实体环境设计》（梁雪，2001）等。整体而言，这一时期的乡村地域建筑及其环境的研究，随着现实问题的发展，研究视角开始分化；随着学科的发展与交流，学科间的研究范围与内容开始交叠。研究成果虽然数量有限，但是皆为后续乡村地域建筑与聚落的研究奠定了基础，尤其是乡土建筑与传统聚落的研究方法逐步精进。而从建筑学科来讲，学者们也已从建筑研究逐步发展到聚落研究，并开始从"景观"或"实体环境"来综合讨论村镇人居环境。

21世纪后，随着城乡现代化建设中乡村传统风貌、基础设施及生态环境问题的显现，我国开始进行全国范围内的传统村落保护与新农村建设。这一背景下，近十几年的乡村研究在数量上急剧增长。地理学、环境生态学、农林学、建筑学、城乡规划学与风景园林学科，开始更广泛地介入乡村地区的研究中。这一时期的研究关注，包括前一阶段的焦点，传统村落与乡土建筑的保护；城镇化影响下乡村地区环境特质的变化与规划控制策略。同时，这一时期我国乡村人口流失严重、城乡生活水平的差距明显增大，因此在研究关注上，还包括乡村资源的价值提升、乡村聚居环境品质上的提升。故而，乡村旅游、乡村产业转型与乡村聚居地的规划整治，成为比较重要的讨论焦点。

在这样的背景下，各高校建筑院系结合各地区的传统村落展开有更深入的调查研究。如清华大学，以乡土建筑研究为核心展开了对于各地传统村落的形态分析与人文调研，比较完整地建构了乡土建筑遗产的认知与保护框架。成果包括《村落》（陈志华、李秋香，2008）；《乡土建筑遗产保护》（陈志华、李秋香，2008）；《中国乡土建筑初探》（陈志华、李秋香，2012）；《丁村》（李秋香，2007）；《梅县三村》（陈志华，2007）；《浙江民居》（李秋香，2010）；《西南民居》（吴光正，2010）等论著、丛书。东南大学、天津大学的研究成果比较系统地针对乡村营建技艺与传统聚落空间进行了分析，对地域建筑及其环境的研究方法进行了拓展，如《徽州传统聚落空间影响因素研究——以明清西递为例》（张晓冬，2004）；《从建筑到村落形态——以皖南西递村为例的村落形态研究》（彭松，2004）；《世界文化遗产宏村古村落空间解析》（揭鸣浩，2006）；《中国古代农村聚落区域分布与形态变迁规律性研究》（李贺楠，2006）；《基于社区结构的传统聚落形态研究》（林志森，2009）等。华南理工大学在早年民居研究的基础上进一步对乡村聚落的空间形态、乡土建筑展开研究，研究集中在华南地区，多结合文化地理学、人类学进行分析，如《明清广州府的开垦、聚族而居与宗族祠堂的衍变研究》（冯江，2010）；《潭江流域城乡聚落发展及其形态研究》（张以红，2011）、《广西传统乡土建筑文化研究》（熊伟，2012）；《粤北传统村落形态及建筑特色研究》（朱雪梅，2013）；《海南岛传统聚落与建筑空间形态研究》（杨定海，2013）。西安建筑科技大学的相关研究，西北地区是主要的研究范围，在传统聚落研究的基础上，结合乡土材料对乡土建筑进行有特色的讨论，如《传统夯土民居生态建筑材料体系的优化研究》（尚建丽，2005）；《西部乡村生土民居再生设计研究》（谭良斌，2007）；《陕南地区生土建筑营造技术研究》

（严富青，2010）；《土坯建筑建造技术及质量控制模式研究》（高鑫，2011）；《西部传统夯土民居建筑抗震性能研究》（赵西平，2011）等。

除去对于历史建筑及传统聚落的保护，各高校的研究机构与各地建设规划部门结合新农村规划，针对现实乡村建设需要进行了综合的乡村实践总结。其中，既包括针对于历史村落的保护研究，也包括村镇总体规划、村庄规划等不同空间尺度的建设研究，如《城市化加速时期村庄集聚及规划建设研究》（赵之枫，2001）；《论中国乡村景观及乡村景观规划》（王云才、刘滨谊，2003）；《中国村落形态的可持续性模式及实验性规划研究》（吕红医，2004）；《生态博物馆理论在景观保护领域的应用研究——以西南传统乡土聚落为例》（余压芳，2006）；《上海郊区农村居民点拆并和整理的实践与评价》（张正芬，2008）；《珠三角历史文化村镇保护的现实困境与对策》（罗瑜斌，2010）；《村落系统可持续发展及其综合评价方法研究》（李立敏，2011）；《乡村景观特征评估与规划》（陈英瑾，2012）等。

城镇化问题的加剧下，对于乡村人居环境面对的影响及规划管理控制，从早期的地理学科、生态学科，进一步拓展到风景园林学科、城乡规划学科的讨论中。相关研究机构包括南京师范大学、同济大学、中山大学、中国农业大学、北京林业大学、华中科技大学等。一方面，关注于乡村景观本身的地域特质研究；另一方面，针对已经受到城镇化影响的乡村建设与发展问题进行讨论，如《试论我国乡村景观的特点及乡村景观规划的目标和内容》（刘黎明等，2004）；《江南水乡区域景观体系特征与整体保护机制》（王云才等，2006）；《城市边缘区乡村景观生态特征与景观生态建设探讨》（刘黎明等，2006）；《快速城市化背景下我国乡村的空间转型》（陈晓华等，2008）；《传统地域文化景观空间特征及形成机理》（王云才、史欣，2010）；《珠江三角洲城市边缘传统聚落的城市化》（刘晖，2010）等。

整体而言，2000年以来我国乡村地域建筑及其环境研究，在研究成果的数量、研究对象的覆盖范围、研究的方法工具、研究的重点与内容上，都在不断丰富、不断扩展。由于城镇化带来的影响已经在乡村切实发生。这一时期的研究在既有的乡村传统保存基础上，亦开始更深入地思考乡村地域建筑及其环境的价值。规划建设实践增多，学者们更系统地针对乡村建设方法进行思考，并针对城镇化下乡村转型的多样性展开了细致的建设发展策略研究。学科间的交流增多，在研究方法与视角上呈现出更进一步的交融，研究内容上也趋向于更整体的讨论。

总的来说，近代以来的百年中，乡村地区的研究逐渐成为焦点。而乡村环境作为研究对象，也由早期乡村建设中分散零星的提及，转变为今日学术研究的主要对象。不同学科，从不同视角对乡村地域建筑及其环境进行更综合、系统、深入细致的分析讨论。21世纪乡村地域建筑及其环境的研究，不仅包括补充研究区域上的空白，更重要在于寻求“乡村”作为聚居地的价值意义与保护建设路径，推进地域建筑及其环境支撑乡村社区的可持续发展。

第二节

21世纪以来，建筑学科在我国乡村地域建筑及其环境研究上的发展（2000~2014年）

通过对于我国乡村地域建筑及其环境研究的发展脉络梳理，可以了解到建筑学科在该范畴的研究上有着比较长期、深入的工作积累。21世纪以来，随着学科建设的拓展、乡村问题的变化，相关研究成果丰硕。为了更细致地把握相关研究在学术问题上的研究趋向，这里针对建筑学科在2000年后的研究成果进行分析。

整体而言，这一时期的研究，反映出四个方面的发展趋向：研究对象与内容，开始从更整体的环境进行分析；研究成果的空间分布不断拓展，地理范围更为细致深入；研究对象，由静态分析转向对动态变迁的研究；研究视角，从空间形态向文化意义的挖掘进行深入。

一、研究对象及内容——从建筑到聚落到乡村整体环境的研究拓展

由于乡村问题的复杂以及各学科分工的细致，早期各学科在乡村景观的研究与实践上各有研究对象的偏重。其中，建筑学入手的乡村，往往以建筑及其聚落为基础，结合周边环境进行分析讨论。随着研究资源的拓展与研究成果的积累，建筑学专业在乡村景观的相关研究通过学科交叉，结合生态学、地理学、风景园林学科等进行了拓展。

20世纪80年代，我国学者已经注重到这种细致的分工虽然有助于深化讨论，但亦需要建立整体性讨论才能够推进乡村聚居环境的整体发展。《广义建筑学》（吴良镛，1989）；《传统村镇聚落景观分析》（彭一刚，1992）等论著，已经开始强调建筑学科在研究对象及内容上进行拓展。吴良镛先生提到“一个聚落的组成，固然要有人工的构筑物，但构筑物之间组合的内部空间，以及它的外围经过改造的自然环境，从广义来说都属于建筑的范畴”①。彭一刚先生在书中亦表示“……总的讲来，民居建筑的研究多着眼于单体建筑，而较少涉及群体组合及整体空间环境的分析”②；“……通过研究发现，传统的村镇聚落和传统的园林之间有不少共同之处——都注重于借助整体空间环境，换句话说，就是使建筑物尽量与自然环境巧妙地结合为一个有机整体，从而自成天然之趣……”③。从中可以了解，从学科的视角，从人居环境的发展需求，或从村镇聚落本身

① 吴良镛．广义建筑学［M］．北京：清华大学出版社，2011，4：35.

② 彭一刚．传统村镇聚落景观分析［M］．北京：中国建筑工业出版社，1992：1.

③ 彭一刚．传统村镇聚落景观分析［M］．北京：中国建筑工业出版社，1992：3.

特点而言，学界在20世纪90年代左右，已经开始注意到研究对象需要进行拓展。这既包括由单体建筑向聚落的拓展，也包括将整体的空间环境作为研究对象，更进一步思考人与环境的关系及建构路径。之后的数年，我国的城镇建设加速，乡村地区相对滞后的建设，生态环境、生产环境、聚落环境的维续与发展问题逐渐显现。2000年后，《人居环境导论》作为这一时期国内研究基础理论的拓展。人居环境科学的提出，更针对城乡建设中的实际问题，尝试建立一种以人与自然的协调为中心，以居住环境为研究对象的学科群①。目的在于更"全面、系统、综合"地以多学科为支撑进行人居环境要素的多维研究与思考。

这一时期，乡村成为学界研究的重要对象。学界在既有的乡土建筑、传统聚落的研究基础上，亦开始关联乡村整体环境进行讨论，如《传统村镇实体环境研究》，从村镇形态、村镇的环境构成、村镇的景观构成、村镇的街巷构成、村镇的建筑构成，五个空间形态层次进行村镇实体环境的研究。文中也指出了"采取'由地区、自然环境到村镇、园林、建筑'的整体研究框架和整体思维观念，使村镇研究由个体走向群体、由空间形态研究走向环境生态研究，由对建筑人工环境的研究转向对自然与人工综合环境的思考"②。在《梅县三村》（陈志华，2007）的记述中"竹声蕉影的村落"，从大尺度的梅城地形地貌展开分析，针对寺前排、高田、塘肚三村的围龙屋布局，村落环境的空间分配、风水经营进行了比较细致的讨论，更整体地为人们呈现出梅县三村的整体环境格局与内部空间要素间的结构关系。《桥溪——华南乡土建筑研究报告》（肖旻、林垚广，2011）中，作者对于桥溪村在区域环境下的村址，村庄内部环境的山水、阳宅、阴宅、耕地、风水林等要素关系进行了分析，比较具体地展现了当地村庄环境与村庄社区间的关系。一些以乡村"聚落"为核心的研究，也会包括关于乡村生态环境、土地垦殖情况的分析，从比较综合地环境角度理解聚落形态及营建逻辑，如《中国古代农村聚落区域分布与形态变迁规律性研究》（李贺楠，2006）；《明清广州府的开垦、聚族而居与宗族祠堂的衍变研究》（冯江，2010）等论著，都试图从更整体的乡村人居环境观察聚落或乡村建筑的形态及变化。

可以说，伴随着相关研究的积累与方法拓展，乡村地域建筑及其环境研究的对象与内容，由早期的建筑逐渐发展向聚落，如今已进一步将乡村聚落与其他环境作为一个有机整体进行综合分析。

二、空间范围——细致深入的地域研究

由于社会需求与科研条件的影响，早期乡村地区的研究，表现出两方面的倾向：一

① 吴良镛，等. 人居环境科学研究进展（2002-2010）［M］. 北京：中国建筑工业出版社，2011，11.

② 梁雪. 传统村镇实体环境设计［M］. 天津：天津科学技术出版社，2001，1：6.

是针对我国整体的乡村人居环境，进行普查调研、类型划分以及空间特色区划；二是结合研究条件以及传统建筑保护与留存的紧迫性，进行个别样本的深入调研。

随着学科建设的扩展，研究方法逐步完善拓展，研究资源与条件更加优渥。加之2000年后政府对于乡村建设的推动，乡村地域建筑及其环境的研究也开始在之前的工作基础上进行深化。尤其是在研究的空间范围上，日趋细致深入。一方面，在区域研究上进行细化，如华南—华北—华东—华中—西南—西北—东北，或更细致的省—市—县区域，或流域、经济圈的村庄样本研究，如两湖地区的深入分析，《湘南汉族传统村落空间形态演变机制与适应性研究》（何峰，2012）；《鄂南传统民居的建筑空间解析与居住文化研究》（董黎，2013）等，以及前文提及的岭南地区的一些深入研究。另一方面，类型建筑或类型聚落研究也展开了较多的深化研究，如客家聚落、侨乡、堡寨建筑或聚落等。这包括《传统堡寨聚落研究——兼以秦晋地区为例》（王绚，2004）；《闽南侨乡近代地域性建筑研究》（陈志宏，2005）；《清代归善县客家围屋研究》（杨星星，2011）等。此外，个案村庄研究在数量上逐渐增多。其中清华大学出版的系列丛书都是以个案村庄进行的讨论，如《闽西客家古村落——培田村》（李秋香，2008）；《郭洞村》（楼庆西，2007）等；《南北瓷村・三卿口・招贤》（罗德胤，2008）亦结合产业相近的两个瓷村进行一定程度的比对研究。在《桥溪——华南乡土建筑研究报告》中，作者认为"……个案研究，能够深入到以往宏观研究所未能细化研究的领域"，对于乡土建筑与社区的关系，对于乡村地区建筑的动态观察能够提供更细致的剖析。

而从我国乡村建设的需要来看，乡村地区的问题复杂、乡村数量庞大。乡村地域建筑及其环境的研究，作为理解乡村的一个重要路径，是乡村建设工作开展的基础。在未来，这一研究工作还将需要进一步拓展与深化。从学术讨论的范围来看，需要在研究的区域上逐步细致，填补早期普查中未深入的地区；同时亦需要针对个体村庄进行深入的形态剖析，尤其是基于乡村社区的研究。

三、研究视角——由乡村空间形态分析到文化内涵的挖掘

相较于历史悠久、形式工艺更为讲究的官式建筑而言，早期的乡村地域建筑及其环境分析，更多地关注乡土建筑多样性的挖掘。尤其从中华人民共和国成立初期的乡村建筑与聚落调研中可以了解到，学者们希望通过民居或聚落的分析，吸取有益于当时提升当地居住品质的空间形态处理手法与材料构造经验，如20世纪60年代的《浙江民居》《城市及乡村居住建筑调查资料》，以及改革开放后的《民居——新建筑创作的重要借鉴》（尚廓，1980）；《传统村镇聚落景观分析》（彭一刚，1992），都比较多地反映出学界将乡村地域建筑及其环境，不仅作为历史资源，更作为引导新建设的重要参考。

随着社会变迁，乡村环境的价值危机，伴随着旧有意义的消解而产生。20世纪70～80年代，金其铭、吴良镛、彭一刚等学者非常早地便意识到，"城镇化"可能带来

的影响。在20世纪的后十年，随着城市与现代化、工业化的联姻，对于乡村环境的这些担忧已经成为现实。乡村生态环境、传统风貌都在受到不同程度破坏，原有的乡村居民也开始不断脱离乡村社区、乡村原有的聚居环境。既有的形态调研已无法回应乡村景观的发展要求。学界开始更多地转向对于传统乡村环境文化内涵与价值的深入挖掘，将其作为“认识我国几千年农耕文明史的实物见证”“我国长期发展的历史和文化成就”进行保留与挽救。《乡土建筑遗产保护》（陈志华，2008）；《乡土建筑遗产的研究与保护》（陆元鼎，2008）等，都表达了这一任务的紧迫性。

而针对乡村地域建筑及其环境的文化内涵与价值认知，学界不仅在研究内容上，亦在研究方法上进行了较大拓展。人类学、空间社会学、文化地理学、政治经济学方法，被引入乡村地域建筑及其环境的研究，如李晓峰在《乡土建筑的文化人类学研究》中认为早期对于乡土建筑研究存在一定的方法局限性①，希望借由文化人类学的研究方法，对乡土建筑研究提供方法论的补充，“从一个不同的角度重新审视乡土建筑，重新认识乡土建筑的内在价值与意义所在”。段进及其研究团队在对于徽州传统聚落的研究中，将空间与人的活动、宗族关系进行结合，深化了早期对于形态空间的内涵理解。冯江的《明清广州府的开垦、聚族而居与宗族祠堂的衍变研究》则通过人类学、史学研究深入挖掘乡村聚落中宗族祠堂的形成过程，就其意义的生成及相应建筑形式的生成变化作出了细致的剖析。肖旻、林垚广的《桥溪——华南乡土建筑研究报告》，结合人类学调研对客家民居进行了建筑及村落研究，挖掘了客家民居建筑在分家析产过程中，作为空间策略对于维系族群聚居所具有的积极作用。

综合来讲，乡村地域建筑及其环境，作为社会变迁的产物，亦是驱动社会变迁、凝聚社区的媒介主体。当下的研究中，在研究视角上已经由早期空间形态研究进一步深入文化内涵的挖掘。通过交叉学科方法的应用，学界希望通过进一步的乡村景观认知，汲取传统智慧，赋予传统乡村地域建筑及聚落新的价值与可持续发展的意义。

四、时间范围——由静态讨论转向动态研究

在早期研究的基础上，2000年后学界的研究在数量上不断增长、深度上不断拓展。其中，乡村环境的研究由静态的现状形态分析转向动态的研究。这一时间范围的拓充，一方面是针对传统乡村形态分析的深入思考，另一方面是针对近现代乡村转型下形态变化与乡村问题的深入探究。

前者结合文化内涵的挖掘，通过演变或生成机制研究对于传统聚落的形态变化规律进行挖掘，对现当代的传承潜力进行剖析。其中，在《中国古代农村聚落区域分布与形

① “多偏重于平面、梁架、造型和装饰等方面，对于空间的组织、计划和构筑程序与方法以及背后的建筑观念等方面论及很少，更谈不上对影响建筑的自然环境和社会文化环境的系统研究。”

态变迁规律性研究》（李贺楠，2006）中，作者比较综合地针对古代农村聚落地理空间拓展规律、空间层次变迁规律、形态结构演变的规律进行分析，认为对农村聚落区域分布及形态变迁，应该基于文化生态学的观点进行认知，从自然生态与人类文化间相互依存关系和制衡作用进行理解与分析，维持区域农村聚落发展的可持续。《徽州传统聚落生成环境研究》（王韡，2005），作者则以比较具体的徽州传统聚落进行研究，从聚落中的宗族权利和风水学说展开对于当地聚落空间结构演进、形态变迁的分析；总结徽州聚落评价，对于聚落保护模式提出新的建议。其他演变研究在不同尺度的乡村环境上都有探讨并展开动态的分析，如《中国传统聚落形态的有机演进途径及其启示》（刘晓星，2007）；《从中国的聚落形态演进看里坊的产生》（王鲁民、韦峰，2002）；《河北传统堡寨聚落演进机制研究》（谭立峰，2007）；《明清广州府的开垦、聚族而居与宗族祠堂的衍变研究》（冯江，2012）等。

后者结合乡村规划建设活动，通过城镇化、工业化等现代化过程在乡村形态上的影响分析，对于既有已发生变化的乡村地区进行形态认知，对于未来乡村传统聚落保护及新村建设发展提供应对策略。如李立①以江南乡村为例，整体性地展现了中国乡村聚落演变过程中的一些规律，从不同尺度对乡村进行了空间发展策略的反思。而刘晖在辨析珠三角城市边缘村庄形态演变之因素的同时，结合规划实践对乡村聚落的规划要素提出了未来规划的建议。这类研究在既有的空间形态分析基础上，会结合政治经济学与社会学方法进行分析。

整体来说，乡村地域建筑及其环境的研究，由静态的形态分析开始逐步转向动态分析，这是对于早期空间形态研究的补充与拓展。它为理解传统、理解现当代的乡村转变提供了更辩证的观察视角。而乡村地域建筑及其环境的价值，既包括应对复杂自然环境的空间策略，也包括转换外来影响的乡土营建智慧。

五、空间与时间的研究方法

关于空间形态学的研究方法，以建筑、考古、风景园林、城乡（土地）规划、地理学科最为丰富。房屋建筑学、类型学、形态学，是主要的方法工具。其中，房屋建筑学在以建筑为主的聚落环境研究中进行应用，主要针对建筑构造、材料工艺等问题。相关的大部分民居、乡村聚落都会使用此方法，如《西南民居》《桂北民居》《中国南方干栏及其变迁研究》等论著中，针对建筑其材料构造特征进行分析，总结地区、民族或时代特征。类型学作为考古学最主要的方法，受到生物学启发，在后来广泛用于建筑、风景园林等学科。它主要针对群体对象，结合形态特征的统计，进行科学的归纳、分类、比较，从而实现对地区、时代内部结构的关系讨论及系统认知。相关乡村建筑类型、聚落

① 李立. 乡村聚落：形态、类型与演变——以江南地区为例［M］. 南京：东南大学出版社，2007，3.

环境或土地形态类型的分析中会使用此方法，如《中国民居》《传统村镇聚落景观分析》《广西传统乡土建筑研究》《传统村镇实体环境设计》等论著，针对研究对象进行了类型研究。通过类型分析，挖掘形态差异背后的组织规律，了解研究对象作为空间策略的多样性。形态学广泛用于城市规划与地理学，同样受到生物学启发，早期被引入城市研究中。伴随着乡村的关注，形态学普遍使用在聚落形态的变化讨论中。尤其针对城镇化问题，形态学对于城市周边村庄的使用较多。同时，现有的学者对城市形态学与建筑类型学进行方法融合。我国历史街区与传统乡村聚落的研究中已经形成模式化研究方法。大部分历史文化名村的保护规划或整治，会结合形态学与类型学进行分析，通过对象的变化逻辑与结构特征分析，厘清建设发展中保护与拓展的对象，如《乡村聚落：形态、类型与演变——以江南地区为例》《珠江三角洲城市边缘传统聚落的城市化》《潭江流域城乡聚落发展及其形态研究》《湘南汉族传统村落空间形态演变机制与适应性研究》等。此外，在相对较大的尺度或环境对象的研究中，地理学、景观生态学中结合形态学进行乡村分析，如《陕北乡村聚落地理的初步研究》《江苏省乡村聚落的形态分异及地域类型》《陕西乡村聚落分布特征及其演变》《成都平原的农业景观研究》等。针对一定区域的乡村集合，以类型学的方法为基础，进行数据统计及相应的空间结构、时间变化作出讨论，GIS数据库以及其他数据模型常作为技术支撑。

而在空间形态的研究基础上，对于形态变化的研究主要还是基于空间形态研究进行时间轴上的纵向比对获得相应的变化描述。关于形态变化逻辑的解释与分析，则主要以史学研究方法，结合文化地理学、空间社会学、人类学（民俗学）、政治经济学的相关理论进行支撑。相关研究在时间维度上，传统聚落的解释与现当代的乡村城镇化是两大类研究。

综合来看，我国关于乡村地域建筑及其环境的研究成果丰硕，视角也非常多元。随着时代的变化，相关的研究更注重复杂性的探讨，地域多样性的梳理，从不同视角、方法对乡村转变背后的逻辑进行挖掘。而本书的研究也是在这样的背景下开启的桂林探索。

第三节

以动态的视角探索桂林乡村景观

乡村，是区域人居环境的重要组成部分，是地方建设的重要资源与发展基底。桂林地区的乡村在地域特质认知与文化价值挖掘方面还有很多值得我们深入思考的。借由桂林的研究，本书也希望在既有的研究背景下进一步探讨地域的“复杂性”、乡村“动态变化”的规律。

一、何为“桂林”“乡村”“景观”

（一）“桂林”

“桂林”，位于东经109°36′~111°29′、北纬24°15′~26°23′之间，平均海拔150米。从现有的行政区划来看，桂林处于广西壮族自治区东北部，处于湖南、广西交界（图1–3–1）。区域面积约2.78平方公里，包括6个市辖区、10个县、2个自治县（临桂、灵川、兴安、平乐、灌阳、全州、恭城、永福、阳朔、荔浦、龙胜、资源）。这是本书探讨“桂林”的所指范围。

但需要说明的是，“桂林”作为地名，在历史过程中的地理位置与范围的指代与现行行政区划下的“桂林”有所不同。唐代以前，现有的桂林地区与“桂林”地名并无明显关联。秦之“桂林郡”主要指代红水河、融河一带，今桂林荔浦以南被认为也隶属其中。西汉南越国时期“桂林郡”地名被短暂保留。现今的“桂林地区”中部隶属“始安县”，东北部隶属“零陵郡”，南部部分地区隶属“苍梧郡”。之后，该“桂林”这一地名随着朝代更替，时有恢复，但行政区域不断变化。伴随着原有“桂林”实地与行政地名的脱离，在与当下地理所指发生关联之前，有学者[①②]表示“桂州”是建立“桂林”与今之地区联系的转折点。公元507年梁武帝分广州置桂州，州址始安郡，今临桂区。桂州伴随着朝代政权变换，区域有所变化。至唐代，“桂林”被用以追忆历史。民间开始将“桂林”与现在的区域范围关联起来。宋、明后，“桂林”逐渐正式化使用。1372年静江府改为“桂林府”，“桂林”作为行政名重新使用，辖始安、全州、兴安、灵川、灌阳、古田（永宁州）、阳朔、永福县。之后，1914年更为“桂林县”，1940年更名为“桂林市”。而本书关于“桂林”的探讨，主要还是基于对如今“桂林”行政区划的空间范围进行分析，具体分析某一空间范围下的人居环境的变迁及

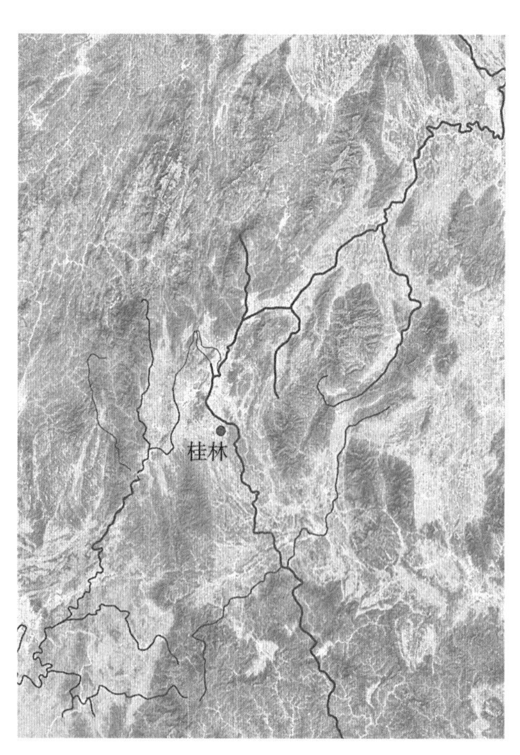

图1–3–1　桂林区位

---

① 马宗鑫．桂林地名辨析［J］．中国地名，1996，8（4）：20–21.

② 刘金荣，冯红，叶青，等．桂林名称的由来及其政区演变沿革［J］．中国岩溶，2004，3（23）：79–81.

"地域"的形成与变化过程。

（二）桂林地区的"乡村"

"乡村"是人类聚居场所类型之一，与之不同的有"城、镇"等类型。乡村在不同的地域、不同的历史阶段，呈现出多样的特征。"乡村"议题的探讨会与"城镇化"直接关联，其具体的空间形态也会涉及不同的尺度。"乡村"也会涉及"村庄""聚落"等概念。其中，村庄是指农村村民居住和从事各种生产的聚居点[①]。本书关于村庄的探讨会涉及建成区、耕地、自然山林水系等内容。聚落，是指建筑为主的建成区范围。本书提到"乡村聚落"，即指乡村地区的建成区范围；"村庄聚落"，即指个体村庄内部的建成区范围。

根据2012年的统计数据[②]，桂林地区的建制村为1654个。但"建制村"与"自然村"会有所差别。因此，本书基于对乡村的理解出发，更主要还是以概念上的"自然村"为研究的个体单位。而在历史研究中，它的历史以相应于"村"为概念的居住地为对象进行讨论。

（三）乡村景观

"乡村景观"，是指乡村人居环境的实体部分。它与通常建筑或环境工程学科所指的"乡村环境"相近。它包括作为生态或风水意义，少有改造或营建，以山水为主的自然环境；承担生产功能的农业活动对象，以田园为主的生产环境；提供农业从业者居住生活，以建筑为主的聚落环境。

本书以"桂林地区"为研究的空间范围，关于乡村景观的形态分析更强调从两个空间尺度去理解"乡村"，一是桂林地区的乡村整体聚居环境（乡村范域、村庄布点等）；二是村庄环境（村庄格局、村庄要素等）。研究会具体讨论乡村景观要素的形态特征；景观要素之间的关系及组合结构；景观要素在实现个体村庄环境建构以及区域内乡村整体聚居环境建构的过程。

二、桂林地区的相关研究基础

"桂林"的相关研究机构，主要集中在当地的广西师范大学、广西大学、桂林理工大学、桂林电子科技大学、广西民族大学、广西桂林图书馆等。国内其他机构以华南理工大学、中南大学、中山大学、湖南大学、中国地质大学等为主要研究机构。

---

① 这里的"村庄"概念与《村庄和集镇规划建设管理条例》中的一致，但本书讨论的村庄范围不是该条例中"村庄规划区"的范围。

②《桂林年鉴2012》。

从整体的“桂林”研究成果来看，“旅游”“艺术文学”“地质”是比较突出的研究方向。建筑或环境科学，相关于“桂林地区”的学术研究，研究对象上多以“山水”“城市”“历史古迹”“工程地质”“环境生态”为主，“乡村”的研究数量比较有限。但从其他学科关于桂林地区的乡村研究成果来看，仍是较为丰富的，以历史人文、旅游地理为主。这里结合桂林地区的“乡村景观”“乡村”的相关研究进行整理。

（一）桂林地区乡村景观的相关讨论

桂林地区乡村景观的研究成果在数量上虽然有限，但某些研究对象上有着相当积累。

其中，研究成果以民族特色的建筑及传统聚落研究为主。如《桂北民间建筑》（李长杰，1990）一书，图文并茂地展示了广西桂林、柳州一带的特色民间建筑，对当地的建筑类型与聚落进行较细致的调研分析。《广西民族传统建筑实录》，有部分内容涉及桂林地区的民族特色建筑。两本书成书较早，是改革开放初期记述桂林地区民间建筑的重要文献。2000年后期涉及桂林当地传统建筑与聚落的研究逐渐增多，如《西南民居》（吴光正，2010）；《广西传统乡土建筑文化研究》（熊伟，2010）；《广西壮族传统聚落及民居研究》（赵冶，2010）；《桂林古民居》（谢迪辉，2009）；《广西民居》（牛建农，2008）；《广西民居》（雷翔，2009）；《壮族干栏文化》（覃彩銮，1998）等。这些研究对民族特色或历史建筑进行了比较细致的形制、材料营建的分析与个案例举。同时，部分研究会结合社会学、人类学方法进行乡村聚落环境分析，如龙胜地区，结合乡村社区的生活、生产或乡村社会结构对乡村传统聚落形态进行有比较重点的分析。

由于桂林地区处于湘、黔、桂的交界，因此在实际的景观研究中湖南西南、贵州东南的乡村景观研究对在“桂林”地区乡村景观的地域特色分析上具有比较重要的辅助作用。其中，既有的湖南传统民居、聚落研究成果较为丰厚，以湖南大学、湖南师范大学的研究成果为主。贵州相关方面的研究相对有限，研究对象集中在特色的少数民族聚居地区。相关研究包括《湘赣系民系民居建筑与文化研究》（郭谦，2005）；《湖南传统民居及其区系研究》（庞旭，2010）；《湘南汉族传统村落空间形态演变机制与适应性研究》（何峰，2012）；《湘西少数民族传统木构民居现代适应性研究》（李哲，2011）；《两湖民居》（李晓峰、谭刚毅，2009）；《贵州民居》（罗德启，2008）；《黔东南六洞地区侗寨乡土聚落建筑空间文化表达研究》（赵晓梅，2012）等。这些研究包括地区内的建筑形式（空间形制、梁架特点、装饰装修等）、聚落形态以及相关的文化内涵解释。其中，《湘赣系民系民居建筑与文化研究》，比较明确地针对社会人口地缘关系及其相应的文化、营造技艺在地域建筑上的影响与相应表现形态进行了梳理。由于桂林地区乡村民居受湖南移民影响较多，该书提供了相关民居特征研究的方法基础。《湘南汉族传统村落空间形态演变机制与适应性研究》，以连续的历史分析对于当地聚落形态的变化进行了讨论，探讨了区域历史过程中汉族居民带来的地方影响以及现当代生活变迁带来的传统聚落形态变动等。这对桂林地区乡村聚落环境的形态演变分析具有一定的参考价值。

桂林地区乡村建设规划管理方面的研究成果相对较多。其中，由于桂林地区乡村旅游的发展，相关的旅游资源及旅游产品研究较多。但从整体来看，大部分“乡村”景观资源的分析，仍是在大的桂林山水资源或区域旅游资源中进行的部分讨论。研究的重点也并不集中在桂林的乡村景观特质，更集中在关于旅游客源及旅游产品的分析上，如《桂林喀斯特区生态旅游资源评价与开发战略管理研究》（龚克，2011）；《漓江流域生态旅游资源开发的空间结构演变研究》（钟泓，2009）；《乡村徒步旅游开发与乡村旅游设施优化——以桂林乡村徒步旅游为例》（秦月花，2012）；《广西桂林旅游资源深度开发研究》（汪宇明，2001）等。虽然整体来说该方面的研究积累并非针对“乡村景观”的核心研究，但相关的旅游规划提供了理解当地乡村景观开发建设的信息。这种开发中，需要注意到“山水”作为地区的重要景观资源，在区域及乡村开发上有着巨大的影响。同时，桂林地区乡村旅游资源的开发与市场紧密联系，表现出对于旅游者需求的强烈关注与快速调整。“乡村”的开发建设也受到相应旅游需求与调整的影响。改革开放以来，各阶段的乡村建设高峰期，桂林地区都有着一些新农村建设实践经验的总结与学术探讨，以桂林市规划设计院、广西大学、桂林理工大学为主要研究机构。研究比较零散，主要为个案村庄规划建设中创作设计思考，研究深度有限。这些研究者都在努力尝试并实现新农村建设中对于地域或民族特色的保存。

从观点上来看，桂林地区乡村景观相关研究都非常肯定地表示：“山水环境”在桂林的地区发展上有着重要的文化意义与价值；桂林地区的建设中历史文化及风景资源保护是两个重要方向；乡村旅游发展迅速，对于当地乡村有着一定的影响。其中，针对桂林地区的乡村建筑及其聚落环境特色，认为龙胜地区的少数民族村寨具有一定特色，并有着成熟的建筑营造技艺。

（二）桂林地区的乡村研究

桂林地区的乡村研究，最主要的研究方向为“乡村旅游”，相关社会学的研究成果也比较突出。两方面的研究背景，一方面来自桂林乡村较早的旅游开发事实；另一方面基于当地及周边研究机构，如广西师范大学、中山大学等，在文化地理学、民族学、社会学的研究重视程度。因此，这些桂林地区的乡村研究，为理解桂林乡村发展提供了较丰富的背景研究；为理解桂林乡村的地域内涵提供了较深入的理论支撑。

“旅游”作为桂林乡村的重要研究方向，既包括不同旅游开发形式的讨论，也包括生态环境承载量、文化资源、游客心理与行为的评估。一方面，桂林地区的乡村旅游是广西地区，甚至全国相对领先且具有代表性的。当地研究机构对于桂林地区多样的乡村旅游开发模式进行了比较多的分析研究，如针对可持续经济的“循环经济型”、针对参与主体的“社区参与的开发管理模式”、针对旅游产品类型的“参与体验式”等。另一方面，桂林地区的乡村旅游研究比较早地注意到旅游开发带来的区域生态或社会环境的影响，如《桂林龙胜龙脊梯田整治水资源平衡分析》（邵晖等，2011）；《生态旅游环境承载力评价研究——以桂林漓江为例》（赵赞、李丰生，2007）；《桂林市区土地利用变化对生态服务价值的影响》（胡金龙，2012）等。而中山大学的保继刚、孙九霞等学者[①]将旅游地理与人类学结合，对于旅游开发带来的当地乡村社会影响进行了综合分析，进一步探讨桂林地区乡村社区与旅游的互动关系。总的来说，桂林乡村旅游的研究成果丰富，为理解乡村景观的当代演进的背景提供了支持。同时，多元的研究视角可以更辩证地认识到，乡村环境既是旅游资源开发利用、改造的对象，也在改造后进一步影响地方生态、文化、社会的生存发展。

桂林地区的乡村研究，在历史与社会学方面有着一定的成果积累。作为广西开发较早的地区，桂林地区的考古学、史学、民族学研究都有比较多的成果。考古学研究中，以桂林市文物队、广西壮族自治区博物馆为主要研究机构。研究主要基于考古遗址进行对于古代人居环境的分析，剖析人类居住及文物形式的地域或时代特色，如《广西史前时期农业的产生和发展初探》《桂东北漓江流域的石器时代洞穴遗址及其分期》《广西汉代农业考古概述》《兴安秦城城址的考古发现与研究》等。在较丰厚的可考实物及文献研究的基础上，桂林相关的史学研究有较多成果，如《桂林通史》（钟文典，2008）便对桂林的历史发展路径进行了整体梳理。在广西区域范围的史学或地方志书中，如《广西通志》《壮族通史》《广西农业经济史稿》等，“桂林”都是重要的历史研究地点。从中可以发现，桂林的发展及环境建设是我国西南开发的重要节点，是广西区域变革的标点，其发展也有别于广西的西部、南部。就具体历史研究的时间分布来看，桂林地区明清、近代的讨论比较多，如《明清时期桂东北少数民族对开发当地的贡献》（刘祥学，2000）；《近代桂东北地区圩市发展与民族经济融合》（陈炜，2002）；《近代桂东北农民与市场关系研究》（卢敏生，2006）；《明清民国时期湖南移民徙居广西及其地理特征》（范玉春，2010）等。民族学、社会学学者对于桂林乡村也有一定的研究讨论。其中，学者刘祥学对于复杂民族组成下的文化特征表现及民族交融进行了较深入的研究，如《明清时期桂东北地区回族的分布、迁徙及与其他各族的相互影响》《明清时期桂东北地区的瑶族及其与其他民族的相互影响》《论壮族“汉化”与汉族“壮化”过程中的人地关系因素》等。以上极具特色的历史、社会学方面的研究，对于理解桂林乡村的历史开发与建设提供了有力的支撑。

总体来说，针对“桂林地区乡村景观”，研究的空间集中在桂林北部或漓江沿线；相较于广西其他地区而言，桂林的“乡村”研究，已有较深入的文化、社会问题的探讨。但桂林地区的乡村，山水环境为主的自然环境、田园为主的生产环境、建筑为主的

① 保继刚，孙九霞. 社区参与的旅游人类学研究——阳朔遇龙河案例［J］. 广西民族学院学报（哲学社会科学版）2005，1（27）：85-92.

聚落环境，相互融合、互相作用。如何更整体地看待桂林乡村景观的价值与内涵，现阶段的地域建筑及其环境研究的语境下，本书希望可以从更多维的尺度、更动态的历史视角去理解和挖掘它的建构与变迁逻辑。

三、从“演进”的过程中挖掘桂林乡村景观的特点、价值与发展趋向

乡村一直有着自己的动态变化。现状的乡村一方面呈现出不同历史时期的建设叠合，另一方面仍在继续变化着。既有的历史建筑及传统聚落研究与现当代的乡村建设活动研究较缺少连贯性分析。这使得人们对于不同历史阶段形态转变的关联认知不足，对于当代乡村形态解读与认知存在偏颇。就桂林乡村景观的研究来说，这种连续性的动态观察亦是比较缺少的。以动态视角去深入理解桂林乡村的过去与当下的形态、发展动向，既有助于深入地理解“地域”的复杂性，更能帮助我们理性地看待城乡关系及乡村发展。

（一）“景观”变化“节奏”中蕴含的地域特点

桂林地区的乡村景观特质，既包括空间形态层面的地域特色，也包括桂林地区传统乡村景观的建构逻辑。同时，桂林地区的工业化、城镇化水平相对沿海发达地区或省会城市较低，桂林地区的乡村景观的形态现状与发展问题，也很大程度地代表了我国大部分地区的乡村状态。因此，本书对于桂林地区的乡村研究，亦包括桂林地区乡村景观的特殊性以及乡村景观演变的共性特征与普适规律。

具体而言，本研究将桂林乡村景观作为一个整体，厘清山水为主的自然环境、田园为主的生产环境、建筑为主的聚落环境，三者在空间形态上的结构关系和三者在推进村庄环境与区域乡村聚居环境演变过程中的互动关系。针对桂林地区乡村保护与建设的需求，将乡村景观的演变作为一组连续的运动，厘清其自古至今的形态变化规律与内因，以及变化过程中本地乡民或乡村社区的空间策略与应对逻辑，辨析当代桂林乡村景观形态演变的内涵与发展趋向。

本书的具体研究内容包括乡村景观的现状形态特征、形态演变过程、形态历史演变中影响因素的作用过程与自我调整活动的应对逻辑、桂林乡村景观的内涵与价值、桂林乡村景观的变化趋向。

（二）演进

“演进”（Evolution）：这一名词与生物学有关，用以研究分析外部环境选择下的生物种群结合突变进行物种内部自我调整的过程。生物学中有进化论（Theory of Evolution），作为传统的理论，认为生物经历了由低级到高级，由简单到复杂逐步演变

的过程。但在现有的理论中，认为种群是进化的基本单位，突变是生物进化的材料，自然选择主导进化方向，隔离是物种形成的必要条件。研究更强调外部条件下，种群结合突变，进行内部自我调整以延续生存发展的过程。需要注意，从生物学层面而言，生物作为生命体存在其固有的运动变化，其由生至衰亡的过程不称之为“演进”。这一理论在当代的科技、经济等学科广泛应用，以探讨事物变化的内部运动规律。在建筑学方向，“演进”这一名词主要用于聚落空间的动态研究，尤其针对相应空间策略、内部机制的探讨。现有的相关研究，集中于“城市空间”“传统聚落”等分析对象上。作为人工环境，两者的演进研究，主要针对人类的相关建设开发活动进行讨论，集中分析各种自然或社会因素影响下，研究对象的建设开发活动是如何应对并形成相应的人工环境形态变化的。本研究中“演进”所涉及的“形态”“演变”等概念，具体如图1–3–2所示。

关于乡村景观的“演进”，本书会对于桂林地区内乡村地区的物质要素集合，在影响因素刺激下的空间形态变化与调整的过程进行研究。整个历史过程的分析，以考古中的人居遗址为起点，以现状调研截止到2014年。具体的研究内容：（1）研究对象的形态演变；（2）研究对象发生变化的影响要素分析；（3）研究对象应对外部影响的空间策略

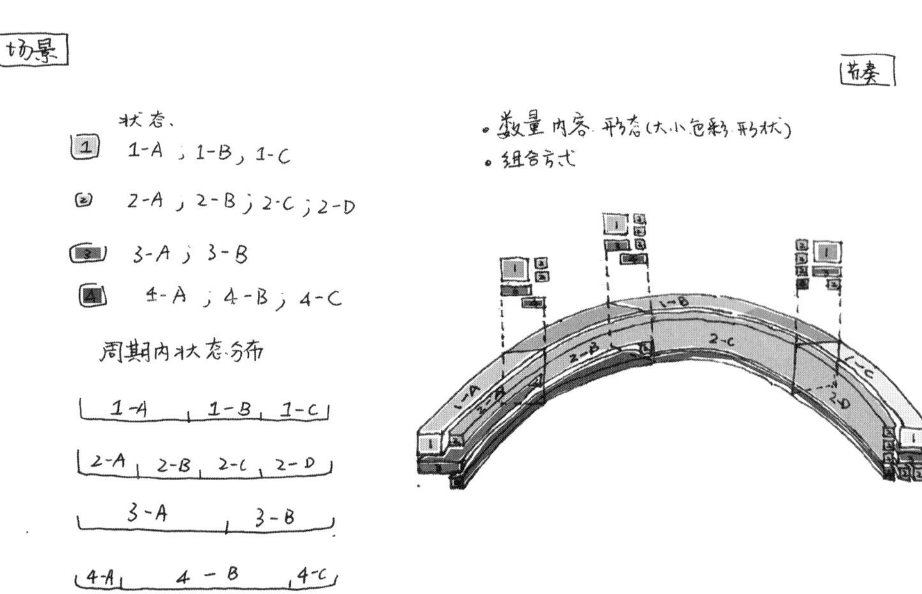

研究对象的动态变化中，若某一对象由1、2、3、4四个要素组成。在时间轴上这一对象存在着不同的状态，其内部组成要素也存在不同状态。对象1，1–A、1–B、1–C的不同状态呈现，统称为1的“形态”。四个要素作为一个整体呈现的不同状态的集合，谓之研究对象的形态。而针对1而言，三个状态的变化过程谓之“演变”。同时，1、2、3、4作为一个整体，各个阶段组合起来的形态变化亦称之研究对象的“演变”。由于各要素在时间轴上的变化节点不同，各自呈现出不同的变化轨迹，这种轨迹称之为“形态变化的节奏”或“演变的节奏”。“演进”包括形态“演变”的分析，同时也包括研究对象各阶段形态演变的成因分析。或者说，1–A是如何演变为1–B的过程。其中，相对于研究对象演变的影响因素分析，更重视研究对象对影响因素的转化与应对调整的分析。即，内部要素存在各自的差异性，内部组成之间是如何进行调整或者内部要素本身是如何调整，使得研究对象整体维续与变动的。

图1–3–2 “形态”“演变”“形态变化的节奏”“演进”的关系图

及形态呈现。后两者，影响因素包括两方面，非实体因素的变动与乡村外的其他环境类型的空间变化。相应的形态调整活动，包括土地及不同环境资源的占有、乡村景观的营建及生产过程、已有乡村景观的经营维续。本书重点关注时间维度下乡村景观内部要素变化过程的差异，要素组成之间如何进行调整或者内部要素本身是如何调整，以实现乡村景观的整体维续与发展。

针对研究对象的形态分析，主要结合房屋建筑学、类型学、形态学的方法展开。而本书针对空间形态的变化以连续的时间作出讨论。其中，针对历史演进的讨论包括古代及近现代的乡村景观空间形态变化与相关的影响因素、营建活动的分析，主要结合文化地理学、人类学（民俗学）、政治经济学方法进行讨论。而针对当代的乡村景观变动及内部规律剖析，则结合空间社会学、政治经济学方法进行解释。

四、词汇表

既有的乡村研究，由于学科或语境的差异，许多概念的使用存在所指的交叉或微差。同时，由于本书的研究涉及一些其他学科的名词，为了便于阅读与讨论，此处列出除常用建筑术语之外的部分词汇进行概念廓清：

“城镇化”（Urbanization）：广义上的“城镇化”包括区域人居环境、人口、产业、聚居空间的变动——农村人口向城镇人口转移，农业人口向其他产业人口转移；产业由农业向其他产业进行转型；农村用地转为城镇用地，传统乡村居住空间向城镇居住空间形式转变等。本书对于“城镇化”概念的使用，在对于区域人居环境的讨论中，是指广义上的“城镇化”。在对于具体的“乡村景观”而言，则指代农村用地转为城镇用地，或者传统乡村居住空间形态向城镇居住空间形态的转变。具体研究所指，会在具体正文语境下具体说明。

“乡村聚居环境”：将区域乡村聚居点作为一个整体，指代乡村景观的整体环境。

“范域”：本书所称的范域，是范围及区域两个概念的叠合。由于涉及历史演变，存在着研究对象在空间规模的变化，在空间分布的变动。因此，使用“范域”作为对研究对象的空间范围以及空间分布情况的指代。

“布局”：本书用以指代研究对象在某一空间中的位置分布与相应的形态状况，如村庄中的聚落布局，指聚落在村庄中的位置与形态；区域的村庄布局（布点），指村庄在区域环境中的分布情况与形态。

“格局”：本书所使用的“格局”，用以指代研究对象内在的空间关系，如村庄格局，即指村庄内部组成要素的空间关系；建筑格局，指建筑内部的空间结构关系；乡村聚居格局，即指乡村地区聚居点的空间占有及位置分布情况。

“地居”：这一名词的使用，主要用以区别干阑建筑，表示人居于地面的建筑形式。民国时期刘锡蕃的《岭表纪蛮》中使用该词用以区分，人居于上层的“楼居”。本书对于“地居”的使用也延用其概念。

“楼居”：民国时期刘锡蕃的《岭表纪蛮》中使用“楼居”，与“干阑”概念相近。根据石拓《中国南方干栏及其变迁研究》一文的干栏（干阑）概念，主要指通过建筑底层架空，获得离地人居的建筑形式。本书涉及“楼居”的指代，与上述解释相同。需要注意的是“楼居”与“楼房”的区分。

“楼房”：本书所使用的“楼房”概念与平房概念相对应，指代拥有二层及其以上楼层的房屋。这里所谓的“层”是指可供人居住使用的楼层概念，不包括作为仓储、杂物等其他辅助功能的楼层，如传统民居中多使用二层作为仓储空间或底层作为架空养畜空间等。

“楼化”：本书指代建筑在竖向空间上进行增长，由平房发展为楼房的过程，称为“楼化”。

“种植肌理”：本书指平面视图中，土地中种植作物形成的纹理。

“种植结构”：指某一区域或经济单位，农作物种类种植的比例。这包括粮食作物与其他经济作物的关系。更细致的种植结构，还涉及粮食作物、油作物、棉麻作物、蔬果作物、建材作物等作物类型间的比重关系。

第二章

从不同的尺度看桂林乡村景观形态

“桂林”“乡村”“景观”，是怎样的？当我们在搜索引擎中输入“桂林乡村”时，相关的图片向我们展示了大家分享的印象，这包括很多关于田园的美景、鸟瞰桂林的壮阔、乡村新居建设……它们虽然无法展现桂林乡村景观的全部，但却为我们展示了桂林乡村景观的多尺度以及多面性，“地域”的复杂性实际上也蕴含其中。因此，关于桂林地区乡村景观的初认识，首先就借由2000年后的统计数据、实地调研，从“乡村聚居格局”“区域村庄布点”“村庄内部格局”“村庄环境要素”四个尺度为大家描绘桂林乡村景观的基本形态以及内部的结构关系。

第一节

桂林地区的状况概述

一、自然环境的复杂与多样

自然环境是当地人居环境营建的基础。桂林地区，有着非常突出的自然环境特色，但更需要强调的是其自然环境的复杂、多样性。这里主要就地形、地质、水系流域、自然气候进行简要概述。

山地、丘陵[①]是桂林最主要的地貌类型。其中，地形以中低山地形为主，中山主要分布在辖区北部的龙胜、资源、灌阳、恭城和中部的临桂、灵川、兴安等县；丘陵广泛分布于山地边缘、河流两岸和盆地周围。台地主要分布在湘江、漓江谷地。丘陵和台地是全市旱地的分布区。平地[②]主要包括分布于东北部的湘江上游平原、中部的漓江平原。

桂林地区的地形呈现出两侧高、中部低的特点。北部的越城岭、十八里大南山，西部的天平山、西南部的架桥岭围合出桂林的西、北边界；东部的海洋山、都庞岭形成东部屏障。越城岭、都庞岭、海洋山和驾桥岭等均呈东北—西南走向，平行排列。其间的谷地自北而南贯穿全州、兴安、灵川、桂林市区和阳朔，通称“湘桂走廊”。在大的分布上，桂林市下辖地区龙胜、资源、灵川、灌阳是几条主要山脉的分布地。水系相应的

① 中山（山峰海拔800米以上山地）；低山（山峰海拔400～800米的山地）；丘陵（山峰海拔200～400米的山地）；台地（山峰海拔200米以下介于平原与丘陵间）；平原（谷底宽5公里以上，坡度小于5°山谷平地）；石山。

② 广西壮族自治区地图集编纂委员会. 广西壮族自治区地图集［M］. 北京：星球地图出版社，2003，8.

大片平原包括湘江上游平原与漓江平原，它们在临桂段最为开阔。其他县乡，皆有大量零星山体分布，由山体的间隔形成了相对零碎的空间划分。各县不同坡度山体与其间的洼地、谷地、平原交错分布，各片区内的地形变化丰富。总体来讲，桂林地区地形变化丰富，而各小的片区内亦有着比较错综复杂的地形变化。（图2-1-1）

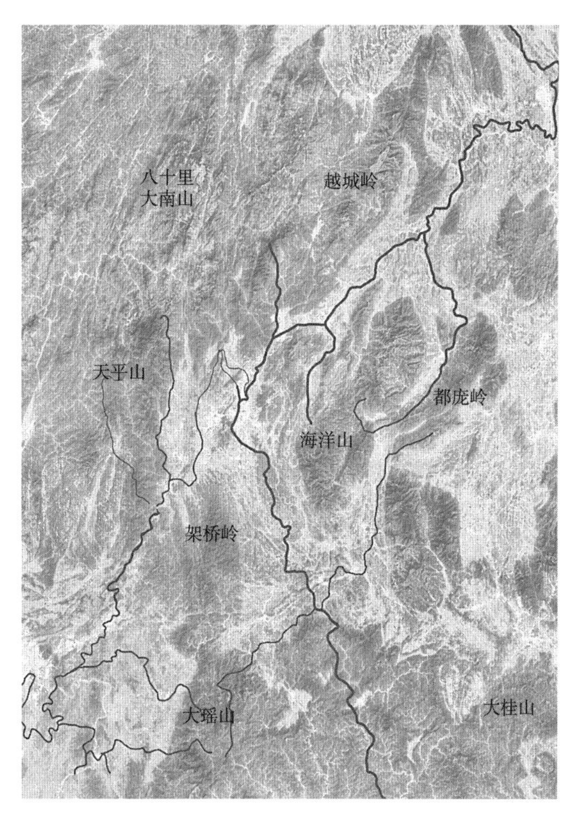

图2-1-1　桂林地形图
（来源：笔者编改自《广西地图集》）

从地质特点来看，桂林地区岩石、土壤性质多样，形成了不同的地表环境。桂林市区、临桂东部、阳朔、灵川局部，以石灰岩为主；临桂、永福、恭城、平乐、荔浦中心区则以石灰岩、硅质岩或夹基性火山岩为主；资源及灌阳部分高地以二长花岗岩、页岩、泥层夹石灰岩为主；龙胜以变质砂岩、泥岩夹碳酸岩、砾砂岩、砂岩、泥岩等为主。整体来说，桂林地处南岭山系的西南部，属红壤土带，土质以红壤为主，酸碱度为4.5～6.5；但桂林各地区略有差异。其中，北部龙胜、资源以及灌阳西部一带土壤多为黄壤、黄棕壤；用于农业种植的水稻土，则主要分布于桂林平缓地带的水系周边；裸岩分布在桂林中部及东北部；紫土分布在一些低丘缓坡地带。由于各区域内的地质类型多样，当地的动植物景观也丰富多样。

从水系流域来看，桂林的主要河流为漓江、湘江、洛青江、浔江、资江5条江，另有集雨面积在100平方公里以上的支流65条，全市多年平均总水量为403.81亿立方米①，河流落差大，水资源丰富。在地形的影响下，桂林可分为三大流域：桂林东北部为长江水系的湘资水区，覆盖全州、灌阳、资源县；西北部为珠江水系的柳江水区，覆盖龙胜、永福县；中南部为珠江流域水系的桂江水区，覆盖桂林其他县区。其中，桂林北部水资源匮乏，地表河流平均年径流量、地下水资源都相对较少；桂林南部地区相对水资源充沛（图2-1-2）。

① 广西壮族自治区地图编纂委员会. 广西壮族自治区地图集［M］. 北京：星球地图出版社，2003.

从自然气候来看，桂林地区属于亚热带季风气候。整体气候环境较为宜人，夏无酷暑、冬无严寒。但区域内部从降雨情况来看，桂林年平均降水量在1200毫米以上，桂林市区、临桂及永福地区在降雨量上较为充沛，年平均降水量在1800～2000毫米；龙胜及东部的全州、兴安、恭城、平乐地区降雨量较低。桂林年平均气温在16～20℃，桂林南北形成三个层次的差异。桂林市区以南相对年平均气温较高，在18℃以上；资源、全州、灌阳及兴安北部，年平均气温较低，无霜期相对南部较短。桂林日照时间在1200～1600小时，由西北向南部呈现出递增的趋势。其中，龙胜、资源地区年日照时间较短，1200～1300小时；平乐年日照时间较长，约1600小时。

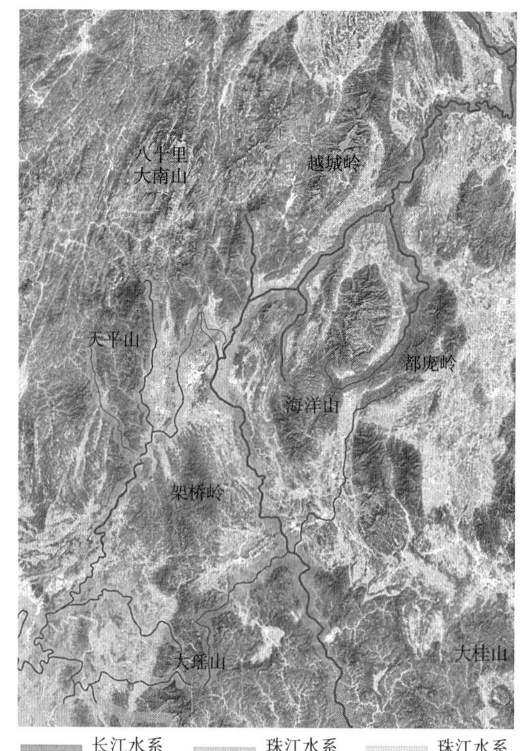

图2-1-2 桂林水系流域图
（来源：笔者编改自《广西地图集》：29）

地质、地形、水系相互关联，在气候的作用下形成了区域内多样的地貌呈现。其中，桂林典型的岩溶地貌，在空间分布上以贯穿东北至西南的湘江、漓江为线索。而以石灰岩为主的桂林中部漓江平原地区，石山峰林、峰丛与平原谷地水系共同形成了桂林最具盛名的漓江山水风景区。不同的土壤类型，使得片区内的植物景观有所差异。石灰岩土的土壤土层薄，保水能力差，桂林中部石山片区植被覆盖有限；桂林东、西两大主要山地分布带多为黄壤，是桂林境内主要的森林覆盖区；红壤分布区植被类型多样，作为桂林主要的土壤类型也促成了区域内多样的植物资源与环境景观。

二、桂林地区的民族、民系

桂林地区的少数民族，主要包括瑶族、壮族、侗族、苗族、回族等。同时，桂林地区的汉族人口民系复杂，包括湘赣民系、广府民系、客家民系等。不同民族、民系在漫长的历史过程中共生、融合，形成了区域内多元的聚居环境。

其中，少数民族除回族外，多集中在山区，桂林地区的壮族、瑶族分布最广。瑶族主要集中在西北龙胜、资源、灵川，东部灌阳、恭城一带；壮族主要分布于西北山地、中南部的阳朔地区；苗族主要集中在西北山地；回族集中于桂林市区及周边县乡。桂林内包括两水苗族乡、车田苗族乡、河口瑶族乡（资源）；华江瑶族乡（兴安）；宛田瑶族乡、黄沙瑶族乡（临桂）；东山瑶族乡、蕉江瑶族乡（全州）；西山瑶族乡、洞井瑶族乡（灌阳）；蓝田瑶族乡、大境瑶族乡（灵川）；草坪回族乡（市区）；蒲芦瑶族乡（荔浦）；大发瑶族乡（平乐）；龙胜各族自治县、恭城瑶族自治县（图2-1-3）。

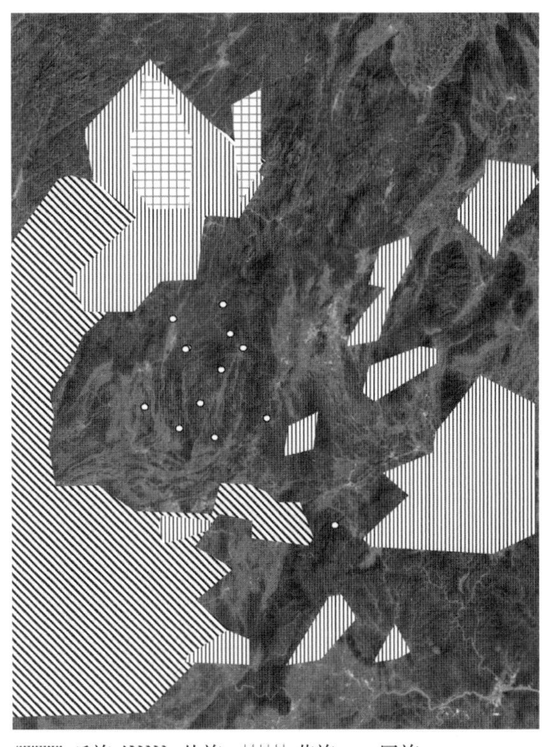

图2-1-3 桂林民族分布图
（来源：编改自《广西地图集》：17）

桂林地区的汉族分布广泛，以丘陵平原为主。其中，与湖南交界的北部、东部的全州，以及资源、灌阳、兴安北部为湘语系[①]。客家主要分布在南部的荔浦、恭城、平乐，中部的市区、阳朔、临桂等地区[②]。广府民系分布较少，主要在南部平乐或河道周边散布，如平乐的二塘、水山，灵川的大圩等地。

三、桂林地区的土地开发与城镇化现状

根据《广西壮族自治区桂林市土地利用总体规划（2006-2020年）》的数据统计，2005年末桂林市土地总面积为2762289公顷。其中农用地2182049公顷，占全市土地总面积的78.99%；建设用地91200公顷，占全市土地总面积的3.30%；其他土地489040公顷，占全市土地总面积的17.71%。结合桂林地区的航拍图，可以了解到湘江、漓江、洛清江周边的平原地区是主要的聚居地，相对周边山地区域土地开发程度较高（图2-1-4）。

其中，桂林地区的"城镇化"状况，就城镇人口、城镇建设用地两个主要指标来看：2005年，全市总人口495.11万人，全市人口中农业人口381.46万人，占全市总人口的72.74%；非农业人口113.64万人，占全市总人口的27.26%。全市城镇人口146万人，城镇化率29.48%。桂林地区城市建设用地规模6680公顷，占城乡建设用地面积的9.63%；建制镇建设用地7810公顷，占城乡建设用地面积的11.26%。农村居民点用地面积48553公顷，占城乡建设用地面积的69.99%。城镇与农村居民点的比例约为3：7。

① 杨焕典，梁振仕，李谱英，等. 广西的汉语方言（稿）[J]. 方言，1985（3）：181-190.

② 王建周. 桂林客家［M］. 桂林：广西师范大学出版社，2011，11."根据《桂林客家》20页表中的内容显示：桂林客家分布人口统计表，人口分布数量前三的为：荔浦4.5万人、市区4.265万人、阳朔2.46万人；客家人口占区域总人口比例前三的地区为：荔浦12%、阳朔8%、市区与恭城6%。"

根据《广西壮族自治区桂林市土地利用总体规划（2006–2020年）》，“城镇发展区”指规划期间桂林市主要的城镇人口和产业集聚地，是区域经济发展的重点区域，范围面积47169公顷，占全市国土总面积的1.71%。它包括中心城市建设区、重点城镇建设区两个二级分区和一个复区。就城镇地区的建设来看，根据《桂林市城市总体规划（2010–2020）》，桂林地区的“中心城区”包括桂林市区所辖的象山、叠彩、秀峰、七星4区，雁山区柘木镇和雁山镇，灵川县定江镇和大圩镇部分地区及八里街经济开发区，临桂县的临桂镇、四塘乡和庙岭镇部分地区等，总面积为86636公顷，约占全市国土总面积的3.14%。

桂林地区的城（县城）、镇乡形成均衡的空间分布及规模等级。城镇空间结构，由地形、交通干道影响，形成了以桂林市区为中心，由一级、二级、三级城镇为发展轴的“X”形空间结构[①]（图2–1–5）。

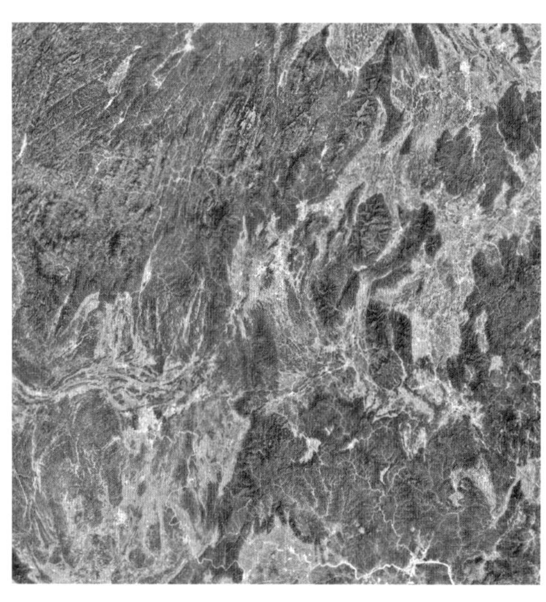

图2–1–4 桂林地域

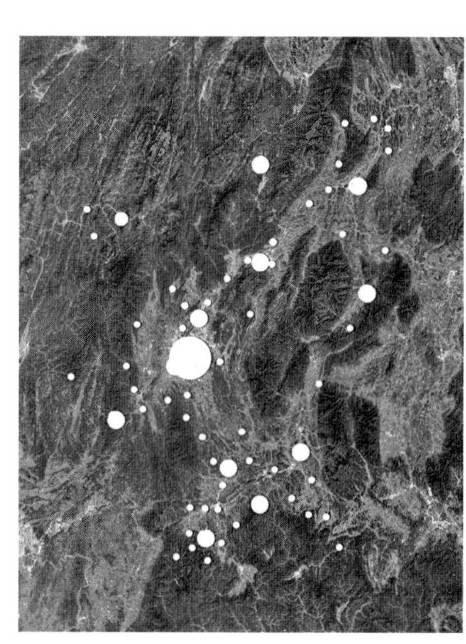

图2–1–5 桂林地区城镇空间格局

①《广西壮族自治区桂林市土地利用总体规划（2006–2020）编制说明》第五章第一节的二、城镇空间结构特点：桂林市城镇体系由于受地形以及交通干线的影响，具有沿地形和沿交通干线分布两大特征。城镇体系空间结构呈现为以桂林市区为中心，由一级、二级、三级城镇为发展轴的“X”形空间结构，具有市中心城区—县城—中心镇（重点镇）—一般镇的较为完善的多级市域城镇体系。其中沿全州、兴安、灵川、桂林主城区（市中心城区）、临桂、永福形成的湘桂一级轴，是本区最长、位置居中，联系城镇最多的轴，与东南桂林主城、阳朔、荔浦一级轴，连接西北桂林主城、五通、龙胜二级轴相交成“X”形结构。“X”形结构以中心城市为核心，以县城为枢纽，以中心城镇为基础。主要的二级轴还有阳朔—平乐轴。三级轴有：桂林主城区—大圩—海洋—兴安轴，与湘桂轴构成环形；桂林主城区—大圩—洞井轴；资源—龙胜轴，连接桂林—龙胜二级轴；资源—界首—石塘—文市轴，与资源—龙胜轴相连，形成横贯本区北部的三级轴线，并在界首与湘桂一级轴交汇；五通—苏桥轴，联系湘桂轴与桂林—龙胜轴；全州—灌阳—恭城—平乐轴，联系湘桂轴和阳朔—平乐二级轴；荔浦—平乐轴，连接桂林—荔浦一级轴和阳朔—平乐二级轴。

四、桂林地区的城乡边界

城镇与乡村在概念上是相对的，它包括具体的环境实体所指，更包括作为聚居类型其属性特质①。本书的研究对象"乡村"，以现状行政区划界定下的"村"为对象，不包括现状行政区划界定下的"乡"。然而，这种"城乡"概念上或者行政上的界定，在具体的空间来看则是极其复杂、多样的。这里结合航拍与实地调研，对桂林边界的形态进行更具体的探索。

桂林七星区七星村，位于城市中心城区范围内，南部为七星岩景区、东部为桂林理工大学、西侧为漓江支流。桂林的老城区位于漓江的西侧。随着城市的扩张，城区逐步向东部拓展。位于漓江东部的七星村，是城市东拓的过渡区域。村庄内部仍保留着原有农地，种植蔬菜。村庄内的民居，一部分村庄空间已进行了更新，出租给外地打工者；另一部分被征收转化为城市商业或居住建筑。作为城市扩张的过渡产物，七星村在空间形态上表现出与其他城中村相似的特征：建筑容积率的增长及土地功能的转换。但由于桂林城市中对于山水环境的强调，村庄环境的形态转换受到限制，保留了自然山水的风貌（图2–1–6、图2–1–7）。

桂林灵川县定江镇路西村，东侧为湘桂铁路线，东面为灵川县定江镇区，西部沿道路为镇里的工业区。定江镇的建设扩张，由于湘桂铁路的穿越，形成了西拓的重要边界。路西村位于铁路西侧，处于镇区扩张的边界旁。受到西部工业区与东部镇区的影响，穿越村庄的道路周边建筑在形式上有比较大的变化。区域内的小部分建筑更替为

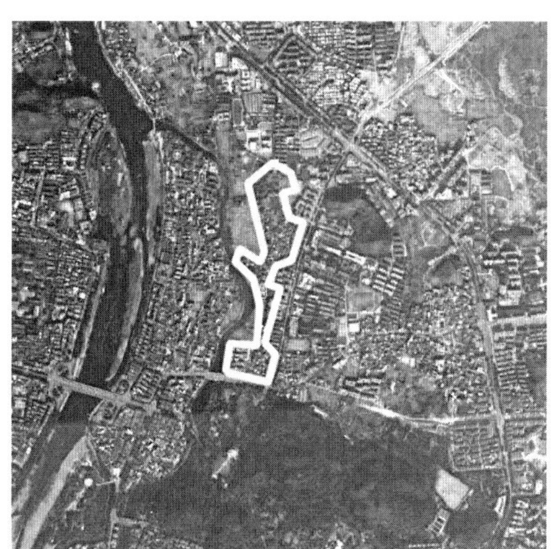

图2–1–6　桂林七星区七星村与城市的关系
（来源：根据GE绘制）

图2–1–7　桂林灵川路西村与镇区的关系
（来源：根据GE绘制）

① 就"乡村"具体的空间指代而言，行政区划下的乡、村地区，是通常争议比较小的一种区域界定方式。但学界最常关注的是"乡村性"的定义及其相应区域的界定，如张小林指出"乡村"应当让位于"乡村性"，地区是城市性与乡村性的统一体。陈威则表示"乡村对应于城市，更突出以与城市（Urban）不同的特质，地广人稀地区的多元产业、环境、社会与文化之总和的生活圈概念。"

外来打工者的出租屋及小型作坊。村子中的农田种植蔬菜、水稻，一部分被转换了土地性质。但整体而言，村庄仍保持了原有的建筑肌理以及较多的历史建筑（图2–1–8、图2–1–9）。

而就桂林市区或者各县城的主城区而言，自然山水是最主要的边界实体。桂林阳朔县城位于漓江西岸，是桂林重要的旅游日的地与枢纽。从航拍图中可以看到，县城的建设边界由山、水形成了天然的界定。自然山体、水系两侧，环境呈现出截然不同的空间形态。临桂县城中，可以看到自然山体在县区中给空间形态上带来的影响。其他的县城，如平乐、恭城、灌阳、兴安、全州、龙胜的县城边界也是由自然山、水围合出明显的城乡区域（图2–1–10、图2–1–11）。

综合来说，桂林地区的城乡边界，在整体上表现出大部分现代城镇扩张时城乡结合地区的形态特征。但从具体的城乡空间形态上看，桂林地区的城中村、城边村仍然保留着较多的山水景致与田园种植，城镇化的程度有限，城乡边界中自然山、水是重要的界定方式。

图2–1–8　桂林七星区七星村，依然保留了农地与水景的城中村

图2–1–9　灵川县定江镇路西村，位于铁路旁的路西村

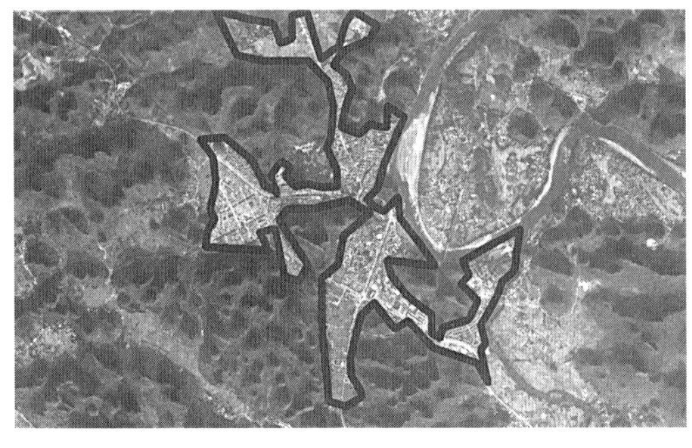

图2–1–10　阳朔西部县城边界
（来源：根据GE绘制）

图2–1–11　临桂县城建成区与自然山体的关系
（来源：摄影爱好者老杨 提供）

第二节

桂林地区的乡村聚居格局

乡村，是区域内人居环境的一种重要聚居类型。桂林地区的乡村，其内部存在着聚居规模、开发程度的差别。乡村聚居格局，反映了乡村地区聚居点的空间占有及位置分布情况。这里结合航拍、卫星地图分析，人口、土地、村庄等统计数据比对，对桂林地区的乡村聚居格局进行描述与分析。

一、乡村聚居的分区

桂林，除市域范围内的五个区，还包括12个县。根据2010年人口、2012年建制村统计数据（表2-2-1），桂林大部分县的人口密度、建制村分布相对一致。其中，就人口密度来看，中南部的临桂、阳朔、荔浦、平乐是区域内人口较密集的县，数据分布在190～210人/平方公里；资源、龙胜、永福是人口密度较低的县，低于90人/平方公里。农业人口的比重，全州、阳朔、恭城的较高；灌阳、资源、兴安地区低于平均农业人口比重。建制村的分布情况，全市平均为16.80平方公里/建制村。其中，灌阳、全州、临桂、阳朔、荔浦、平乐村庄分布水平一致，为13～14平方公里/建制村，村庄分布较密。永福、资源、龙胜是区域内村庄密度较低的县。其中，永福县的村庄数93个，属于建制村分布最疏的地区。（图2-2-1）

2010～2012年桂林地区村庄状况　　表2-2-1

县区名称	面积（平方公里）	建制村	总人口	常住人口	非农业人口	土地比建制村	人口比土地	农业人口比重
叠彩区	52	15	136142	170628			3281.3076923	
秀峰区	54	7	103984	156504			2898.2222222	
七星区	97	16	175061	297029	634801		3062.154639	
象山区	88	8	224492	275284			3128.2272727	
雁山区	274	37	71191	76193			278.07664234	
临桂县	2202	161	472057	443994	58121	13.677018634	201.63215259	86.90%
灵川县	2287	129	366773	350832	63924	17.728682171	153.40271098	81.78%
兴安县	2344	115	354924	329507	88276	20.382608696	140.5746587	73.21%
全州县	4021	273	803495	633174	67646	14.728937729	157.4667993	89.32%
灌阳县	1837	138	280284	233598	88276	13.311594203	127.16276538	62.22%
阳朔县	1428	99	308296	272223	29340	14.424242424	190.63235294	89.23%

续表

县区名称	面积（平方公里）	建制村	总人口	常住人口	非农业人口	土地比建制村	人口比土地	农业人口比重
荔浦县	1759	122	374169	352472	43203	14.418032787	200.38203525	87.74%
平乐县	1919	134	418501	370455	54364	14.320895522	193.04585722	85.33%
资源县	1954	71	170413	146824	57420	27.521126761	75.140225179	60.89%
龙胜自治县	2538	119	168895	154889	27231	21.327731092	61.027974783	82.42%
恭城自治县	2149	117	285058	250853	25950	18.367521368	116.73010703	89.65%
永福县	2806	93	274662	233504	39962	30.172043011	83.215965788	82.89%
总计	27809	1654	4988397	4747963	1224680	16.80471584	170.7347621	74.21%

（来源：面积、建制村数据来自《桂林年鉴（2012）》，人口数量来自2010年桂林人口普查数据）

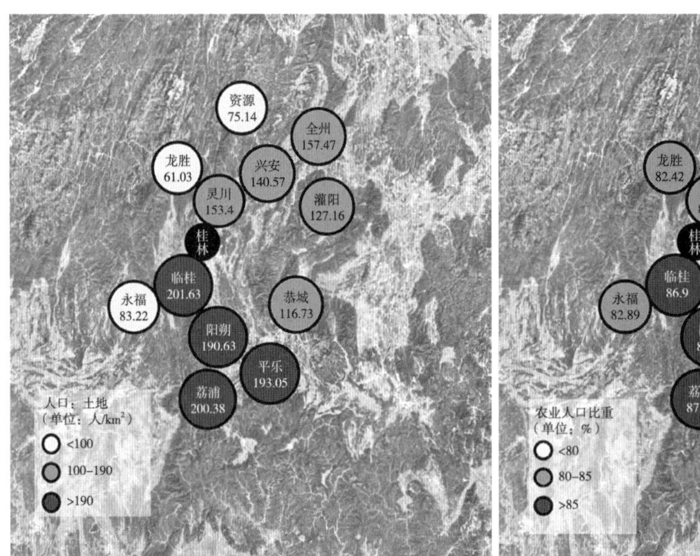

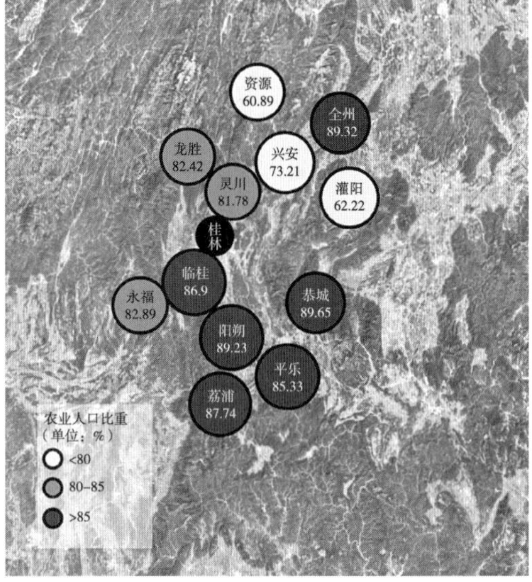

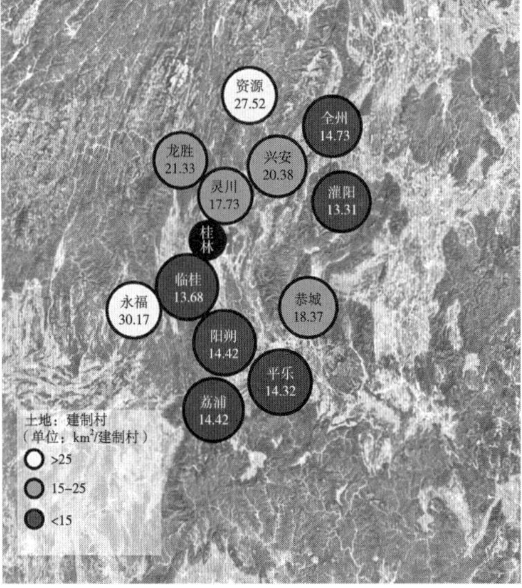

图2-2-1　桂林地区人口密度、农业人口比重、土地比建制村

根据数据统计，结合桂林分县地图，可以进一步了解村庄分布的区域空间格局。综合了三个层面的因素，人口密度、农业人口比重、村庄密度。桂林地区可以分为四个片区：（图2-2-2）

Ⅰ片区：临桂—阳朔—荔浦—平乐中南部组团，乡村地区人口密度高、农业人口比重大、村庄稠密。

Ⅱ片区：全州—灌阳东北部组团，乡村人口密度较高、农业人口比重高、村庄密集。

Ⅲ片区：龙胜—资源—永福西部组团，人口密度低、农业人口适中、村庄相对稀疏。

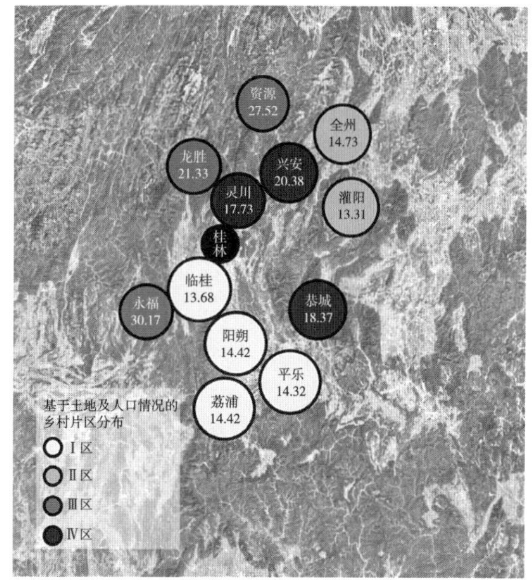

图2-2-2　桂林乡村聚居的四个分区

Ⅳ片区：兴安—灵川—恭城中部山地组团，处于几者之间，人口密度、村庄密度适中，接近平均值。

二、乡村聚居与江河溪流的关系

结合航拍及现场调研可以发现，桂林地区的村庄分布表现出与江河溪流的紧密联系。这具体表现为两个方面：一方面，桂林最主要的水系，湘—漓、洛清江、资江周边的冲积平原、谷地是桂林地区内最重要的农业开垦区。流域周边的村庄密度与其他片区相比是最为集中的村庄分布区；另一方面，桂林地区其他的支系江、河、溪、流周边是村庄分布最主要的地带。无论是在桂林的平原地区，还是山地、丘陵地区，这一集聚现象都表现得比较明显。

结合江河溪流，桂林地区的村庄布点形态可分为三种类型：鱼骨状、树状、网状。其中，鱼骨状、树状是基本的形态类型，网状是在鱼骨状、树状的基础上形成的。鱼骨状是桂林最主要的村庄分布形态，网状与树状的形态在区域中比较有限。

鱼骨状分布：鱼骨状村庄分布是桂林地区最主要的村庄分布形态。从航拍图中可以看到，山地为主的桂林地区，土地利用有限，村庄聚落及相应的农业垦殖皆以山谷溪流进行布置，形成鱼骨状的分布特点。这种村庄分布形态，在龙胜、资源及其他山地片区是最重要的村庄分布类型，如龙胜伟江乡，伟江水系周边是主要的村庄分布区。土地的开垦、聚落的建设，以伟江为轴进行布置。各个村庄中皆有溪流，顺山势灌溉梯田汇入伟江（图2-2-3）。又如阳朔地区的漓江支流，遇龙河流域，周边地貌为峰丛谷地。村庄都分布在遇龙河周边。两侧的石山峰丛的地下河由山岩中流出，汇入遇龙河中。村庄

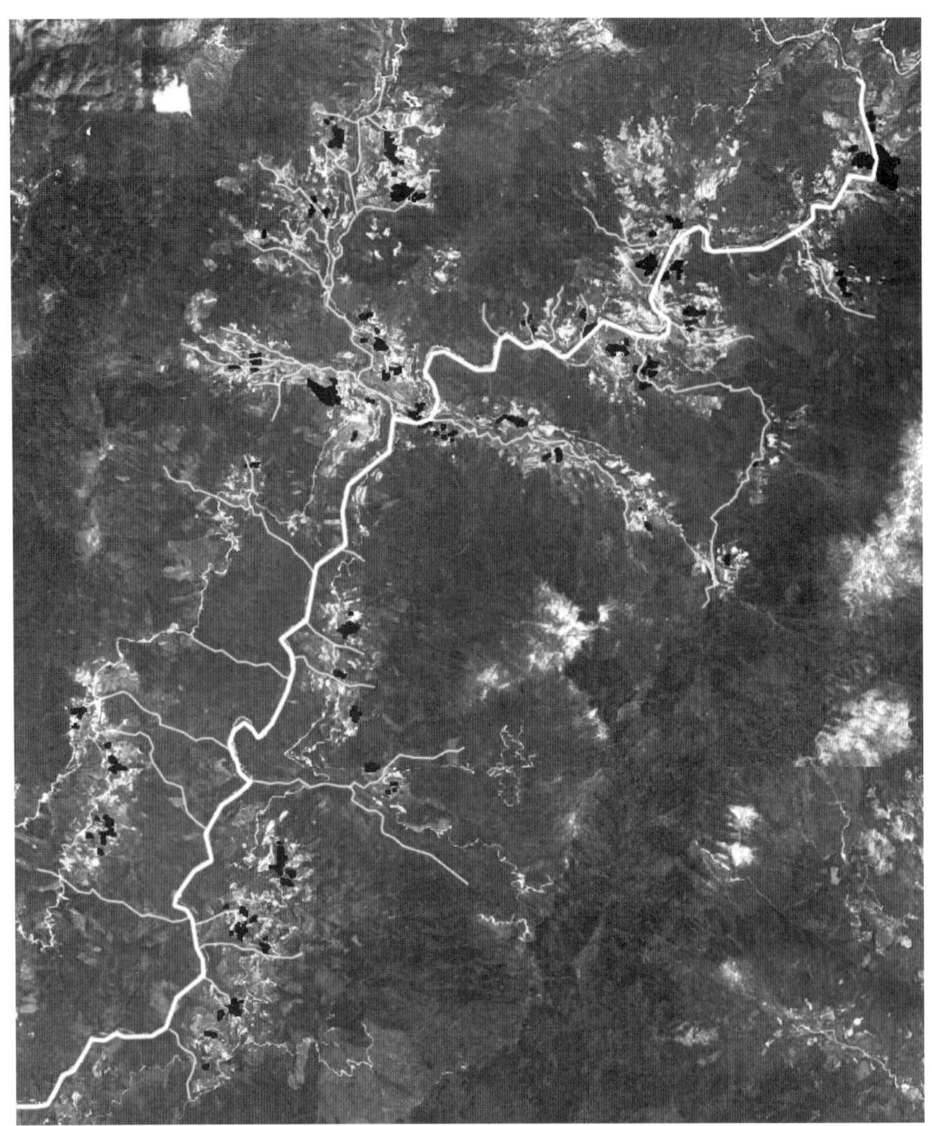

图2-2-3　鱼骨状：龙胜伟江流域的村庄分布与水系之间的关系
（来源：编改自Google Earth 航拍图）

农田与聚落便依溪流形成分布，呈现出以遇龙河为轴的鱼骨状村庄分布形态。

树状分布：树状的村庄分布形态主要位于与河口相接的山谷地区。桂林地区的主河道支流水系上，相对开阔的片区，周边山体高地呈现出多向的围合。其片区内的村庄分布呈现出树状的形态，如阳朔福利镇南侧，漓江支系双桥河（原名白面水，又名枫林河）周边地区。该区由仙人山—老虎山—白马山—东郎山—马鞍山—羊山弄形成相对围合的片区，溪流自四周山体汇入漓江。围合中的谷地村庄分布于内部的溪流周边，以三合榨村的入江口为基点，呈现出树状的分布格局（图2-2-4）。

网状分布：网状的村庄分布形态，主要位于桂林地区的东北、中部平原。桂林相对开阔的平原地区，水网发达，多条水系并行、相互串联，形成复杂的网络状。这些地区的村庄，结合网状水系形成相对复杂的分布，如临桂地区四塘乡附近，相思江由北向南，再转西入义江。相应的区域内有支流由临桂北部木叶寨水库经石脉水库，与相思江并行流入四塘乡。两条水系相互之间由自然水系或人工水利灌溉渠进行连接，村庄分布在两条水系之间（图2-2-5）。

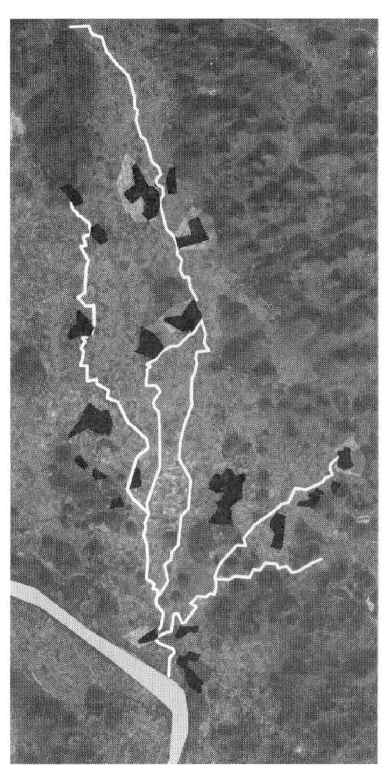

图2-2-4　树状：阳朔福利周边的村庄分布与水系关系
（来源：编改自Google Earth 航拍图）

图2-2-5　网状：临桂四塘周边的村庄分布与水系关系
（来源：编改自Google Earth 航拍图）

第三节

桂林地区村庄格局的类型

桂林地区的村庄格局分析，以建筑为主的聚落环境为核心，针对其与周边环境要素关系的差异进行剖析与分类。

一、桂林地区的基本村庄格局

桂林地区的基本村庄格局，从整体上表现出普遍的形态特征。即，以山水为主的自然环境、以田园为主的生产环境、以建筑为主的建筑环境，形成山水—田园—居的基本格局。其中，山水为主的自然环境，除了山体、水网，也包括自然环境中的地形和地质。它们形成对于村庄整体格局的控制，并在部分地区成为重要的风景组成。田园为主的生产环境，地物形态及土地划分形成村庄中的种植肌理。它占有村庄人工环境中最大的空间。以建筑为主的聚落环境，主要通过建筑单体及群体组合形成村庄人工环境中最异质于自然环境的空间。

桂林地区的村庄环境中，山水为主的自然环境，仍然是最突出的控制要素。就村庄尺度而言，“山”“水”作为村庄人居环境的营造基础，形成了村庄内部的山水格局与聚落布局。这种关系首先就桂林地区现有的村庄名称，可以了解到“山”“水”在村庄中的重要地位。如，坪、岩、塘、地、圳、冲、崴、坳、垌、墩、山、岭等，都非常形象地反映了村子所处的自然环境地势、地貌特点。结合具体的调研，桂林地区由北至南，自然地理环境有所差异。北部龙胜，以高海拔的连绵山地为主，多为土山。山谷有溪流穿过。灵川地区虽有高地，但连绵的群山间留有狭长的开阔地。中部的临桂地区，山体多为岩溶石山，平原广阔、水网交织。稍南边的阳朔地区，岩溶峰林、峰丛萦绕，多为石山，河谷平坦、穿插其间。南部的平乐地区，山体连绵，石山穿插其间，河谷地带狭长。从整体来看，“山水”作为风景或地形因素，在桂林乡村环境的组织上影响重大，是村庄格局的重要基础。而在中南部以“山水”风景为胜的乡村地区，“山水”是乡村的重要因素（图2-3-1～图2-3-5）。

图2-3-1　龙胜乡村地区鸟瞰

图2-3-2　灵川乡村地区鸟瞰

图2-3-3　临桂乡村地区鸟瞰

图2-3-4　阳朔乡村地区鸟瞰

图2-3-5　平乐乡村地区鸟瞰

村庄中的土地利用改造，田园为主的生产环境、建筑为主的聚落环境，结合更具体的土地利用类型中农用地及建设用地，可以了解到区域内部环境要素的比例关系。2005年的统计数据，桂林农村居民点建设用地48553公顷、农用地2182049公顷，其他用地如自然保留地、水域、滩涂沼泽为489040公顷。从村庄环境中土地利用类型的比重来看，建设用地相对较小，农用地是最主要的组成。根据各地的实地调研，亦可发现桂林乡村地区，建筑为主的聚落规模中等偏小，以百户的人口聚居为主，散布于山水田园之间。

由于自然环境与人工开发程度的差异，桂林的村庄格局存在多种类型。但就整体而言，建筑群为主的聚落通常与地形结合，占据的空间是村庄中具有一定高度、内部相对平缓、独立于周边环境的场地，在形式上多为墩台、丘岗。这里结合航拍可以看到（图2-3-6），如临桂双江镇周边的村庄，大部分以墩台为基地进行聚落建设。众多村庄聚落，散布平原之上，形成“岛”一般的地景。而如阳朔某河岸地带，村庄内部的建筑组团，皆以墩台为基地，形成了村庄内大小不同，如“岛”一般的独立建筑群（图2-3-7）。

图2-3-6　桂林临桂双江镇聚落表现出“台”的特点

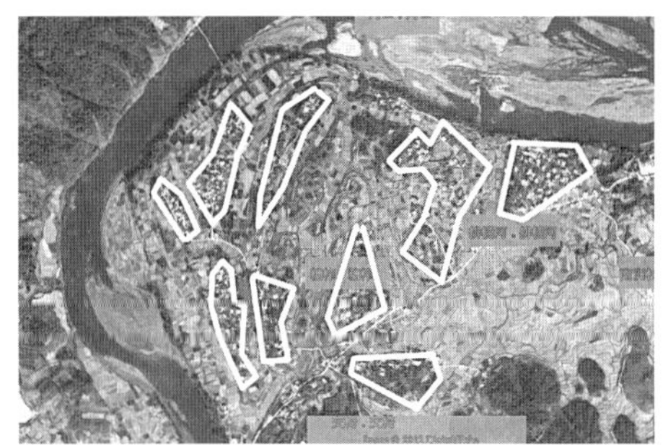

图2-3-7　阳朔地区某村建筑群，结合墩台、矮丘形成岛式的布局
（来源：编改自Google Earth）

二、平原地带的村庄格局

桂林的平原占总面积不到20%的比例，桂林的平原地区，主要以湘—漓，相思江—洛清江为主。该地区的村庄聚落在依山傍水、台冈筑村的基本格局下，又根据具体周边环境差异形成不同的村庄内部格局。其中，主要包括四种格局类型（表2-3-1）：

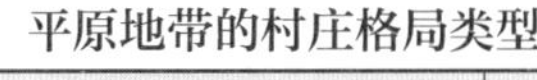

平原地带的村庄格局类型　　表2-3-1

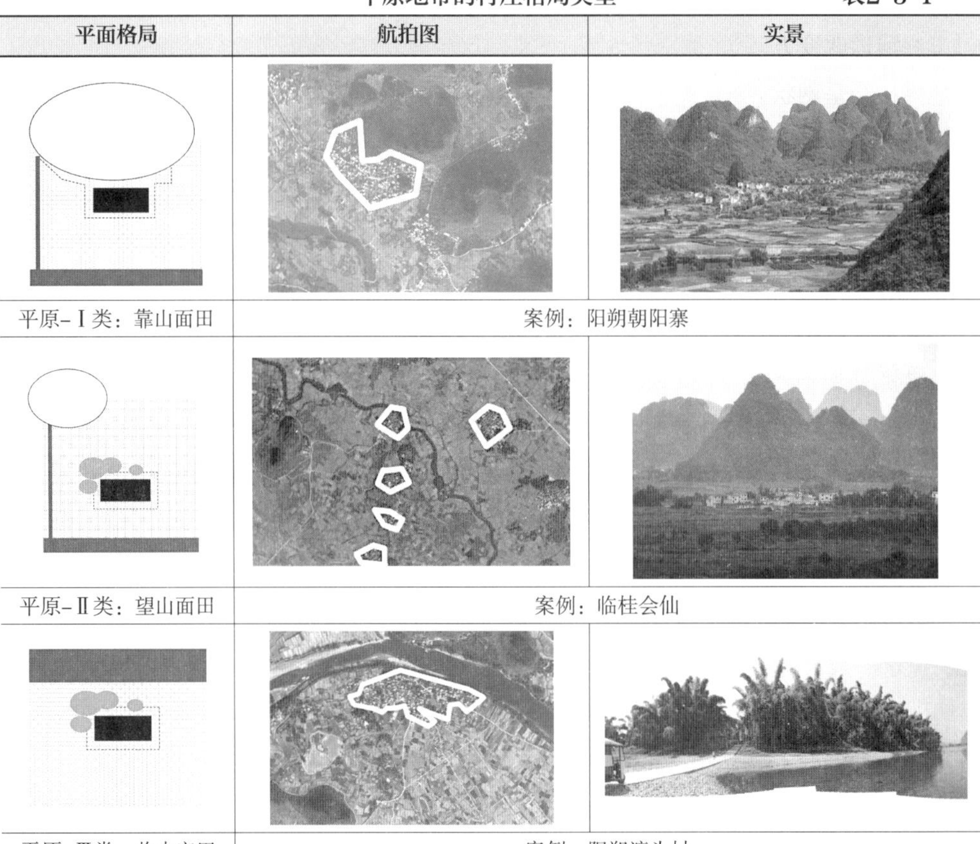

平面格局	航拍图	实景
平原-Ⅰ类：靠山面田	案例：阳朔朝阳寨	
平原-Ⅱ类：望山面田	案例：临桂会仙	
平原-Ⅲ类：临水守田	案例：阳朔渡头村	

续表

平面格局	航拍图	实景
平原-Ⅳ类：夹路守田	案例：灵川熊村	
笔者绘制	笔者根据GE图修改绘制	朝阳寨由摄影爱好者老杨提供，其余由笔者拍摄

平原-Ⅰ类：靠山面田。聚落依靠山脚进行分布，相对低洼平坦的周边平原谷地作为农业生产的主要区域。这种村庄处于以石山居多的漓江水系周边或平原谷地相对开阔的地域，如全州、临桂、永福、平乐、灌阳中部等地。它们大部分以鱼骨状、树状结合水网进行村庄分布。

平原-Ⅱ类：望山面田。聚落距离周边山体有一定的距离，建筑结合墩台、矮丘形成空间上较为独立的聚落环境。但在视线与水系网络上，聚落存在着与某座或某些山体的关联。这种村庄格局多以平原地区中最为开阔的地域为主，如临桂中部、永福。同时，在河道改变方向，所形成的冲积扇面区也会存在这种村庄格局。它们在较开阔的平原地区，会呈网状分布。

平原-Ⅲ类：临水守田。建筑依河道及口岸进行聚落布置，周边环以农田。这里所指的河道，是具备一定通航能力的江河水道。这类村庄，在水道周边进行分布，多集中在水道交界或方向变化的区域。桂林地区的湘江、漓江、灌江周边的村庄，多呈现此类村庄格局。它们结合水道，在平原地区形成鱼骨状或树状的村庄分布。

平原-Ⅳ类：夹路守田。建筑依道路形成聚落，环以农田，周边有山水相伴。这里的道路指跨境的道路，具有联系乡村间甚至城乡间的主要道路，是村庄主要的对外交通。这类村庄，分布在主要道路周边，包括传统的驿道及现代的公路等，如灵川熊村、灌阳江口村、平乐沙子村、榕津村等。此类村庄格局也时常由前三种格局发展而来。尤其是现代的公路周边，聚落形态以及与周边环境的关系发生变化，多呈现出此种形态。

三、山地地带的村庄格局

桂林地区的山地地带包括了西北部的龙胜、资源、灵川北部；东南部的海洋山周边的兴安、全州、灌阳沿线；南部的恭城等。综合来看，桂林地区山地地带的村庄分布类型为鱼骨状，因而基本的山地村庄格局是在山地溪流之间展开的。由于自然山体与河流关系的不同，聚落与周边环境形成了不同的空间关系，主要包括了四类（表2-3-2）：

山地-Ⅰ类：驻台守滩。村庄分布在受河流影响形成的河滩上，格局与平原的靠山面田相似。聚落位于山脚台地，相对低洼平坦的河滩则作为农业生产的主要区域。聚落后的山地多以林地的形式存在，部分进行梯田开垦。这类村庄格局主要分布在山地片区河流改变方向的位置。

山地-Ⅱ类：谷地靠田。建筑沿河流方向依山脚台地进行布置，山体作为梯田开发与林业种植。

山地-Ⅲ类：山中筑台靠林面田。建筑依山而建，在山腰筑台形成聚落。聚落后为林地，其他片区为梯田，山脚有溪流通过，山中有溪涧贯穿梯田流入溪谷。

山地-Ⅳ类：嵌入梯田。建筑依山而建，周边环以梯田。聚落形态顺山脊或台地择址，周边零星散布竹木林地，主要林业种植区与建筑之间有梯田相隔。

山地地带的村庄格局类型 **表2-3-2**

平面格局	航拍图	实景
山地-Ⅰ类：驻台守滩	案例：灵川两合村	
山地-Ⅱ类：谷地靠田	案例：龙胜大寨	
山地-Ⅲ类：山中筑台靠林面田	案例：灵川大境乡	
山地-Ⅳ类：嵌入梯田	案例：龙胜崇林	
笔者自绘	笔者根据GE图修改	笔者拍摄

桂林地区山地众多，四种类型在大尺度的空间分布上并没有形成一定的集聚现象，更主要的是结合具体地形进行空间布置。

四、丘陵台地的村庄格局

桂林地区的丘陵台地主要位于山地与广阔的平原之间，零星散布，集中在桂林市区西、荔浦西南。建筑多依靠在台地边缘。台地作为旱地进行耕种，多为园地或菜地。台地边缘的海拔较低的区域为耕地。相对而言，这一地区的村庄格局类型与前两类地形中的类型相似，此处不作详述。

五、山水格局下村庄内部的空间分配

在对不同地形下的村庄格局进行分类的基础上，这里选取具有桂林山水特色的旧县村、相近地理区位但不同自然地质的古板村以及北部典型山地地带的龙胜崇林村，进行村庄景观的空间结构关系的分析。

旧县村，位于阳朔县白沙镇西南。村庄位于遇龙河周边，有着典型的桂林喀斯特地貌与山水景致。遇龙河是漓江的支流，呈西北—东南走向，两侧形成有连绵的山脉（图2-3-8）。遇龙河沿河的村庄，在聚落的分布上与水系呈现出鱼骨状分布。这些村庄皆呈现出靠山面田的内部格局。旧县村位于遇龙河东岸，内有三片主要建筑群分布。

旧县村内部的空间组织，水系、地形是最主要的线索。旧县村，东高西低，东部的观音山泉、黄土村岩洞泉、二月下泉分别由山体岩洞涌出，成为溪流进入西部的遇龙河。建筑为主的聚落，坐落在近山台地上，由溪流环绕。旱地、水田、塘地依着地形形成由东至西的布置。结合水田灌溉，自然溪流、人工渠穿插布置，形成贯穿田园之间的水网，并顺应地势由岩洞涌出，流经农田，汇入遇龙河。溪流的主水道周边，则多作为塘地使用。西侧流经旧县村的遇龙河，在丰水季也作为灌溉用水，通过水轮泵引入村

图2-3-8　旧县村鸟瞰（图中左为东、右为西）

中。溪流河道，也是当地村民捕获鱼鲜、收集沙石的主要场所（图2–3–9）。

旧县村的山，多为石山。泉水周边的山脚土石相间，是村庄中主要的果木、风水林区。沿山势向山腰，多为村庄的墓葬区。其他的片区则肥力有限，多留作自然林或野草生长。村民牧羊、牧牛多沿山放养，并设置羊圈。山中也是草药采集的主要场所。

旧县村中以建筑为主的聚落部分，分为三个主要片区。各聚落中，老的建筑群顺着等高线布置，并列展开，巷道与等高线平行布置，形成相互独立的环山建筑群。聚落之间由道路联系。新建筑群，一类在道路周边进行分布，另一类在道路与旧建筑群之间分布。

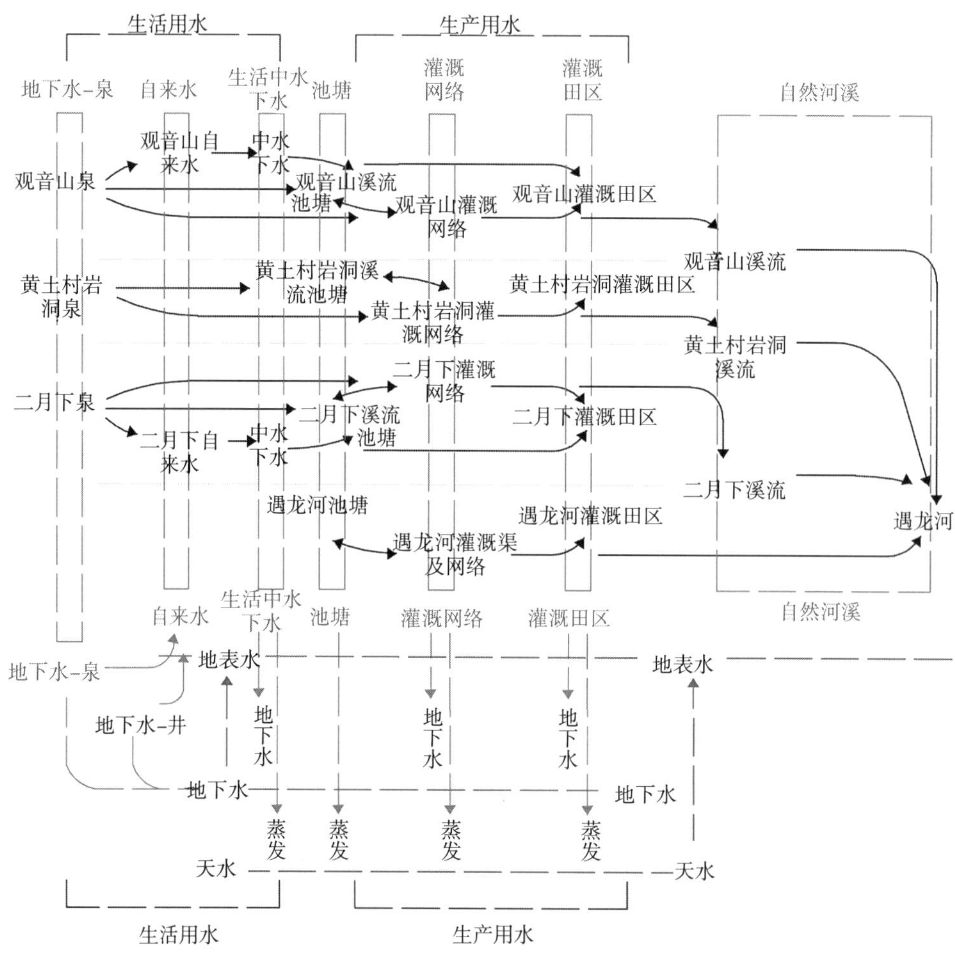

图2–3–9　区域平原地区水系、地形与村庄空间格局的组织关系

另外的两个村庄，在村庄格局上有着同样的环境组织逻辑：顺应地形、溪流组织建筑为主的聚落环境与田园为主的生产环境（图2–3–10）。

龙胜崇林村，位于伟江附近。崇林村与周边的村庄，沿伟江形成鱼骨状的分布。这里属于桂林西北山地区域，有着与旧县村完全不同的村庄风貌。连绵的山地被耕作梯田，零星的“木楼”形成的聚落，嵌入山中。然而，从村庄的内部格局来说，这里仍然是以地形与水系为线索展开的空间组织。其中，山中有自然溪涧，由东部山中经由林区、梯田区，流入低处的伟江。由于地势较陡，水路以汇水线为主路。梯田区乡民结合人工沟渠对于溪流进行组织，灌溉农田。聚落设于山中相对平缓的山坡上。区别于旧县村较缓的坡度、较一致的坡向，崇林村地形的等高线方向变化较频繁，坡向坡度不定。建筑群，较集中利用一处山坡，呈现出垂直于等高线的布置，建筑群周边环以竹木形成围护。聚落周边或水源不足的坡地种植油茶或其他作物。

阳朔古板村，位于白沙镇东北部，是地区内闻名的金桔产地。虽然其地理位置与旧县村相近，但区域内以土山为主，平地较少，没有典型的喀斯特石山与开阔的平地。由于地形的起伏、山体间的开合、地质与种植作物的差异，古板村呈现出与旧县村完全不

图2-3-10　桂林崇林村、古板村、旧县村的村庄格局比较

同的村庄风貌，尤其是由于土壤适宜种植金桔、夏橙，古板村的山体有别于旧县村的连绵石山，形成的是连绵的金桔山林；但是，从内部空间的组织上，古板村仍然是在自然地形与水系下进行的村庄内部空间分配：山地间的溪流周边被作为水田进行水稻种植，稍高一点的坡地被作为旱地种植其他作物，山体被辟为果林。建筑分布于山脚、山腰，形成环山、层层跌落的聚落风貌。古板村，在空间组织的逻辑上与旧县村比较相近。

综合来讲，三个村庄，由于自然地理环境的差异，形成了不同的乡村风貌。但在村庄内部空间的组织逻辑仍然是一致的。自然地形、水系决定了基本的村庄格局。

第四节

桂林地区村庄内部人工环境的形态

桂林地区村庄内人工环境的形态，因对自然环境利用改造程度的差异形成了不同的类型。这里主要针对生产环境中主要的农地、聚落环境中主要的建筑展开人工环境要素的具体形态分析。

一、生产环境

（一）四种主要的农地形式与地块肌理

生产环境中农地的形式类型，主要的形式包括了水田、旱地、山林地、塘。四种形式，主要结合地形改造、土地生产条件与物产的差异进行分类。

水田、旱地是生产环境中最主要的土地改造类型，在一些统计数据中，两者亦被统称为耕地。这两种地块形式，开垦需要进行土地平整、水利输灌，能够提供相对均匀的光照。山林地是林业采集和生产的主要土地形式，它们的土地平整力度较小，或为自然林地，或为经济种植林。塘是水产养殖的主要农地类型，它们主要结合水系形成天然水塘或人工水塘，可以提供水生植物、鱼类的养殖。四种基本类型，场地内水的需求存在差异：林地以自然溪流或降雨为主；旱地需要进行浇灌，有的则需要良好的排水；水田包括了望天田、灌溉田等类型，在一定季节需要大量的水；塘供给水产，需要保持一定的蓄水量。（表2-4-1）

水田，为村庄中土地水肥较为充足的地块，种植作物以水稻为主。桂林地区的水田分布广，山地、丘陵、平原地区，皆大面积分布。由于土地平整的需要，水田肌理中地块的划分顺应等高线形成种植面。由于灌溉的需要，地块间水网穿插。整体而言，桂林地区相对开阔的平原地区较少。因此，经纬分明的地块划分、均质规整的地块形状，在

桂林地区生产环境的基本形式　　表2-4-1

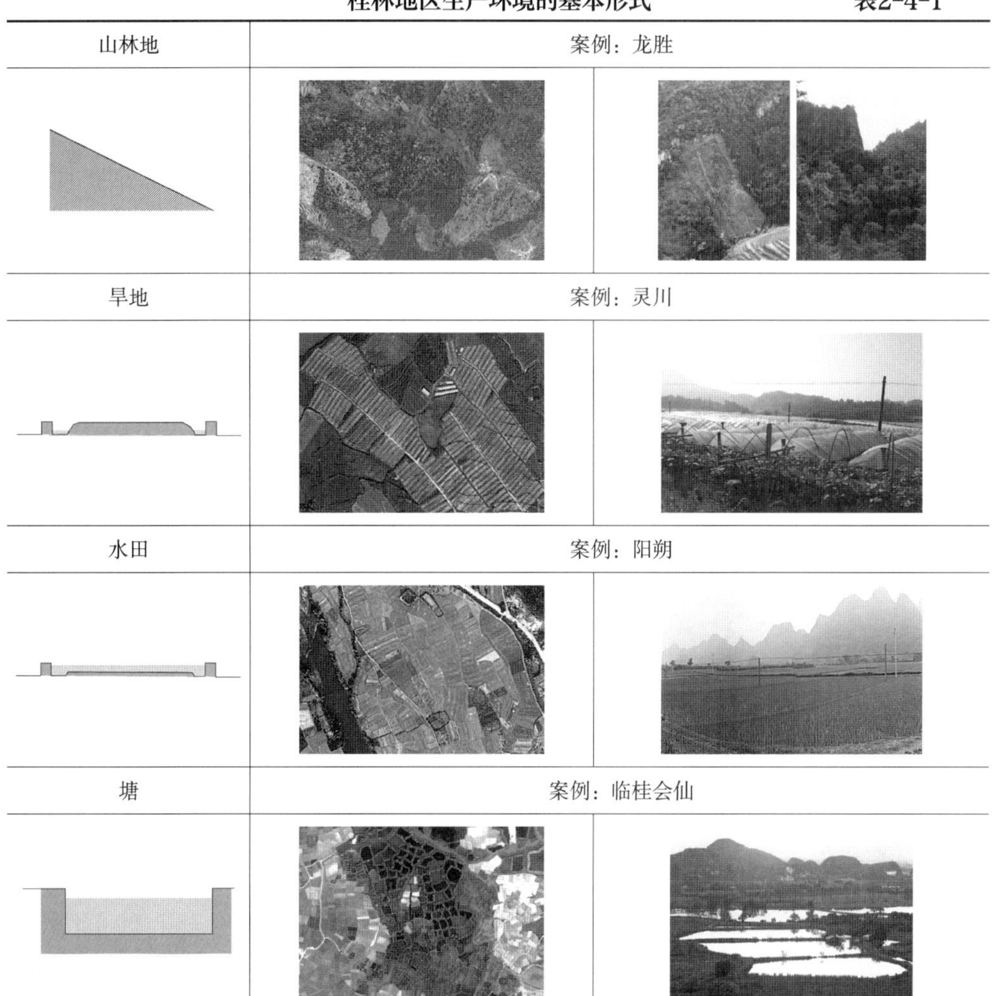

山林地	案例：龙胜
旱地	案例：灵川
水田	案例：阳朔
塘	案例：临桂会仙

桂林地区的水田肌理中比较少出现。大部分的水田肌理呈现出与自然地形和水系间的紧密关联，而山地、丘陵、平原地区也因地形差异，呈现出丰富的肌理变化。

旱地在肌理上与水田相似，部分时候水田会更替为旱地使用。由于桂林自然环境的差异，山地与丘陵平原地区的村庄中，旱地的分布略有差异。山地区域偏远于水源的土地作为旱地。丘陵和平原地区的旱地，以山脚为主要分布区。但由于不受到水的限制，村庄中的分布相对灵活。在地块形态上，规则几何形式相对数量较少（图2-4-1）。

山林地主要包括了自然林地与人工林地。山地区域的两种山林地的肌理没有太多差别。丘陵、平原地区的自然林地种植肌理，形状自由、种植肌理不明显；人工林地肌理规整，包括了行列矩阵式的种植肌理、依等高线形成的曲线肌理。由于林地会存在定期伐木、育林的调整，肌理存在间隙式的裸露土面。

塘地主要包括了自然池塘与人工池塘。自然池塘主要由洼地形成，形状变化不定。人工池塘在形状上以矩形为主，驳岸、池底、进出水口皆由人工砌筑。村庄中的池塘

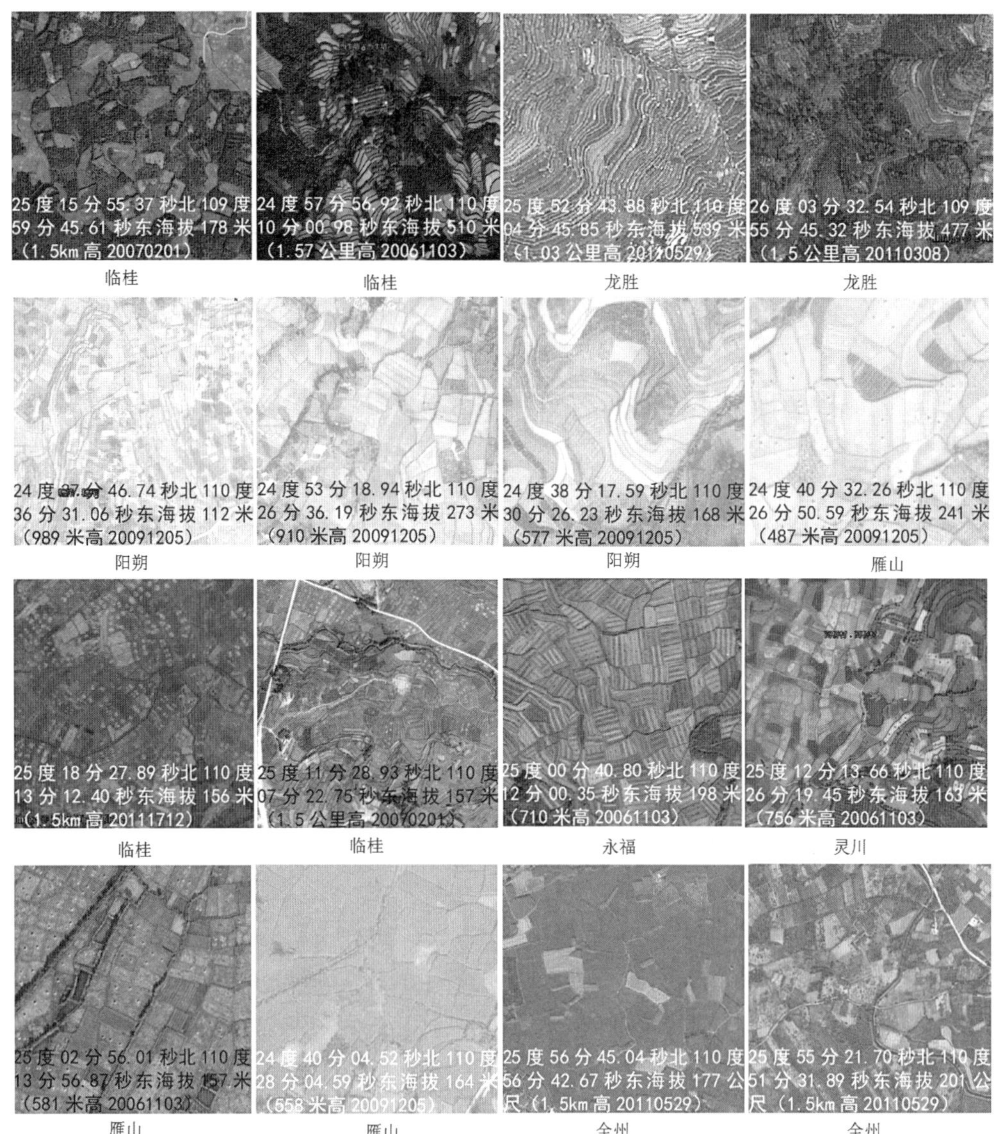

图2-4-1　桂林各地不同类型的地形基础开垦，形成耕地（水田、旱地）肌理与自然高程间的紧密关系
（来源：编改自Google Earth）

规模不定。有的村庄内仅有1～2个；有的村庄成片出现，形成规模池塘群。后一类的池塘，在形状上相对规整，布置紧凑，以市区及临桂周边的水产养殖区为主要分布区。

除此之外，生产环境还包括了工厂作坊、养殖场、采矿场地等。其中，工厂作坊及规模化的养殖场多以建筑形式出现。采矿场地，是对自然环境山体比较直接的开挖采集，形态不稳定。故，此处不进行具体讨论。

（二）作物类型与种植肌理

这些不同的农地形式，提供了不同的生产条件。结合种植或养殖，它们形成对于乡民个体以及乡村社区的物产支撑。

其中，水田以水稻种植为主，部分地区种植芋头。水稻收获后，田地替种其他作物，如鱼草（俗名）、鱼菜（俗名）、油菜花、荠菜等绿肥作物。旱地以蔬菜、果木、花卉苗木为主，还包括花生等油料作物，高粱、玉米等旱地粮食作物。山林地以竹木、杉木、桉树、果木为主，还包括其他经济作物或野生植物。鱼塘以鱼类养殖或者水生植物为主，其中水生植物包括荷花、菱角、慈姑、茭白等。

这些作物的种植，通常形成比较规则的阵列布置。但是由于作物形态的差异，农地中各地块，形成了不同的种植肌理。同时，由于作物生长的变化，农地中存在不同的季相变化。其中，水田作为最主要的农地类型，以水稻种植为主。因此，水田的种植肌理相对均一。由于受气候影响较多，北部地区龙胜、资源、全州、兴安、灵川部分地区日照、气温低于桂林其他南部地区。水田的季相变化，北部地区以一季稻为主，由4～5月开始，9～10月收获。南部地区可进行双季稻种植，有4～7月、8～11月两个周期。旱地作为经济作物主要的农地类型，种植作物类型丰富，农地中的作物变化灵活，种植肌理丰富多样且更替较频繁。山林地或以果木、花卉乔木种植为主的旱地，种植肌理较为均一，更替较慢。桂林地区的塘地，并不以水生植物生产为主，故塘地的肌理类型较少，变化不多。

由于生产需求及土地资源的差异，桂林各地乡村的不同生产环境比例规模有所差异。大部分地区仍有相当比例的水田与旱地。部分地区，如城市周边村庄及特色物产生产地，则结合果木蔬菜、水产养殖形成更大比例的旱地、塘地；山地区域，如桂林西北、东部则结合林业生产，有着相当大比例的林地；桂林兴安、资源的葡萄种植，呈现出规模的矩阵式布局。但从整体而言，这些规模的经济作物种植，在桂林地区的分布主要集中在城镇周边，整体比例不高。

综合来讲，多数的村庄中，四种类型的生产环境兼而有之。四种不同形式的生产环境，结合村庄内部的土地性质、水、地势形成在村庄中的不同分布。水田一般分布于供水充沛的地区；旱地多以水源相对匮乏的地块进行分布；山地多以原有的自然山林进行利用；水塘多以溪流周边或高差发生变化的位置分布。结合自身所处的自然基地类型，山地、丘陵或平原的各村庄形成农地不同的地块肌理。同时，结合本身的土地资源、区位特点、乡民个体的需求，乡民对地块进行不同的作物种植。于是，地块肌理与种植肌理形成叠合，组织出更赋予变化的生产环境。不过总体来说，桂林以水田、水稻为主要的农地形式和作物种类，大部分的村庄中形成有比较均质的生产环境。

二、聚落环境

（一）村庄内建筑的基本功能类型及其形态

桂林地区的村庄建筑类型，在功能上与其他地区相近：以基本的住宅及其附属用房为主，兴建有祠堂庙宇、商铺、凉亭、"惜字炉"、牌坊、学校及村公所等公共建筑或构

筑物。而村庄中的建筑，因历史年代的差异，在建筑功能类型与形态上有不同的表现。（表2–4–2）

住宅建筑，一般可以进一步划分为传统形制的民居、集体宿舍式住宅、新式独栋楼房三种类型。传统形制的民居，平原、丘陵地区，以“三大空”或者说“一明两暗”为基型进行衍化或组合变化。集体宿舍式住宅，多为中华人民共和国成立后形成的一层或两层集体住宅。新式独栋楼房，多为改革开放后乡民个体兴建的二层以上的楼房，矩形或曲尺形两种平面。这类新式楼房的平面部分结合传统形制进行调整，立面开窗较大，屋顶平坡结合。北部的山地地区，住宅建筑分为传统“木楼”形制与砖木（砖混）新居两类。（图2–4–2）

祠堂庙宇，历史建筑或新建筑在形制上仍然保留着较多的共性，主要以材料、构造、装饰的差异呈现出时代特色。如恭城乐湾村陈氏祠堂，为晚清时期的建筑实存，三

桂林平原丘陵地区乡村不同功能的建筑类型及典型形态呈现　　表2–4–2

类型			
住宅（平原丘陵）	灵川江头村	兴安崔家村	阳朔旧县村
祠庙	恭城乐湾村	恭城乐湾村	恭城社山村
商铺	灵川雄村	灌阳江口村	平乐沙子村
凉亭、惜字炉、牌坊	灵川	灵川江头村	灌阳月岭村
村委学校会堂	恭城社山村	灵川路西村	临桂横山村

图2-4-2　灵川兰田瑶族乡两合村住宅建筑

开间三进，约为清道光年间修建。老祠堂的西向为民国时期修建的陈五福宗祠，三开间两进。立面形式上结合了当时的西洋风尚，增加了拱券造型的门头与女儿墙。社山村的社山祠堂，修建于2000年后。社山为瑶族村寨，新祠堂的形式上仿照传统祠堂格局，具体细节上更多地结合现代人的理解进行建造，如瓷砖、涂料饰面，头门三开间分设三个入口等。但总体而言，各村庄皆有相应的祠堂庙宇设置，多为传统的形制或造型，分布在传统宗族聚落的中心或外围边界。

商铺建筑，桂林地区的部分村庄结合交通运输，形成圩村。灵川的熊村、灌阳的江口村、平乐的榕津，都有着相应的商铺建筑。这些传统商铺建筑与住宅建筑相似，但多沿道路形成带状。建筑开间普遍较同村的住宅建筑小，进深较大。建筑正立面因销售需要，多建成整面或半面开敞的样式。

凉亭、惜字炉、牌坊等构筑，在部分村庄有相应的营造。其中，凉亭多为村中富庶人家建造或乡民集体捐建。一些凉亭是位于村庄内部的公共空间，如灵川路西村、恭城石头村，形式上多为四坡木构凉亭。一些凉亭设在乡间驿道途中，如灵川东北部长岗岭经灵田至熊村至大圩，沿途仍保留着大量废弃的古凉亭，多为砖木结构。少数村庄受朝廷政府封号设有石构牌坊，多为清中后期建造。个别村庄设有文昌阁、惜字炉等，设于村头。北部的山地地区，由于少数民族风俗会设有社庙、风雨桥等公共建筑。

学校、村公所等公共建筑多为近现代的设置，在建筑形象上与传统建筑形制有所差异。如灌阳车头村、兴安崔家村等地的礼堂，结合新的功能需求，在造型上借鉴祠堂建造，而邻桂横山县的礼堂整体风格为西洋式。学校、村公所除部分结合旧建筑进行功能调整外，大部分造型简单。村公所多为独栋楼房或平房；学校多为现代形制的“一”字形或曲尺形外廊式，2～3层为主。

村庄聚落中，以住宅建筑为主要的建筑类型组成。随着村庄居住人口的变化，建筑群形成不同的规模。桂林地区乡村的住宅建筑，多数为行列或棋盘布局。村中的公共建筑，如祠堂庙宇、学校、村公所，通常分布于住宅群的外部或中心。凉亭、风水塔、牌坊，并非多数村庄的设置，几者分布在聚落外围。其他功能建筑，如厂房、作坊、牲畜棚屋，则根据乡民个体的经济生产活动特点，进行布置。有的与住宅建筑结合，有的与农用地结合。成规模的商铺建筑，多集中在圩村。建筑为前店后宅，建筑间的空间组合结合街市形成带状。

实地调研中，传统聚落的外围或街巷会结合门楼、围墙形成对于整体聚落空间的界定及相应的防御。其中，恭城杨溪村、东寨村、灌阳月岭村、阳朔旧县村等，都保留着较多的门楼与聚落围护。阳朔小冲崴村，则结合周边山体在山间营建了石砌围墙，形成对于聚落及村庄农田的整体防御。北部山地区域，聚落多为木构，村寨多以荆棘或石材垒筑围墙，保留下来的较为有限。桂林地区的个别村庄则设有炮楼，作为村庄防御设置。如恭城乐湾村设有3座炮楼，漠川榜上村设有2座炮楼。（图2–4–3）

图2–4–3 由左至右分别为：阳朔小冲崴石寨围墙、兴安榜上村炮楼、恭城乐湾村炮楼、恭城石头村炮楼

（二）两大类传统聚落建筑风貌

聚落风貌，是指建筑为主的聚落环境所具有的整体风格形态特征。由于本地资源、经济状况、民族差异，聚落建筑及其规模的差异使得整体聚落风貌有所不同。

就建筑形式的差异而言，桂林地区乡村的传统聚落环境可以分为两大类风貌：一是以砌体木构（砖木、石木、夯土砖木）地居为主的聚落；二是以“木楼”[①]为主的聚落。

前者是桂林最主要的聚落风貌类型，广泛分布于桂林地区的平原丘陵地带。如灵川江头村、灌阳月岭村、永福崇山村、临桂东山村、阳朔小冲崴、恭城东寨村、灌阳洞井村，皆以一明两暗的单体建筑为单元，结合地形阵列布置形成规模的建筑群。整体形象上，这些聚落及其建筑与湖南地区是比较相近的。这些地区的村庄居民，从民族组成上来看，并没有表现出特别的倾向。如永福崇山村为汉壮两族、灌阳洞井村为瑶族，但从建筑及聚落组合方式上都采取了与汉族相似的建筑形制及阵列式的聚落布局。

桂林地区该类型聚落风貌的多样性，更多地表现为建筑材料所赋予的建筑及聚落色彩质感上的差异。如灵川江头村、灌阳月岭村与永福崇山村的建筑以土坯砖与青砖为主要砌块，新建筑多以红砖或水泥抹面；临桂的东山村聚落则由不同砌体材料单体建筑形

① 本文指桂林地区龙胜等山地地区的纯木构传统民居，即采用木构梁架，使用杉木、杉木皮或竹木作为建筑隔断与外墙的建筑。这一名词在乡间普遍使用，且在地方志中也以此指代当地的此类民居，如《龙胜县志》《灵川县志》。本书使用“木楼”一词作为该类建筑的简称。

成拼贴式的聚落风貌；阳朔小冲崴以石灰岩为建筑外围墙体材料，形成特有的石寨风貌；恭城的东寨村，大部分以早期烧制的红砖为建筑外围护，形成有别于青砖聚落的红砖聚落风貌；灌阳洞井村以青砖为主要建筑外围护，部分以卵石为主要材料的“小砌石墙”作为外围护（图2-4-4）。

综合来讲，砌体木构地居建筑为主的平原丘陵聚落，是桂林地区最主要的传统聚落风貌类型。这类聚落在形式上与湖南地区相近。桂林地区中此类聚落的地区差异性主要反映

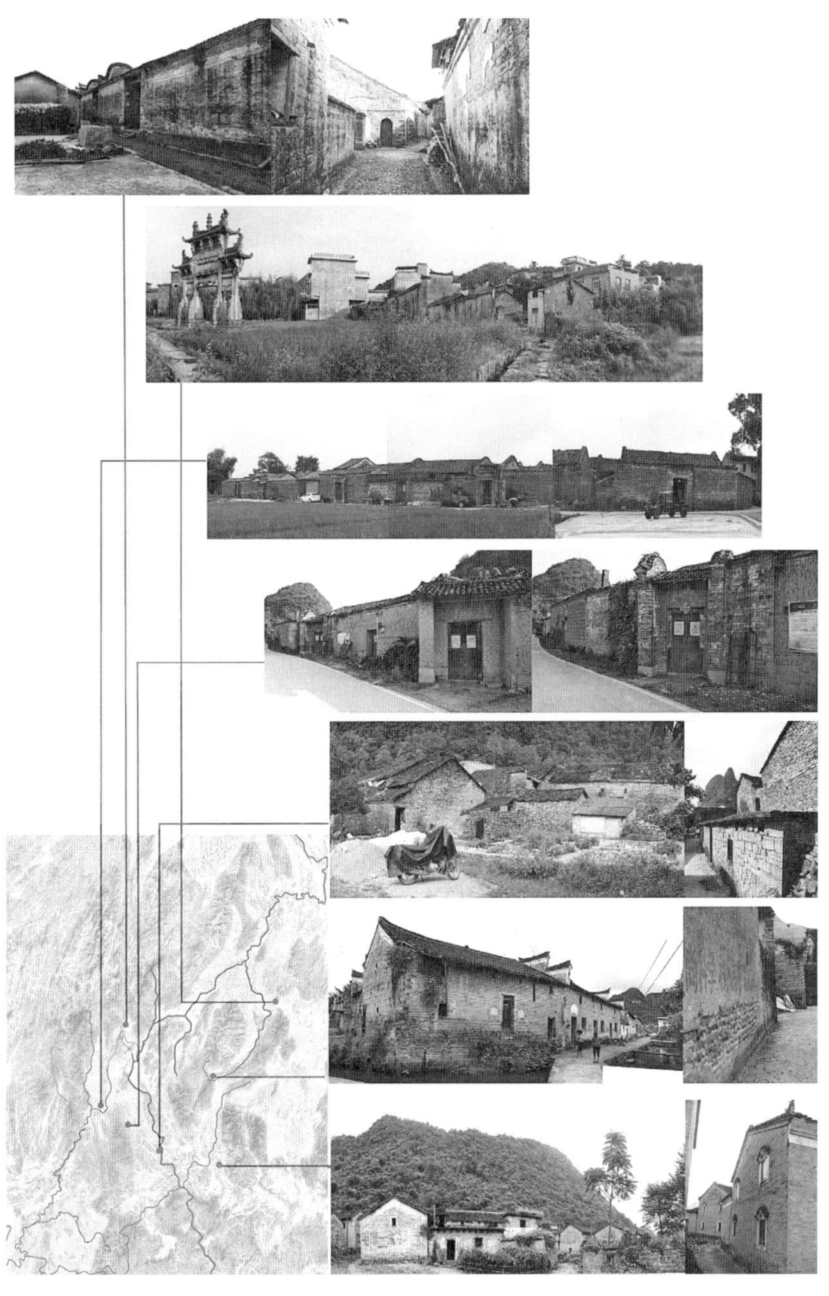

图2-4-4　由上至下分别为：灵川江头村、灌阳月岭村、永福崇山村、临桂东山村、阳朔小冲崴村、灌阳洞井村、恭城东寨村

在材料及工艺的差异。此类聚落，建筑群通常具有一定的规模，建筑群体的组合逻辑简单，呈现为阵列式或棋盘式，建筑布置均衡有致。

以“木楼”为主的聚落，主要分布在山地区域，尤其以西北龙胜、灵川地区为主。整体形象上，与柳州三江、贵州、湘西地区相近。“木楼”是当地的俗称，指的是使用木构梁架，使用杉木或杉木皮、竹木作为建筑隔断与外墙的纯木构建筑。它们大部分为干阑式，部分直接与地坪相接。这些“木楼”为主的聚落，以纯木构建筑为基本单元，结合地势错落分布，形成依山的建筑群。由于地势的起伏、聚落规模存在差异，建筑群的形态不一。有依等高线形成的环山带状或片状分布的，如灵川两合村新村、龙胜大寨村；有垂直登高线的线状聚落，如龙胜崇林村等（图2-4-5）。部分地区建筑散落山间，并不形成集中的建筑群，如灵川大境乡的瑶族村寨。

图2-4-5　灵川兰田两合村、龙胜大寨村、龙胜崇林村

两大传统聚落建筑风貌，其内部的建筑个体，在形式及其空间衍化、材料与构造上存在着一定差异。下面更进一步地就两类建筑风貌下的建筑形式进行讨论，以聚落中最主要的住宅建筑为讨论对象。

（三）传统建筑类型一：平原丘陵地区的砌体木构地居（住宅建筑）

平原丘陵地区的砌体木构地居，空间形式为典型的“一明两暗”。建筑材料及构造上，山墙为承重墙，与屋架组成的内部框架形成整体。墙体砌块包括了土、石、红砖、青砖等。它是桂林地区乡村中最主要的建筑类型。

1. 空间形式

平原丘陵地区的砌体木构地居，空间形式以“一明两暗”为基本形制，结合辅助建筑、廊、门楼、院落等进行空间的衍化。在当地，乡民亦将这种空间形式称作“三大空”[①]，“空”对应于专业用语中的“开间”。

① 桂林乡村地区对于民居中三开间（一明两暗）房屋的俗称。其他类似空间形制的地方称谓，还包括“三空头”“四排三空”“四墙落地”等。其中，“四排三空”“四墙落地”还涉及房屋空间分割中使用木构梁架还是墙体的区别。

桂林地区，乡村民宅的“三开间”或者说“三大空”在空间功能分配上比较一致。心间作为堂屋，设有牌位，牌位后为厨房或楼梯；次间作为家庭成员的房间。一般建筑的次间，竖向上会分为两层。一般建筑心间的中柱高度为6.5～7.5米，但竖向的划分上存在差异。心间的竖向划分包括了三种类型：类型一，通高，不架设二层楼板，或以檐柱高度设置天花板；类型二，架设二层楼板，前段留局部通高，设神龛；类型三，架设二层楼板，划分为两层。由于不同的竖向划分，此类住宅在采光、空间体验上存在差异。实地调研的恭城地区瑶族村寨的住宅，心间多增设二层楼板，一层的层高较低。（表2-4-3）

桂林地区“三大空”的心间竖向划分类型　　表2-4-3

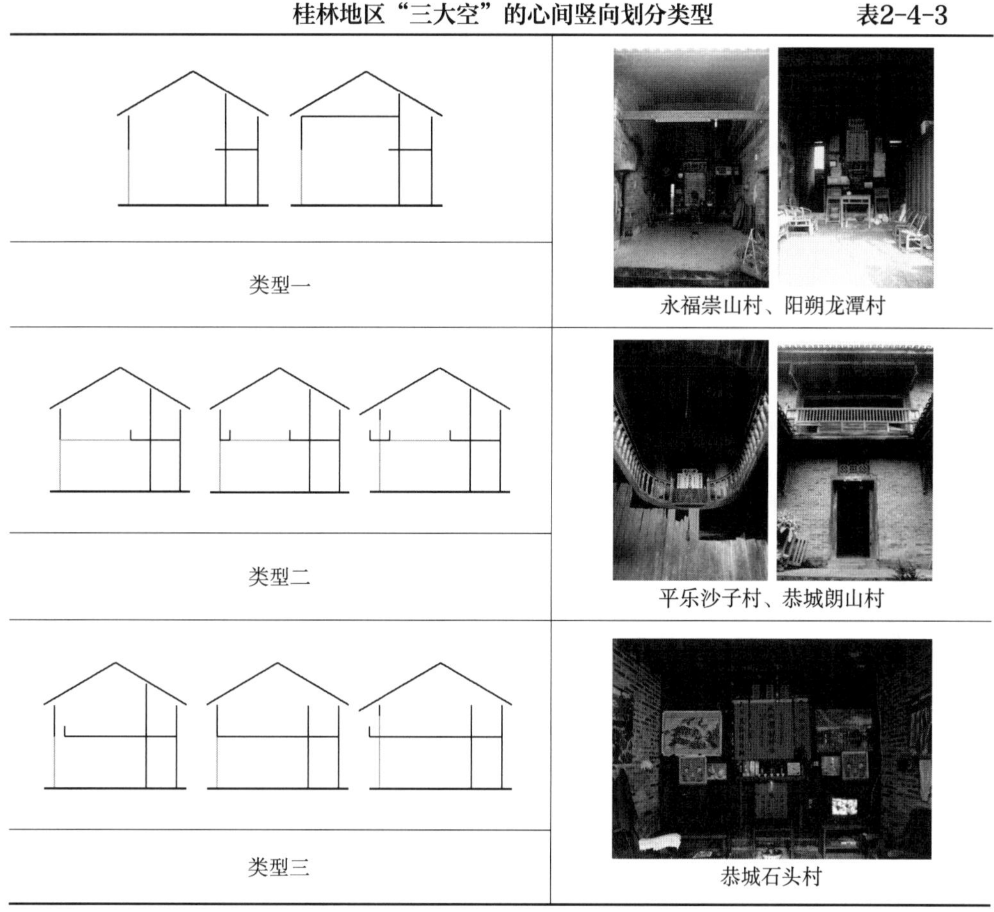

类型一	永福崇山村、阳朔龙潭村
类型二	平乐沙子村、恭城朗山村
类型三	恭城石头村

此类建筑，在平面空间上存在衍化。一般以三开间为基本形制，衍化主要包括增设檐廊或横向上增加开间。三开间作为传统民宅的标准，桂林地区增加开间的村庄比较少（图2-4-6）。客家集聚的村庄中分布有此类民居，如恭城乐湾村（图2-4-7）。

桂林乡村的传统民宅通常围合成院落，一般以三合院或两进四合院为主。三合院，以“三大空”为主体，增设两侧厢房或侧入门廊，与照壁围合出天井。进入方式包括正入与侧入两种。四合院，一种以两座“三大空”为主体；另一种以一座“三大空”与“倒座”或“门厅”进行组合。合院，两侧设有厢房或侧入门廊，进入方式包括了正入与侧入。由于村庄环境的

（a）基本形制（三开间，恭城红岩村）

（b）增设檐廊（阳朔龙潭村）

（c）增加开间（恭城乐湾村）

图2-4-6　桂林地区乡村民宅形制

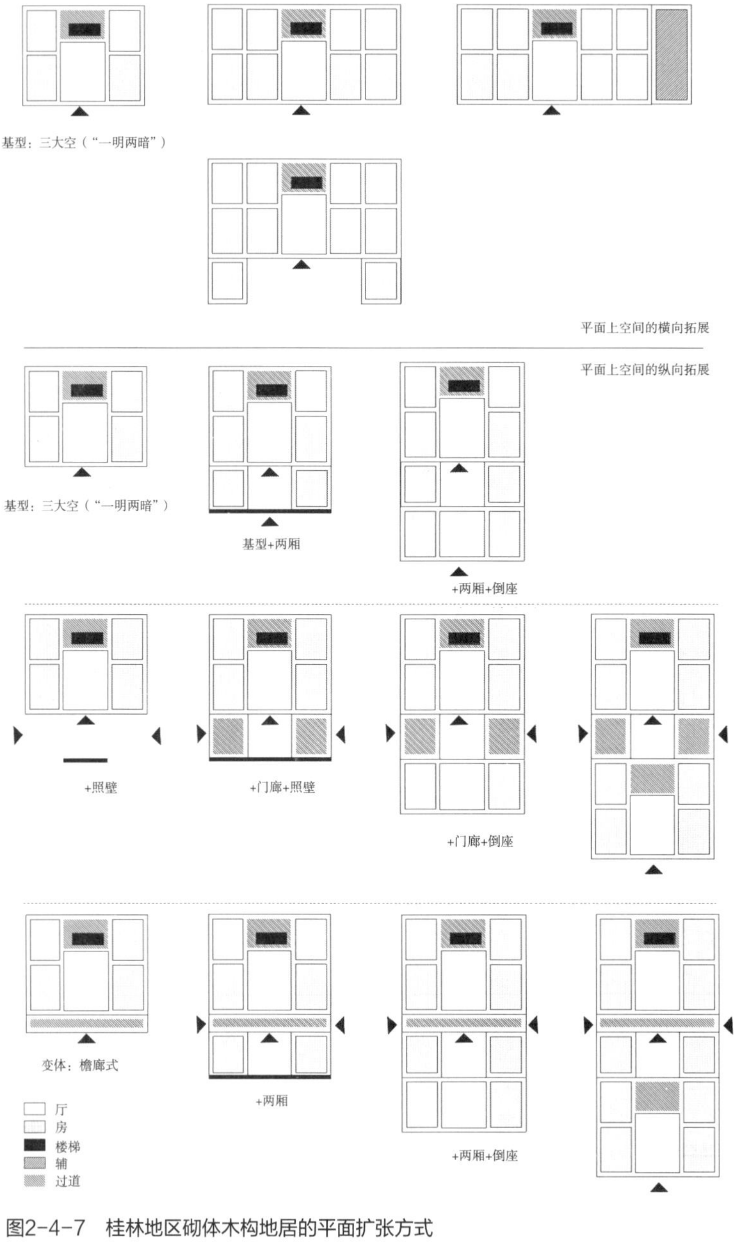

基型：三大空（“一明两暗”）

平面上空间的横向拓展

平面上空间的纵向拓展

基型：三大空（“一明两暗”）

基型+两厢

+两厢+倒座

+照壁

+门廊+照壁

+门廊+倒座

变体：檐廊式

+两厢

+两厢+倒座

厅

房

楼梯

辅

过道

图2-4-7　桂林地区砌体木构地居的平面扩张方式

缘故，三合院、四合院的入口也常结合需要，形成一定角度的偏转。而一些大户人家，通过建筑单体的并联或串联，形成拥有多进多路建筑的大院落。（图2-4-8、图2-4-9）

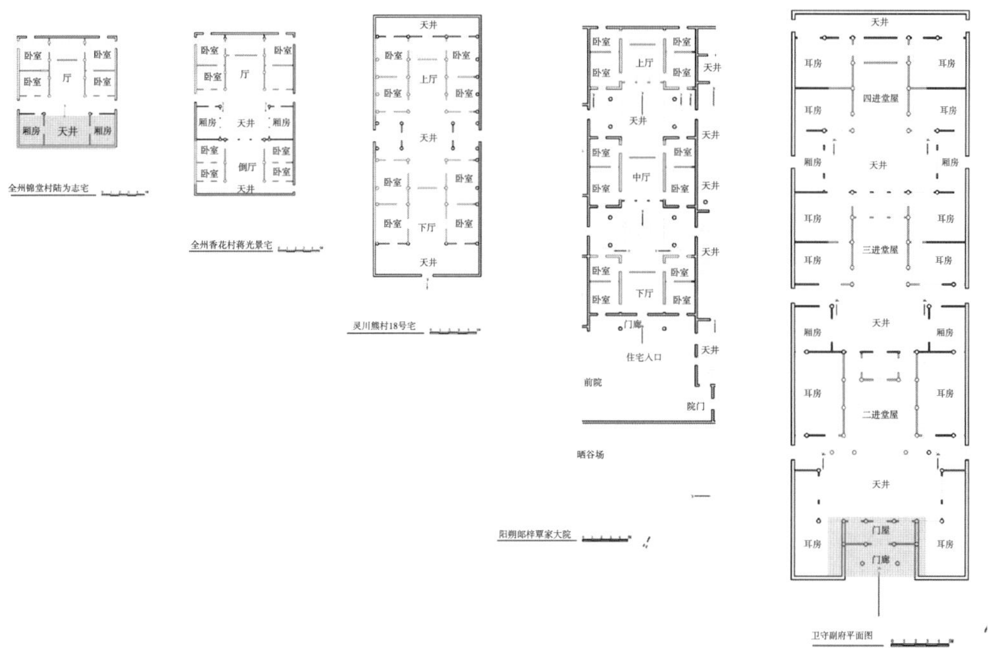

图2-4-8　桂林地区清代地居三开间为单位的拓展方式

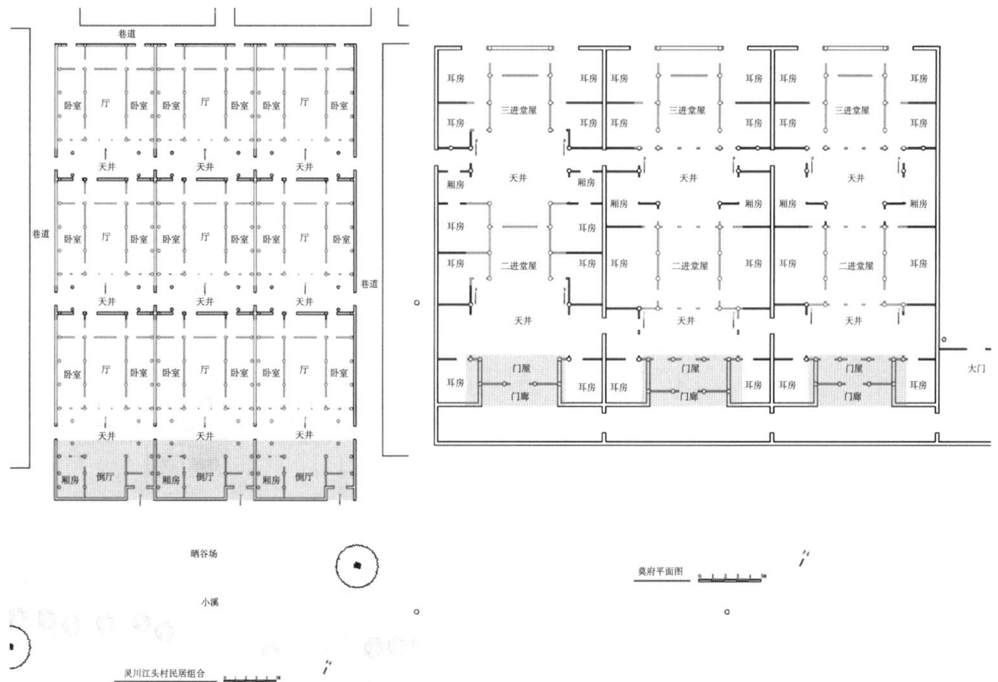

图2-4-9　桂林地区清代地居院落的拓展方式

（来源：测绘底图由熊伟提供，笔者绘制示意图）

村庄内部，多户家庭的建筑组合，以阵列式为主，形成聚落建筑群。各户建筑之间以巷道、门楼进行过渡，形成连片聚居区。如兴安水源头村、临桂东山村、恭城洞井村，建筑布局规整，巷道形成聚落内部纵横的联系。此外，由于桂林各地村庄地形的差异，聚落内部空间则通过天井、巷道，缓解地形高差或坡向变化。如恭城凤岩村、全州沛田村，顺应山势形成了高低错落的巷道空间（图2-4-10、图2-4-11）。

图2-4-10　恭城凤岩村

图2-4-11　全州江头村

桂林的大部分乡村聚落中，建筑的布置在方向上较有一致性。但有的村庄存在多个姓氏，宗族间的建筑营造在方向会进行偏转。村庄内部便形成了在方向上有所不同的建筑群。如永福崇山村，壮族的莫姓家族与汉族的李姓家族各自进行建设，形成了聚落中两组不同方向的建筑群肌理；阳朔旧县村，毛姓与黎姓家族也同样形成了不同的建筑群（图2-4-12、图2-4-13）。

桂林地区就社会人口的组成上而言，汉族、壮族、瑶族、回族是主要的四个民族。

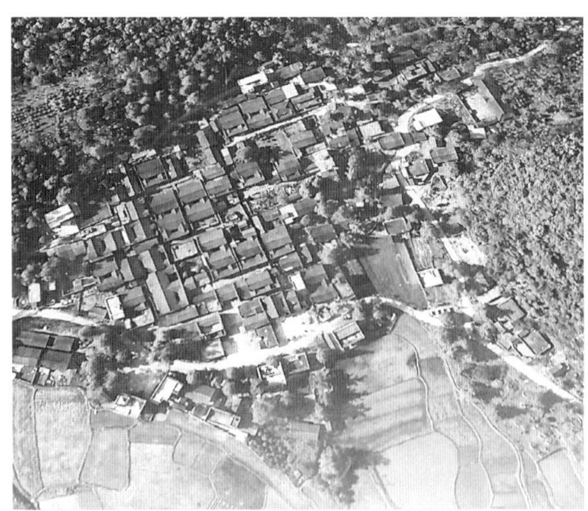

图2-4-12　兴安水源头村，秦家
（来源：翻拍自水源头村航拍图）

图2-4-13　永福崇山村，李家与墨家
（来源：Google Earth 航拍图）

然而，相近地理环境下，不同民族间的差异较小。以永福崇山村、雁山潜经村、灌阳洞井村为例，其中崇山村为汉、壮两族合居，潜经村为回族，洞井为瑶族。三个村庄的传统聚落自然基地，为相对平坦的平地。建筑的基本形式都是砌体木构地居，建筑的砌体材料以青砖、土坯砖为主。聚落的形态也都表现为相对规整的行列式布局。

2. 材料与构造

桂林乡村的砌体木构地居，山墙为承重墙，与屋架组成的内部框架形成整体。因此，“三大空”在营建中，包括两大类：一是心间使用木构梁架，次间外侧以墙体承重；二是心间与次间都使用墙体承重，搁檩铺设屋面。传统建筑材料主要包括青砖、土坯砖、石、木等（图2-4-14）。

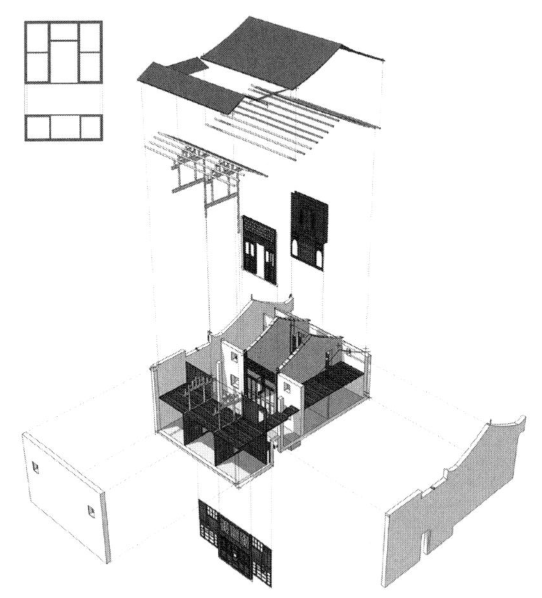

图2-4-14 阳朔旧县村传统民宅拆解图及平面组合
（来源：吴佳维 绘）

其中，桂林地区的民宅中梁架形式，与湖南地区的民居相似，以穿斗式、穿梁式①为主，部分大户宅邸采用抬梁式。杉木是当地主要的木结构选材，抗腐和抗压性能稳定，不易虫蛀，加之自重较轻、不易变形，广泛用于柱子、桁条、檩条、椽等部分。梁架细部构造上，民宅中比较普遍使用叠檩，即在檩条（桁）下增加一道方形的檩条（枋）②，以增加房屋的稳定性（图2-4-15）。此外，在不使用木构梁架的民宅中，承重墙之间多增加看梁与过梁③，以增强墙体连接（图2-4-16）。其中，恭城地区比较常见此种做法。

建筑墙体，富裕家庭使用三层砖空斗墙，两边青砖，中夹土坯砖。经济条件普通

① 参考《两湖民居》273页：即承重梁的梁端插入柱身（一端插入或两端插入）。与抬梁式的承重梁顶在柱头上不同，与穿斗架的檩条顶在柱头上，柱间无承重梁，仅有穿枋连接的形式也不同。具体讲，就是屋面檩条下皆有柱（前后檐柱及中柱或瓜柱），瓜柱骑在（或压在）下面梁的两端，而两端的瓜柱又通过插入其中的梁连接。顺次类推，最外端两瓜柱骑在最下端的大梁上，大梁两端插入前后檐柱柱身。虽然穿梁梁架上兼有抬梁与穿斗的特点。从稳定性角度看，插梁架显然优于抬梁架，因此它有多层次的梁柱间插榫，克服横向位移。为了加大进深，可增加廊步，以及用出挑插栱的办法，增大出檐在纵向上亦以插入柱身的连系梁（寿梁、灯梁）相连，形成构架。

② “叠檩”的解释，参考《两湖民居》。若根据《湖南传统民居及其区系研究》第30页所述，这种做法称作“副檩式”，檩条下增加的构件称作“副檩”。

③ “过梁”“看梁”的解释，参考《两湖民居》第281页：“过梁是指在柱间或者承重墙的腰身部分的横向连系结构，有的梁上有铜钩供喜庆节日悬挂彩灯或日常悬挂农作物及器具。过梁在两湖地区民居中都有出现，对梁的位置约在大门后2米左右，离地5.5米的高度。因为此关系，过梁常不易被关注，因而也基本上不作任何装饰……”另，参考《湖南传统民居及其区系研究》中，提及同一构件，被称作“副檩”，如31页中提及的三花檩式的屋顶做法。在笔者的当地调研中，居民通常称之为“梁”，故此处使用《两湖民居》中的“过梁”。

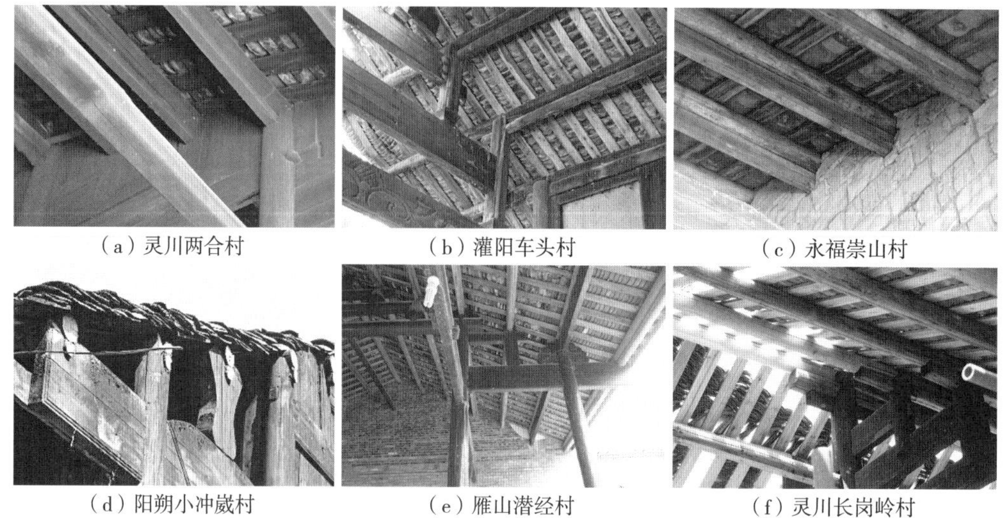

图2-4-15　桂林地区乡村民居中叠檩的使用

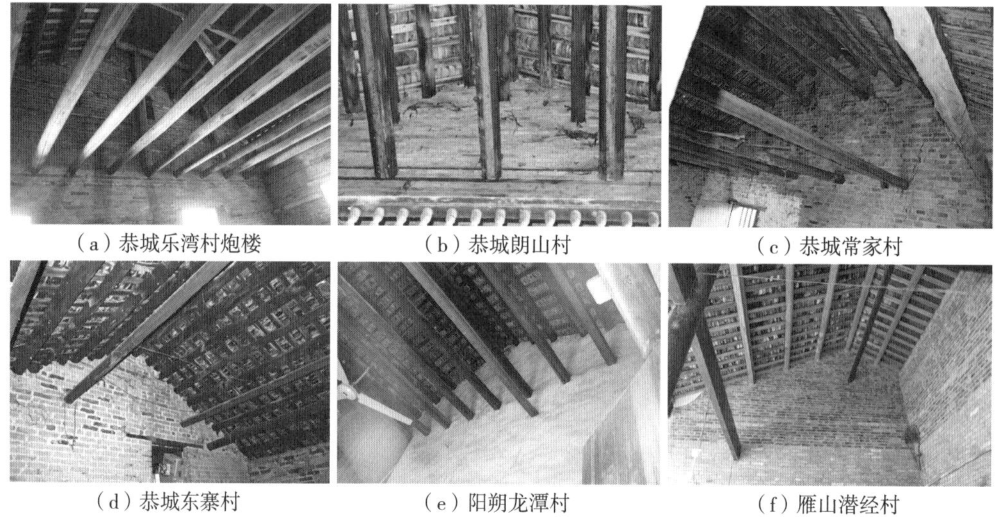

图2-4-16　桂林地区乡村民居中砖墙承重，多增加过梁提升墙体间的连接

或穷一些的人家多混合使用土坯砖或石材（图2-4-17）。其中，石材的墙体砌筑，各地不一。桂林北部、东部地区，民宅的墙体以卵石叠砌，每层夹以木板灰泥稳定，形成整面的墙体（图2-4-18）。桂林中部、西部也存在相似的工艺，但以周边岩石作为砌块（图2-4-19）。个别村寨，墙体使用干砌石墙。石材经过加工，形成相对平整的块状进行垒砌，缝隙以碎石填补（图2-4-20）。由于民宅建造的多样性，墙体在具体的营建中存在着多种砌体材料的混合使用，也因此形成了乡村普遍存在的拼贴式建筑墙体。如，山墙与正面墙体使用不同的材料；墙基至墙腰使用一种材料，墙腰以上使用其他材料；墙的转角多使用石材或青砖、墙头使用青砖，其他部分以砌体材料进行砌筑。

建筑装饰工艺，主要以木雕、彩画、石雕、灰塑为主。其中，木雕主要结合封檐

（a）三层砖空斗墙
（阳朔旧县村）

（b）土坯砖墙与青砖墙（永福崇山村）

图2-4-17　砖墙墙体

（a）灌阳江口村1

（b）灌阳江口村2

（c）灵川两合村

图2-4-18　桂林东部、北部比较多使用卵石，砌筑墙体

图2-4-19　桂林中部地区的各种石砌墙体（临桂山尾村）

图2-4-20　阳朔小冲崴的石砌墙体，石墙厚约60厘米

板、檐口、廊步、前檐出挑构件、隔扇门、窗进行装饰加工，以花鸟、文字、几何纹样为主。彩画主要针对山墙博风、墙身檐口、墀头进行装饰，题材以花鸟、几何纹样为主，部分绘制复杂的人物故事。石雕主要集中在柱础，大部分民宅较少雕刻图案，部分

富庶宅邸以麒麟、花鸟图案，进行浅雕。灰塑主要在山墙顶端、屋檐瓦脊、墀头等处。综合来讲，桂林地区的民居装饰比较简洁，大部分传统民宅，仅在心间的隔扇门和前檐进行装饰。

其中，建筑的前檐或者两进院落的正屋廊步，装饰装修较为精致。廊步的屋面会使用双层屋面的做法，不直接露明，做成各种形式的卷棚。而一些使用砖墙承重的民宅中，会结合出檐进行卷棚装饰。彩画也根据卷棚的形式，在檐部进行绘制（图2-4-21、图2-4-22）。

（a）灵川长岗岭　（b）灌阳月岭村　（c）灌阳洞井村

图2-4-21　建筑廊步做成各种形式的卷棚

（a）恭城常家村　（b）恭城朗山村1　（c）恭城朗山村2

图2-4-22　砖墙承重的建筑前檐结合出檐做成卷棚，彩画也结合卷棚进行绘制

（四）传统建筑类型二：山地区域“木楼”建筑（住宅建筑）

此类建筑，主要分布在桂林地区的山地区域，以桂林北部的龙胜、灵川为主。由于过往的研究，就相关类型的特点进行了比较完整、系统的分析。因此，这里主要结合实地调研对基本形式、空间衍化逻辑、基本构造进行讨论。

1. 空间形式

北部山区的“木楼”建筑，在形制上与周边贵州、湘西、柳州三江地区相近。由于民族交融，汉族、瑶族、壮族等民族的同类建筑在居住层的平面格局有着一定的相似性。因地形差异，建筑在地坪处理上有所不同。

针对地坪的处理，可分为干栏居与地居两类。其中，干栏居通过架空住居层，利用底层的立柱变化实现对于复杂地形的适应。底居作为厕所、牲畜饲养、杂物堆放之用。由于干栏居与地居在住居层的竖向安排上有所差异，因此建筑的入户方式上存在差异。（图2-4-23）

“三空”是“木楼”建筑的基本平面形式，中间保持了“堂屋”的功能，火塘位于一侧。其他“空”与堂屋后部，作为家庭成员的寝室使用。有的民族结合进户楼梯处设有望楼。一般以“三空”为基本形制进行变形衍化，类型一，横向增加开间；类型二，吊柱出挑扩大空间；类型三，增加附属用房。由于民族差异，“木楼”面阔较少受到三开间的约束，大部分“木楼”通过增排、添柱的方式形成平面拓展。这种拓展以中堂与火塘形成的核心进行四围布置。板壁在柱间填充，周边围合的空间及定性相对灵活。

图2-4-23　桂林龙胜地区的干栏居
（来源：笔者编绘，底图由熊伟、赵冶 提供）

2. 材料与构造

桂林山地区域的“木楼”建筑，在形式上与周边三江地区相近，以木构梁架形成屋宇的结构框架，内部板壁形成对于内部空间的围合与界定。建筑结合木板、竹编、土石形成围护。一般来说，基本的“三空”木楼使用四排五柱，即四组排架，每排架为五根柱。

屋架为穿斗式，由大木作师傅结合屋主需求进行设计。结合柱、瓜、枋的组合形成对于建筑高度、进深的控制；结合排架间的间距，形成对建筑跨度的调整。龙胜地区的穿斗排架、减枋、减瓜，相对简洁。瓜柱的长度相对统一，枋与瓜的关系存在着与抬梁式的借鉴。排架中，枋在履行所谓“穿”的功能，进行横向柱的连接同时，用以结合屋面变化形成对于竖向瓜的承接。这种结合抬梁结构的穿斗式梁架与砌体木构地居建筑的梁架相似（图2-4-24）。

此类建筑的外部围护，大部分以杉木拼合形成板壁。但是一些区域也结合当地山岩、河谷卵石进行底层的围护。屋顶形式多为悬山。由于主体建筑两侧或进行吊瓜出挑或营建杂物间，故附披厦，因此建筑的整体屋顶常结合在一起，形成似歇山的四坡屋面。

综合来讲，桂林地区传统乡村聚落的建筑形式，以上述两种为主。虽然桂林地区多山，但是现有的调研中砌体木构地居建筑在空间分布上范围较广。对比周边地区，桂林

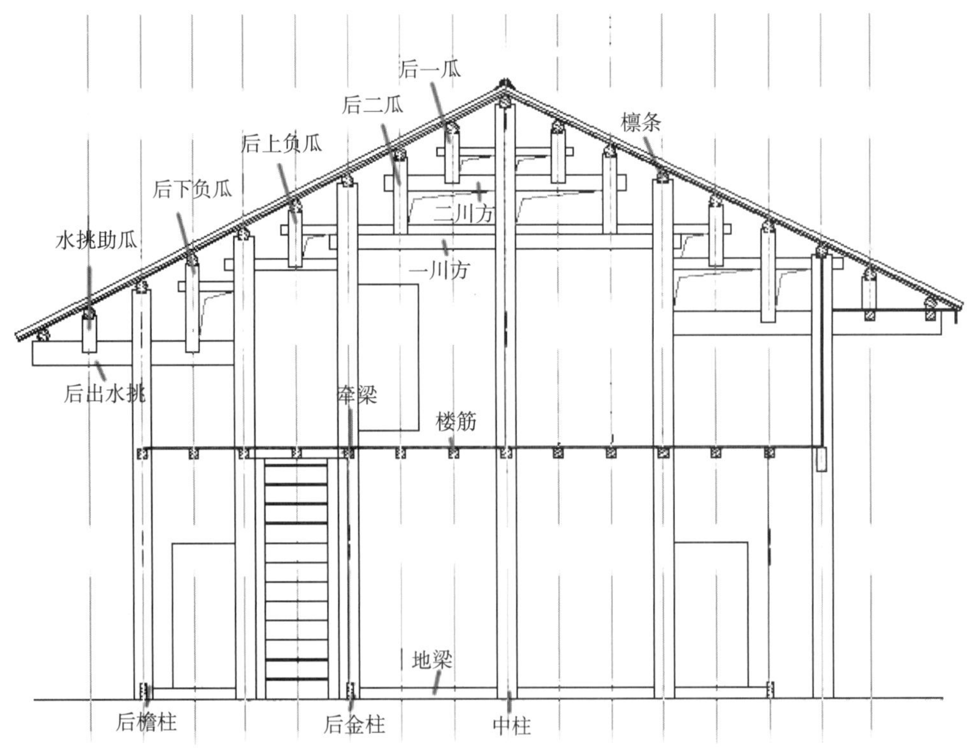

图2-4-24　桂林地区灵川县穿斗梁架形式与构件名称
（来源：叶子藤、吴剑钊、杨卓斯测绘；叶子藤 制图）

本地的建筑形式多样。从建筑整体的形式、构造、装修来看，桂林地区的建筑简洁轻巧，材料使用灵活多变。

（五）新建成环境与整体聚落风貌

桂林地区的乡村聚落环境，大部分呈现为历史建筑与新建筑的并置。

两大类传统聚落建筑风貌，在其新旧建成环境的协调或冲突问题上表现不同。

其中，砌体木构地居建筑为主的平原丘陵地区，新建筑多为砖混结构的独栋楼房形式，新旧建筑形式差异较大；山地区域的“木楼”，新建筑仍多保持着传统形式。部分在材料上进行更新的建筑，在整体的建筑形象、外立面材质上与旧建筑相近。因此，桂林地区乡村的两大类传统聚落与各自新建成区的风貌协调关系有所差异。

这里就新旧建筑差异较大的第一类传统建筑风貌地区，做进一步的讨论。从聚落中新旧建筑的空间组合关系来看，可以表现为三种主要类型：类型一，不同年代相互组合，新建筑在旧建筑群中进行置换替代；类型二，以旧建筑群为核心进行扩展的单边或包围式的新建设；类型三，以不同的地点进行建设，相互间形成各自的中心及边界。

这三种新旧建筑的空间关系，并不纯粹地在一个村庄出现。大部分村庄的新旧建筑表现为两种以上的空间关系。整体聚落环境也因新旧建筑的空间关系形成不同程度的拼贴。

综合来讲，桂林地区村庄中建筑为主的聚落环境，形成两大类型的传统聚落建筑风貌。砌体木构地居相较于“木楼”建筑，在空间分布上相对较广。具体的建筑形式与材料工艺也有所不同。它们在新建成环境上，亦表现为不同的新旧空间关系。它们的分布情况更多地与自然环境及地理区位有关，民族间的差异较小。新建筑的比重相对较少，村庄内部更新进度相对缓慢。桂林乡村建筑的装饰装修简洁质朴、题材古雅。

第五节

桂林地区乡村景观的内部组织逻辑

通过分区、分类，前文对于桂林地区乡村景观的形态，由区域尺度到村庄尺度到要素形态，逐层进行了分析。为了更进一步厘清桂林地区乡村景观的内部组织逻辑，这里将各个尺度中形态类型间的关系进一步绘制成图。

从图2–5–1中可以看到，乡村景观是以自然环境为基础，结合人工环境中田园为主的生产环境与建筑为主的聚落环境共同构建的。地形是最主要的决定因素。而建筑材料、种植作物，结合营造、种植形成对于建筑、农地地块的实体赋予。在此基础上，它们各自结合地形、水系形成了更复杂的建筑肌理与地块肌理，并相互组合与自然环境形

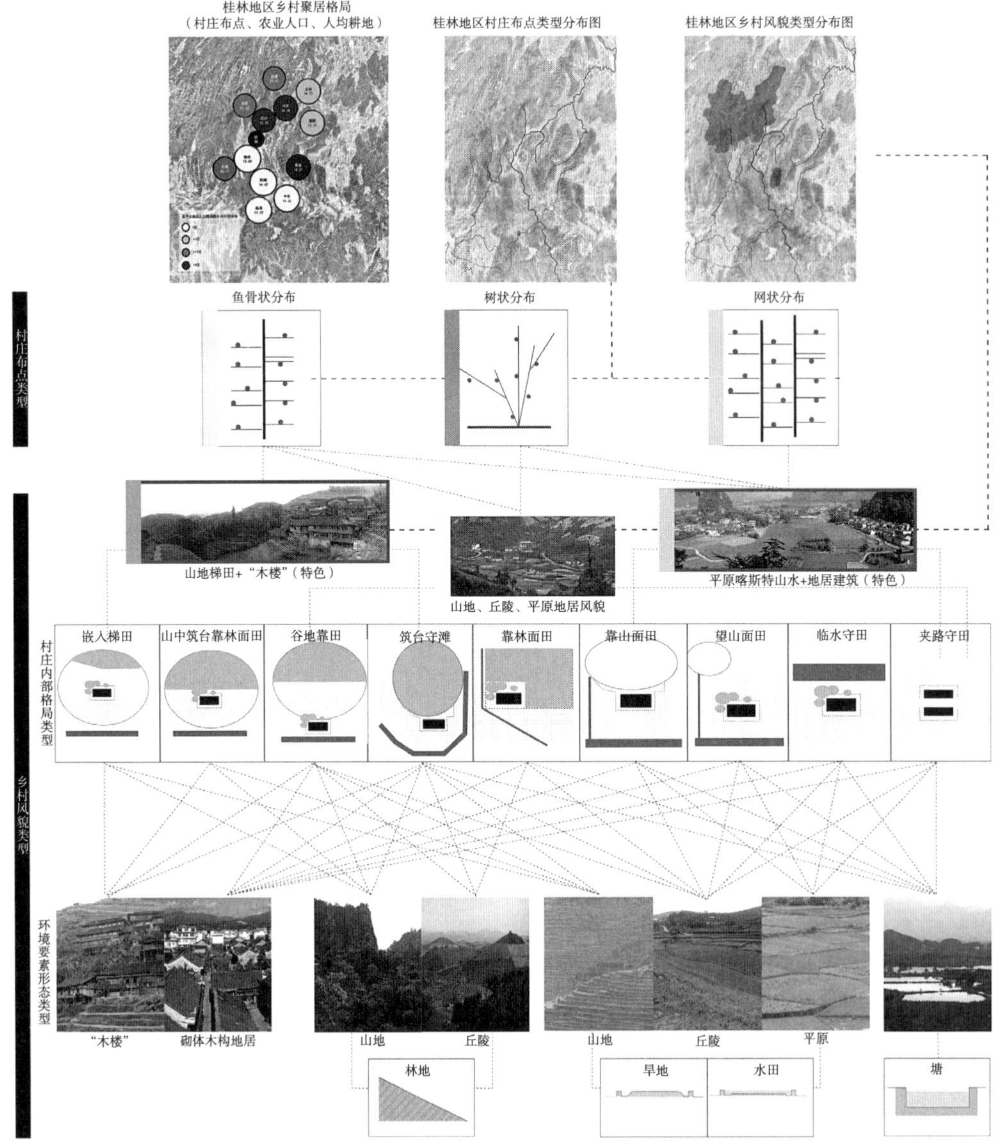

图2-5-1　桂林地区乡村实体环境在空间层次上环境要素—村庄内部格局—区域乡村聚居环境的结构关系

成对于村庄环境的构建。结合更大尺度的地形、水系等因素，村庄表现出不同的分布形态。于是，结合分布的疏密情况，形成乡村聚居内部不同的聚居格局。

就乡村景观内部各层次的空间结构关系与形态关联而言，桂林地区的乡村景观在形态上的特征与周边地区比较相近，尤其是邻省湖南西南部。所谓的乡村形态地域特质，它更多地来自于区域乡村或整体村庄环境中的自然环境地形地貌，人工环境中种植作物或营建材料对于本地物产资源的使用。

其中，前者具体反映在桂林地区的城乡边界，自然山水在其中充当了重要的边界实体。桂林地区的村庄布点，整体反映出与自然江河溪流的紧密联系，并呈现出鱼骨状、树状、网状三种类型。从村庄环境来看，桂林地区的乡村聚落在空间上与自然山水、田园农地相融。后两者在村庄中的空间比重较高，并主导着村庄整体风貌。多数村庄中建筑集中布置在低丘台地之上，呈现出岛状的聚落，嵌于自然山水与田园农地之间。因自然地形的差异，聚落布置在平原、山地呈现出不同的村庄格局类型。丘陵地区的村庄格局则兼有两种地形的聚落布置方式。聚落环境包括了两大类传统聚落建筑风貌，平原丘陵地区的砌体木构地居建筑风貌与山地地区木楼建筑风貌。相应的，建筑空间形式、材料构造以及新建筑也有着两套逻辑。

后者具体反映在乡村地区的传统建筑，对于三开间砌体木构地居形式的多样演绎。三开间砌体木构地居建筑，广泛分布于桂林平原丘陵地区。基本形式为“一明两暗”的三开间格局，以穿斗式梁架为心间支撑结构，横向连接广泛使用叠檩、过梁，结合地方材料作为砌块形成外部围护的多样材料质感。其中，卵石为主的小砌石墙、当地石灰岩的乱石或块石砌墙，比较有地方特色。

而以桂林山水闻名的地区，主要指的是临桂、阳朔地区的漓江、洛清江周边。这一地区周边的乡村，属于平原地区。以连绵的喀斯特地貌石山为背景、蜿蜒的河道为线索，聚落依水网分布，置于山水、田园之间。聚落为砌体木构地居建筑风貌，格局规整，建筑体量较小。相较于人工环境，特有的喀斯特地貌是这一乡村地区的特色。而以梯田闻名的龙胜地区，位于桂林西北山地。这里属于山地区域，连绵的山体多为土山，当地乡民结合地形进行开垦，形成了密布于山坡的水田肌理。聚落结合坡向、坡度零星分布。聚落为“木楼”建筑风貌，依山就势。该区域的乡村地域特质更来自其人工环境中极致的梯田垦殖与“木楼”建筑。两种特殊的乡村风貌类型，可以说是乡村景观中自然与人工环境的不同代表。然而，绝大多数桂林地区的乡村风貌，更多的是介于两者之间的内部空间结构与形态表现。

通过多个空间层次的结构分析，本章将桂林地区乡村景观的形态特质，归纳为“山水乡村”。即，乡村景观作为一个整体，自然环境、生产环境、聚落环境紧密联系；自然环境在桂林地区的村庄或区域乡村环境中占据主导作用；人工环境要素本身的形态，其地域特色亦多源自于本土作物与材料的利用；桂林的村庄风貌类型与周边地区相近，而特色类型更源自特有的自然山水环境。

第三章

桂林乡村景观的形态演变

桂林乡村景观形态变化，在自然环境下的早期古人类居住地的基础上展开。在后续的历代变迁中，桂林乡村景观表现出丰富的形态变化。结合建筑史学、考古学、文化地理学的方法，本部分对区域乡村范域、村庄数量、村庄分布、村庄内部空间格局、要素形式、材料及营建细节进行变化程度、内容、形式及其阶段性的分析，希望可以给大家呈现出桂林乡村景观在历史过程中的形态变化轨迹及变化规律。

桂林乡村景观不同研究内容与素材的对应关系　　表3-0-1

研究内容	历史文献	考古	实存
乡村范域	志书中人口、建制、土地	—	—
村庄数量	志书中人口、建制、土地	—	—
村庄分布	志书中人口、建制；游记、地图	古遗址	地名
村庄空间格局	志书中村落；诗文；游记、地图	聚落考古遗址	历代村落
村庄要素形式	志书中风俗、民族等	明器、农业考古	历代营建
材料	志书中风俗、民族等	聚落考古、农业考古	历代营建
营建细节	志书中风俗、民族等	明器、聚落考古、农业考古	历代营建

由于素材的局限性，对于不同的内容梳理会存在不同的欠缺（表3-0-1）。其中，乡村聚居范域、数量、分布的分析依赖文献中人口、建制、土地、地名的信息以及明清和近现代的地图资料。一些游记涉及聚落与一些自然参照物的关系，为本书内容的研究提供了相应的村庄分布信息。文献资料和出土文物、聚落及农业考古资料、历代的营建，为研究提供了村庄空间格局、村庄要素形式、材料及营建细节等方面的数据。

第一节

乡村整体环境变化：历代开发下的空间积累

桂林地区土地开发，在古人类时期已经形成了早期对于水系聚集的特点。之后的人类开发得到了进一步的拓展。漫长的历史过程中，桂林地区的开发遵循着大部分区域的发展轨迹，人口与土地垦殖都在不断拓展。

桂林地区的乡村作为一个整体集合，存在着两方面的变化：一方面是在空间范域上的变化；另一方面是在自身土地开发深度的积累，即土地生产力的提升与精致化程度。这里结合历代土地统计，相关人口、税务劳役等信息，对于桂林地区土地利用范域、聚居地的人口承载力等数据进行具体分析说明。

据史学或考古研究对于区域开发的认知，在籍人口被认为与土地生产直接关联。区域的土地开发规模一般对应于人口规模的发展情况。由于现有收集的桂林人口数据相对完整，所以本处辅助人口数据及农垦史资料进行举证。但数据中，民国、中华人民共和国是相对比较全面的。而之前的时期由于羁縻政策，统计对象不涵盖桂林的部分民族地区。数据并未区分出城镇与乡村地区的人口数量，但可以基本了解桂林地区人口数量在纵向时间轴上的变化（表3–1–1）。

桂林历代人口记录表 表3–1–1

朝代	时间	地区户口部分数据
汉	西汉①	零陵郡21092户、139378②人
		苍梧郡24379户、146160③人
	永和五年④（140年）	零陵郡212284户、1001578⑤人
		苍梧郡111395户、466975人
六朝	晋咸和四年（329年）	始安郡分封3000户
	梁普通六年（525年）	始安郡分封5000户
隋	大业五年（609年）	始安郡54517户⑥
		零陵郡6845户⑦
唐	贞观十四年（640年）	桂州（始安郡、建陵郡）32781户、56526人
		昭州（平乐郡）4918户、12691人
		永州（零陵郡）湘源县2116户、9194人
		总计39815户、78411人
	开元元年（713年）	桂州（始安郡、建陵郡）36265户
		昭州（平乐郡）7003户
	天宝十年（751年）	桂州（始安郡、建陵郡）17500户、71018人
		昭州（平乐郡）3500户
		永州（零陵郡）湘源县13747户、88084人
		总计：34747户

①《汉书》卷二十八（上）。

② 说明：零陵郡有县十，其中始安、洮阳在今桂林境内，约占零陵郡三分之一。

③ 广西壮族自治区地方志编纂委员会编. 广西通志·人口志［M］. 南宁：广西人民出版社，1993，10.

④《后汉书》卷九十。

⑤ 说明：零陵郡十三城，其中有洮阳、始安侯国为今桂林区域范围，约占零陵郡三分之一。

⑥ 说明：桂州范域约占始安郡二分之一。

⑦ 说明：零陵郡五县，其中湘源、观阳县在今桂林境内。

续表

朝代	时间	地区户口部分数据
唐	元和八年（813年）	桂州（始安郡、建陵郡）8650户
		昭州（平乐郡）1578户
宋	太平兴国五年（980年）	桂州24438户
		昭州5125户
	元丰二年（1079年）	全州34383户
		桂州66344户
		昭州15850户
		总计116577户
元	至元二十七年（1290年）	全州41645户、240519人
		静江府210852户、1352678人
		平乐府7067户、33820人
		总计259564户、1627017人
明	成化八年（1472年）	平乐5336户、31164人
	成化十年（1474年）	桂林56537户、291332人
	成化十八年（1482年）	平乐5340户、31188人
	弘治五年（1492年）	桂林56540户、291123人
		平乐5340户、31200人
	正德七年（1512年）	桂林56494户、291165人
		平乐5348户、31230人
		总计61842户、322395人
	嘉靖元年（1522年）	桂林59789户、307786人
		平乐5093户、32377人
		总计64882户、340163人
清	嘉庆二十五年（1820年）	桂林府196114户、1096543人
		平乐府130118户、870171人
		总计326232户、1966714人
民国	民国二十五年（1936年）	总计371378户、1842636人
中华人民共和国	2010年	总计：4988397人

一、乡村范域的变化

乡村作为桂林地区的主要聚居类型，随着相应的聚居人群对环境的利用开垦，形成有异于原始自然或其他聚居类型的空间占有。在历代的开发下，桂林地区的村庄集合作为一个整体，在区域空间的占有范域上不断变化。该范域的变化，在整个历史过程中呈现出扩张的趋势，但在一定的时期内存在着消涨变化。

前者，结合人口、土地统计与古籍文献中的农垦描述可以看到区域聚居环境的扩张趋势。

汉代初年（元始年间），桂林地区的人口推测约为零陵郡的三分之一，苍梧郡的六分之一，在籍人口约10万人。至六朝时期（南朝宋），人口增长为汉代初年的2倍，约23万人。至元代，桂林地区人口增长为六朝时期的6倍余，约160万人。至2010年的统计数据，桂林地区人口增长为元代的3倍左右，约490万人。而历代的数据上，也呈现出区域聚居规模的扩张，汉代桂林地区永和五年的人口约为元始九年的5倍。初唐到盛唐时期，桂州与昭州户口都增加了相当数量，前者增加了约十分之一；后者增加了约0.5倍。宋中后期与宋初比较，桂州、昭州都增长到约3倍。宋中后期与唐中期比对，总户数增加到超过3倍。其中今全州为主的桂林东北地区，增长约到3倍；临桂周边的桂林中部地区，增到超过3倍；平乐周边的桂林南部地区，则增到约5倍。

这种人口规模带动的据点土地开发的拓展，在一些记述中可以看到环境详细的变化。西汉时期“……楚越之地，地广人稀，饭稻羹鱼，或火耕而水耨，果隋嬴蛤，不待贾而足，地埶饶食，无饥馑之患，以故呰窳偷生，无积聚而多贫……”[①]。而至东汉时期，“……九月，调零陵、桂阳、丹阳、豫章、会稽租米，赈给南阳、广陵、下邳、彭城、山阳、庐江、九江饥民；又调滨水县谷输敖仓。”[②]可以看到，当时桂东北所属地区，在汉代有着较快的人口与农垦增长。唐代，桂林地区依赖军屯、民屯得到了非常大的发展。武周长寿元年（692年）桂州都督领民开凿的相思埭运河，沟通桂江与柳江，推动了桂林西南片区的农田灌溉。唐中宗时期桂州都督王晙带动的片区开发是一个重要的开拓节点[③]。唐景龙四年（710年）桂州都督王晙修筑河坝，招军民在桂州垦田数千顷。桂林沿江平原地区的农业拓展得到大力发展。唐代（581～960年）桂管戍兵千人，做到“衣粮税本管自给”[④]。明代初期从洪武到弘治一百多年间，由于历代注意劝农，全国州牧锐意执行。重农垦荒热潮下，当地耕地面积不断增加。桂林西郊的隐山周围，原来是一片汪洋的水域。宋代开始灌之为田，到明嘉靖年间（1522～1566年），复灌之为田，隐山已由水中孤岛，变为平地孤峰[⑤]。明洪武二年（1369年），全州章复，编辑《农圃通谕》，推进区域农业；清嘉庆、道光时期，官员唐鉴著《劝民开塘治田示》，

①《史记》卷一百二十九，货殖列传，第六十九。其中，楚越之“越”非百越，为前述中的吴越。

②《后汉书》卷五。

③ 广西壮族自治区地方志编纂委员会．广西通志・农垦志［M］．南宁：广西人民出版社，1998，12：17．唐代，镇守边防的戍军，常因运输条件限制，军粮供应不上。唐中宗景龙年间（707～710年），王晙任桂州都督，州里驻有军队，地方无粮供应，需要到衡州、永州等地转运粮食，长途运输损耗大，费用高，且诸多不便。王晙就地组织屯兵开荒种地，兴修水利，改造旱地为水田。桂州白姓同时受益不浅，立碑颂扬其德政。

④《旧唐书》地理志。

⑤（明）邝露《赤雅》：“游桂林招隐山小记……然兹山虽奇，着胜在水。宋人灌之为田，干道张徽猷作斗门闸之，作《复西湖记》。嘉靖中，复灌为田。噫！负郭有田，而豪杰无敉庸矣。”

桂林汉地及少数民族聚居地的土地开发在空间范域上不断扩张。结合元、明、清、民国、2011年的部分土地统计数据，可以看到当时区域内的农业土地开垦的范域在300年间增长了1倍余。根据统计，当时户籍下与今桂林对应地区的总农业用地约为25433顷89.14965亩[①]。换算为今天的单位，约为156.27千公顷。至现有2011年的统计数据[②]，桂林耕地面积增长为明代的1倍余，为329.54千公顷。（表3–1–2）

桂林部分土地统计数据 **表3-1-2**

朝代	时间	地区户口部分数据
明	万历二十二年（1594年）	官民田（山）塘地25651顷91.55235亩
清	嘉庆年间（1796～1820年）	总计21085顷53.62亩
民国	民国二十二年（1933年）	总计4570312亩
中国人民共和国	2011年	桂林耕地面积，总计329.54千公顷（4943100亩）

［来源：根据《广西通志》（明万历版、清嘉庆版）、《广西年鉴》（民国二十五年版）、《广西统计年鉴（2012）》绘制］

综合来看，历代的整体变化及某一朝代内的整体变化上，桂林地区乡村聚居地的规模与空间占有范域是扩张。

但结合更细致的历史时期对比，可以发现某些时期内，乡村聚居地的规模呈现出波动式的增减。其中，汉代与六朝时期对比，人口数量有着大幅下降。隋与唐代相比，户数也有着比较大的下降。宋、元、明三代比较，元代在宋代基础上有着一定的增长，而至明代户口数大幅下降。至清代当地人口数量才逐渐超越元代的人口数量。具体的唐代统计数据中包括了贞观、开元、天宝、元和四个时期。其中，开元元年桂林所辖范围涉及的桂州、昭州，达到四个时期的高峰后，天宝、元和年间便呈现出大幅的下降。唐天宝十年（751年）桂州户数跌至开元元年（713年）的不足二分之一，元和八年（813年）桂州户数跌至天宝十年（751年）的二分之一。从土地的增长变化来看，明万历二十二年（1594年）耕地为25651顷91.55235亩，嘉庆年间耕地有所下降，21085顷53.62亩。

二、乡村土地开发的深化

除了人口增长及土地开垦规模的变化，历代的开发也包括了对于既有土地的开发深化，即对土地承载力的提升与精致化。

前者，结合人口耕地比的变化分析，可以了解桂林地区土地对于人口支撑的能力，

① 明代，1顷=100亩；1亩≈614.4平方米。

② 广西壮族自治区统计局. 广西统计年鉴（2012）［M］. 北京：中国统计出版社，2012，9：556–565.

或者说土地的人口承载力，在不断提升。这一数据结合相应的农业史及桂林当地的数据可以了解。历代的土地与人口的支撑中，早期的土地生产力较低，六朝时期食邑户对应的亩数需要自给与上缴供给，户均土地约为60亩[①]。而随着土地生产力的增长，相应的亩数对应的人口逐渐增大，明万历年间57467户、255319人、2565191余亩，约户均44.59亩、人均10.05亩（明尺）。清嘉庆年间326232户、1966714人、2108553余亩，约户均6.46亩、人均1.07亩（清尺）。两个时间段相似的土地规模，清中后期土地生产承担的人口，是明后期人口的3倍。

桂林1949～1978年耕地及承载力变化表　　　　表3-1-3

（各区时间数据不一致，这里仅列举有人均统计的县区）

阳朔[②]	1949年	1958年	1969年	1978年	1985年
耕地	246389亩	314577亩	276513亩	300892亩	301604
人均	2.01亩	2.27亩	1.49亩	1.33亩	1.23亩
兴安[③]	**1949年**	**1957年**	**1963年**	**1975年**	**—**
耕地	338704亩	364773亩	321118亩	368292亩	—
人均	2.13亩	1.89亩	1.53亩	1.31亩	—
永福[④]	**1952年**	**1959年**	**1965年**	**1978年**	**—**
耕地	338288亩	310000亩	343169亩	328343	—
人均	2.80 亩	2.16亩	2.35亩	1.61亩	—
临桂[⑤]	**1950年**	**1965年**	**1975年**	**—**	**—**
耕地	51.28万亩	48.92万亩	50.88万亩	—	—
人均	2.64亩	2.07亩	1.63亩	—	—
灵川[⑥]	**1949年**	**1956年**	**—**	**1962年**	**1978年**
耕地	367922亩	432938亩	—	362193亩	379534亩
人均	2.13亩	2.19亩	—	1.84亩	1.34亩

① 柳春藩. 曹魏两晋的封国食邑制度［J］. 史学集刊，1993（01）：1-6.

② 阳朔县志编纂委员会. 阳朔县志［M］. 南宁：广西人民出版社，1988. 第三篇经济. 第十三章农业，第二节耕地。

③ 兴安县地方志编纂委员会. 兴安县志［M］. 南宁：广西人民出版社，2002.

④ 永福县志编纂委员会. 永福县志［M］. 北京：新华出版社，1996，12. 第四编农业，第三章生产条件，第一节耕地。

⑤ 临桂县志编纂委员会. 临桂县志［M］. 北京：方志出版社，1996，10. 第四篇农业综述，第二章生产条件。

⑥ 灵川县地方志编纂委员会. 灵川县志［M］. 南宁：广西人民出版社，1997. 第四篇农牧渔业，第二章生产条件，第一节耕地、草场、水面。

续表

荔浦①	1949年	1958年	1969年	1979年	—
耕地	327371亩	309034亩	273312亩	309344亩	—
人均	2.13亩		1.03亩	0.97亩	—
龙胜②	**1949年**	**1956年**	**1968年**	**1976年**	**—**
耕地	150100亩	198600亩	175300亩	144458亩	—
人均	1.37亩	1.21亩	0.94亩	0.79亩	—

（来源：笔者根据各县县志绘制）

从中华人民共和国成立后几十年的耕地变化情况，可以发现土地承载力在不断增大。从阳朔、兴安、永福、临桂、灵川、龙胜县区在1949～1978年间的人均耕地变化情况，耕地对应的人口数也在不断增长。截至2005年，耕地面积为262公顷，人均耕地面积0.066公顷（表3-1-3）。

综合来看，区域内的土地承载力在不断增长。

桂林地区作为广西开发较早的地区，土地占有率、空间承载力不断增长的同时，空间的精致化过程也在同步进行。精致，谓精巧细致，也指精美工巧。这里空间的精致化则用以指人们在环境利用、改造过程中，升华空间品质及其技艺的过程。

其中，桂林最为人熟知的“山水风景”，便是区域空间精致化的一个重要对象。所谓的“桂林山水”，以漓江及其沿线的喀斯特地貌为对象。其精致化主要体现在基于艺术审美需求在空间上的风景营造。自六朝时期桂林山水开始被文人墨客关注，并成为重要的审美对象。自唐代开始，官员或文人士绅们便逐渐注意对桂林地区的自然环境进行加工修饰。其中以风景建筑为主要营造对象，配合以植株花草种植。宗教祠庙常与山岩的风景营造结合。历代开拓山水100多处，置亭阁寺观350余处。当代更是针对更复杂的游赏受众展开风景营建。营造结合系统的控制与规划方法，在原有自然环境与历史遗迹的保护、修缮基础上，进行漓江流域及其周边风貌的综合管理。

乡村地区，一方面在山水环境的精致化过程中进行要素的调整；另一方面更基于内部空间品质的提升，结合材料的更新、营建技艺的精进、空间布置的合理化展开。后者则是在区域土地占有的基础上进行的土地开发深化。它是对于空间更细致的改造与经营，包括村庄布点、村庄格局、村庄环境要素的营建等方面（具体的形态层面的变化过程，将在下文进行详述）。

① 荔浦县地方志编纂委员会. 荔浦县志［M］. 北京：生活·读书·新知三联书店，1996. 第三篇农业，第二章生产条件，第一节耕地。

② 龙胜县志编纂委员会. 龙胜县志［M］. 上海：汉语大词典出版社，1992，1. 经济篇，第一章农业，第一节生产条件。

第二节

乡村聚居的空间格局变化：自然制衡下的均衡分布

村庄是人口聚居的景观支撑，是人们进行空间占有的具体形式。伴随着历代开垦对于原始自然环境的制衡，在原住居民与外来历代移民定居者的共同推进下，桂林地区的村庄据点呈现出在平面与竖向空间分布上的逐步均衡。

一、乡村聚居格局的变动

桂林地区历代人口及农业土地开发的数据中，主要为当时政府在籍人口、土地的登记，反映为在籍人口与土地开发情况。在古代，这一数据更多地对应于非少数民族的定居者。而少数民族聚居地在平面空间的分布，明清之后方有相对详细的描述。根据考古及实存、史料文献等，先秦以来桂林地区的村庄分布变化主要分为五个时期，先秦、秦汉、六朝至宋、元明清、清晚期至今。桂林地区乡村聚居格局的变动，整体反映为由“边缘向中心地带扩张”到“中心地带向边缘地带的扩张与深化”。以流域来说，由“湘—桂的并行扩张”到“湘—漓—桂”的渐进扩张。

（一）先秦时期，桂林地区的东部，湘江流域、恭城等地，已形成一定规模的聚居据点

根据《史记》[①]记述，虞舜曾到过桂林北部的全州地区。这段时期大致在公元前2225 ~ 2207年。史书中当时具体的居住环境少有线索。但从史前考古来看，大概这段时期内桂林处于新石器中后期。其中，资源县的晓锦遗址三期大致是位于此时间段。

原始氏族社会逐渐转换，广西地区新的社会形态开始出现。史书中记录，商、周时期广西地区的聚落首领献礼中原的王[②]。当时桂林地区的兴安以北，不属于广西中心原住民控制地，在春秋战国时期，部分属于楚国境。而兴安以南，至秦时命名“始安”，因而推断之前大部分时期属于百濮或百越之地。

桂林先秦时期的考古可以看到当时聚居环境拓展。灵川岩洞葬，平乐、恭城土坑葬

① 《史记》卷一五帝本纪第一：“舜年二十以孝闻，年三十尧举之，年五十摄行天子事，年五十八尧崩，年六十一代尧践帝位。践帝位三十九年，南巡狩，崩于苍梧之野。葬于江南九疑，是为零陵。葬于江南九疑，是为零陵。舜之践帝位，载天子旗，往朝父瞽叟，夔夔唯谨，……”零陵被认为初治为今桂林全州境内。

② 李炳东，弋德华．广西农业经济史稿［M］．南宁：广西人民出版社，1985，12．大事记：公元前16世纪南方部落向商汤进贡珠玑、瑇瑁、象齿、文犀、翠羽、菌鹤、短狗；公元前11世纪，南方部落向周王进贡翠鸟、大竹……

的墓[①]中，平乐银山岭战国墓葬数量达110座，反映出当时桂林人居环境的规模扩展。考古学者[②]结合考古遗址比较，表示当时的广西东部地区，桂林在内的先秦遗址与其他长江流域的文化有相近之处，同时与广西西部属于不同的发展轨迹。此外，桂林内部的灵川地区岩洞葬，与桂林东南部的土坑葬属于不同的文化。桂林的聚居文化在与其他地方形成差异的同时，南、北地区也存在较多差异。（表3-2-1）

桂林地区春战国时期遗址　　表3-2-1

名称	时期	位置	类型	特征
恭城秧家	春秋战国	恭城县嘉会乡秧家金堆桥	土坑墓	墓1座；出土铜器33件，包括鼎、尊、晕、钟、戈、铺、剑、链、斧、凿、柱形器等。其中，I式鼎为春秋晚期的楚式鼎，II式鼎唇沿外撇、立耳、浅腹、圆底、细长足外撇，为春秋战国时典型的“越式鼎”。尊为中原西周时期器形，纹饰风格与江苏丹阳司徒西周晚期窖藏所出尊相似，为越人作风。罄、钟、斧、凿与中原地区春秋时期同类器相同或相似。戈，窄援上昂，是典型战国戈。靴形钱、圆首圆茎双凸箍短剑、柱形器则是春秋战国时期越人器。多种风格的青铜器在一座墓中共存，说明桂东地区青铜文化形成和发展的过程极为复杂，区域内可能存在多种文化谱系
平乐银山岭	战国	平乐县张家乡燕水村银山岭	土坑墓	墓110座：经过夯打，少数墓底铺有白膏泥或炭末、河卵石；随葬品以实用器为主，基本上没有礼器，其基本组合为铜兵器（或陶纺轮）、生产工具和生活用具
灵川水头村、富足村	战国		岩洞葬	葬品以青铜器为主，还有少量的陶器、装饰品等，而不见绳纹陶器和斧、锛、凿等石器。青铜器均为实用的兵器和工具，种类有剑、戈、矛、嫉、诚、斧、凿、刮刀、镖枪头等。陶器有夹砂素面釜、杯等。装饰品有玉块、钏等

（二）秦汉时期，桂林地区以湘江流域为主的东北部乡村建设

秦汉时期，桂林地区的聚居环境进一步在东北地区与南部的平乐地区发展。现有的桂林地区的秦汉考古发现集中于兴安、平乐一带[③]。兴安石马坪[④]位于兴安县西南，正当灵渠与大溶江之间的狭长丘陵低地中，有汉晋墓葬400余座。该处遗址被认为可以作为“秦城”遗址的辅助聚落考古资料。而兴安周边的镇乡，都有发现规模的古汉墓，这包括了兴安县湘漓乡跨双河和龙禾两个行政村的湘漓古汉墓群[⑤]，1965年初步断定古墓约

① 韦江．广西先秦考古述评［A］//广西壮族自治区文物工作队．广西考古文集（第二辑）［M］．北京：科学出版社，2006：48-59.

② 同上。

③ 熊昭明．广西汉代考古的回顾与展望［A］//广西壮族自治区文物工作队．广西考古文集（第二辑）［C］．北京：科学出版社，2006：65.“桂北的汉墓以平乐、兴安两县为多。1974年底发掘的平乐银山岭墓群，共165座。从中甄别出汉墓45座，分属西汉前期、西汉后期和东汉前期……兴安县融江镇莲塘村的石马坪古墓群，经20世纪60年代考古调查证实是一处汉晋墓群，估计有400余座……县城北的界首古墓群在1983年共发掘清理墓葬7座，年代多在东汉中晚期……”

④ 广西壮族自治区文物工作队．兴安县博物馆兴安石马坪汉墓［A］//广西壮族自治区博物馆．广西考古文集［M］．北京：文物出版社，2004，5：238-258.

⑤ 同上。

100多座。平乐银山岭[①]，1974年发掘汉墓45座。阳朔高田镇[②]，2005年发掘有汉至三国时期的墓葬33座。

就先秦时期的聚落而言，如若据点的类型还难于明确，秦汉时期的聚落则已经形成了明显的分化。秦汉防御性“城”“关隘”[③]的营造给当地带来了不同的居住环境类型。通济城与七里圩王城是最重要的考古遗址。

相应的，驻地周边的开荒则有力地拓展了桂林乡村片区的规模，给当地乡村带来了新的居住环境形态。其中，湘江流域为主要的乡村建设片区。秦统一六国后，全国置36郡。其中长沙郡的零陵县，县治在今广西全州县西南，辖及今桂林东北部的全州县、资源县以及灌阳县、兴安县的一部分。桂林的东北部作为北方驻军防守及相应军需供给的重点地区，乡村地区拓展相对南部地区规模更大、扩张更快。结合户口统计[④]，可以看到区域内130年间，户、口呈现明显的增长。同时，对比零陵郡与苍梧郡的增长幅度，苍悟郡户、口数分别增长了3. 57倍、2. 19倍；零陵郡户分别增长9.06倍、6.19倍（表2-2-2）。零陵郡东北部的人口变动较南部快1～2倍。区域内的开荒耕种拓展也相当迅速。公元前219年[⑤]史禄修建灵渠，在连通湘漓的同时，承担着周边土地的农业灌溉。同时，东北部隶属荆州，农业相对发达，土地开垦深度更为精进。根据史书记载，东汉时，刘弘管理下荆州地区农业发展比较快。文献记载：“……九月，调零陵、桂阳、丹阳、豫章、会稽租米，赈给南阳、广陵、下邳、彭城、山阳、庐江、九江饥民；又调滨水县谷输敖仓。”[⑥]从中可以了解到当时零陵郡的农业垦殖已经有了比较大的发展。

（三）六朝至宋元，桂林地区湘—漓流域的进一步乡村拓展、聚居类型的多样化

六朝至宋，桂林逐渐形成了东北部、中部、南部三个版块的建设分区。东北部在既有的湘江垦殖的基础上进行深化；中部以漓江为核心进行开发扩张；南部以桂漓交界的平乐等地为主进行垦殖的维续。

其中，中部以漓江为核心的开发扩张可以说是这一时期最为突出的开发拓展。从现

---

① 广西壮族自治区文物工作队. 平乐银山岭汉墓［J］. 考古学报，1978，4：467-495.

② 广西文物考古研究所，桂林市文物工作队，阳朔县文物管理所. 2005年阳朔县高田镇古墓葬发掘报告［A］//广西文物考古研究所. 广西考古文集（第三辑）［M］. 北京：科学出版社，2007：132-225.

③ 李珍. 兴安秦城城址的考古发现与研究［A］. 广西考古文集01：330. 秦城位于兴安县城西南约 20公里的溶江镇境内，大溶江与灵渠交汇处的三角洲上，是广西历史上最重要的古城址之一。

④《汉书》卷二十八上：“零陵郡，……户二万一千九十二，口十三万九千三百七十八。县十：……始安，夫夷，营浦，都梁，侯国。……洮阳，莽曰洮治。”元始九年（2年），后汉书·后汉书卷九十：“零陵郡武帝置。雒阳南三千三百里。十三城，户二十一万二千二百八十四，口百万一千五百七十八。……洮阳都梁有路山。夫夷侯国。始安侯国。……”永和五年（140年）。

⑤ 李炳东，弋德华. 广西农业经济史稿［M］. 南宁：广西人民出版社，1985，12. 大事记.

⑥《后汉书》卷五。

有的考古资料来看，六朝时期与汉代相似的遗址分布，以湘漓、恭城河、桂漓沿线为主[①]。桂林的东北部、南部地区仍作为持续的聚居地进行建设。至南朝梁，设桂州，建置位于今临桂。这一调整，早期以兴安为重要节点的建设，开始向桂林中部转移。隋唐时期，桂州逐步成为重要的边州，带动了桂林地区中部的农业垦殖与乡村建设。从唐代贞观十四年（640年）与天宝十年（751年）的数据比较，东北部的永州湘源县保持着比较快速的人口增长，而中部的桂州从户口比例来说已成为与东北部相当的人群聚居地。天宝年间，桂林地区的东北部、中部、南部户数比例约为4：5：1。当时的军屯与民屯在唐代有了非常大的拓展，驻守的城、堡是中心。武周长寿元年（692年）桂州都督领民开凿的相思埭运河，沟通桂江与柳江，则推动了桂林西南片区的农田灌溉。唐中宗时期桂州片区开发也是一个重要的开拓节点[②]。景龙四年（710年）桂州都督王晙修筑河坝，招军民在桂州垦田数千顷。宝历年间李渤于咸通九年（868年）鱼孟威重修灵渠。桂林沿江平原地区的农业得到大力发展。唐代时期桂管戍兵千人，做到"衣粮税本管自给"[③]。之后的五代至两宋时期，桂林中部地区已经开始逐渐成为区域主要的聚居地。根据元丰二年（1079年）全州、桂州、昭州三地的人口比例可以看到各区户数比例约为3：5.6：1.4。

南朝至宋的桂林乡村，除了以农业为主的社区经济外，传统手工制造业已逐渐发展得相当成熟，如纺织、矿冶、铅粉、雕琢、酿酒、陶瓷烧造[④]。当地峒民也有以淘金为业的[⑤]。全州、兴安、桂林市区等地有着相当规模的民间陶瓷制造，如桂林市南郊柘木镇上窑村窑址[⑥]、兴安严关窑址[⑦]、全州永岁江凹里窑[⑧]。这些村庄多数分布于靠近水域的山坡地带。

同时，就聚落类型而言，在中央统治的南拓过程中，区域内的行政与驻防建设形成的城、堡已经有了比较均衡的布点。以商贸交易为主的圩集开始发展。吴甘露元

① 六朝时期，桂林地区的遗址墓葬，包括有全州新塘铺墓葬（西晋早期）、兴安界首二甲山晋墓、兴安罗家山墓葬（西晋早期）、兴安鸟厂山墓葬（西晋晚期）、兴安阳西岭墓葬（东晋、南朝）、阳朔县高田镇古墓葬、恭城新街长茶地南朝墓、恭城县黄岭大湾地南朝墓、平乐银山岭晋墓、永福寿城南朝墓等。

② 广西壮族自治区地方志编纂委员会. 广西通志·农垦志［M］. 南宁：广西人民出版社，1998，12：17."唐代，镇守边防的戍军，常因运输条件限制，军粮供应不上。唐中宗景龙年间（公元707～710年），王晙任桂州都督，州里驻有军队，地方无粮供应，需要到衡州、永州等地转运粮食，长途运输损耗大，费用高，且诸多不便。王晙就地组织屯兵开荒种地，兴修水利，改造旱地为水田。桂州白姓同时受益不浅，立碑颂扬其德政。"

③《旧唐书》地理志。

④ 韩光辉. 广西桂林地区城镇体系的形成与发展［J］. 中国历史地理论丛，1995：91-105.

⑤（宋）范成大《桂海虞衡志》："生金，出西南州峒。生山谷、田野、沙土中，不由矿出也。峒民以淘沙为生，抔土出之，自然融结成颗，大者如麦粒，小者如麸片，便可锻作服用，但色差淡耳。欲令精好，则重炼取足色，耗去什二三。既炼则是熟金，丹灶所须生金，故录其所出。"

⑥ 桂林博物馆. 广西桂州窑遗址［J］. 考古学报，1994（4）：499-526.

⑦ 广西壮族自治区文物工作队，兴安县博物馆. 兴安宋代严关窑址［A］//广西壮族自治区博物馆. 广西考古文集［M］. 北京：文物出版社，2004，5：1-62.

⑧ 全州古窑址调查［A］//广西壮族自治区博物馆. 广西考古文集［M］. 北京：文物出版社，2004，5：80-100.

年（265年）置熙平县志于今兴坪镇狮子岚，今兴坪镇西建有溪河圩为阳朔地区最早的圩[①]。当地圩也常与村结合在一起。“越之市为墟，多在村场，先期招集各商或歌舞以来之。荆南、岭表皆然。”[②]临桂县钱村遗址[③]被认为是北宋晚期至南宋的一处圩市，以经营陶瓷为主。遗址柱洞198个，灰坑9个，石墙5处被认为是当时圩市的相关建筑遗址。该遗址出土的陶瓷被认为与同期地区的其他窑址相近。“桂林山水”对应的风景名胜营造也在这一时期开始，以桂林城周边地区为主。六朝至宋，桂林地区的聚居环境进一步分化。在空间分布上，城、堡、圩集多位于地理边界、交通交界点的位置。乡村地区形成相应的农业垦殖、产品制造地。

根据文献记录，宋代已经开始有非汉族居民聚居地的记述。周去非对于岭外地区“五民”[④]的描述可看到具体的人口分类与居住特点。当时民分五类，土人、北人、俚人、射耕人、蜑人。其中土人“自昔骆越种类也”“居于村落”；北人“本西北流民，自五代之乱，占籍于钦者也。”；俚人“史称俚獠者是也”“此种自蛮峒出居”；射耕人，“射地而耕也”；蜑人“以舟为室，浮海而生”。更具的文献记述中，“猺，本五溪盘瓠之后。其壤接广右者，静江之兴安义宁古县……”[⑤]；范大成则指出“猺人者，言其执徭役于中国也。静江府五县与猺人接境，日兴安、灵川、临桂、义宁、古县……山谷弥远，猺人弥多，尽隶于义宁县桑江寨。”桂林附近同时也分布有“蛮”[⑥]。从中可知，宋之兴安、义宁、灵川、临桂、古县，即今桂林市区北部、西部的兴安、灵川、龙胜、临桂、永福等地，皆是当时主要的猺、蛮聚居地。汉民的乡村聚居则多居于湘漓中心沿江平原地带，以城镇周边分布。

（四）元明清，中、南地区沿江河地带的开发转移、中部地区趋于均衡

随着开发的南移，桂林中部地区成为地方核心建设。自元朝始，桂林中部核心地位凸显，户口增长迅速。全州与桂林中心区的比例，从宋代元丰二年（1079年）1∶2降至元代至元二十七年（1290年）1∶5。元末明初人口大幅下降，之后的明代户口数并没有太多变动。

---

① 阳朔县志编纂委员会．阳朔县志［M］．南宁：广西人民出版社，1988．大事记．

② 黄金铸．从六朝广西政区城市发展看区域开发［J］．中南民族学院学报（哲学社会科学版），1995年第六期（总第76期）：93-96：95.《岭南丛述》引晋人沈怀远《南越志》。

③ 广西壮族自治区文物工作队，桂林市文物工作队，临桂县文物管理所．广西临桂县钱村遗址发掘简报［A］//广西壮族自治区文物工作队编．广西考古文集（第二辑）［M］．北京：科学出版社，2006：389-411.

④《岭外代答》五民。

⑤（宋）范大成《桂海虞衡志》志蛮。

⑥（宋）范大成《桂海虞衡志》志蛮：“蛮，南方曰蛮。今郡县之外羁縻州洞，虽故皆蛮地，犹近省民，供税役，故不以蛮命之，遇羁縻则谓之化外，真蛮矣。区落连亘接于西戎，种类殊诡，不可胜记。今志其近桂林者，宜州有西南蕃、大小张、大小王、龙石，滕谢诸蕃，地与牂牁接，人椎髻跣足，或着木履，衣青花斑布，以射猎仇杀为事。又南连邕州南江之外者，罗殿、自杞等，以国名罗孔特磨、白衣九道……”

早期东北部、中部、南部的三大并行开发版块中，其中明清时期，东北—中部的全州、临桂等地区已是区域内重点的在籍人口聚居地。明万历六年（1578年）记录，广西布政司94020顷74.8亩中23666顷63.4614亩来自桂林府、5819顷71.38717亩来自平乐府。即，军屯占的比例甚小，民屯为主①。全州、临桂是当时最主要的在籍耕地分布区。清嘉庆年间编户里数，可以看到在籍人口与耕地大部分分布于桂林临桂、灵川、全州一带，平乐府诸县在籍里数与耕地少。

结合区域内的人口与生产用地比，可以了解两方面的情况，一是桂林各地区土地生产水平的差异；二是当时农业土地开垦的程度。从桂林地区的整体格局来看，大的水系流经的河谷地带是在籍耕地的开发区域，在开发规模上已经趋于均衡，而边缘山地区域的开发存在一些不同步的现象。其中，明代万历年间，桂林东北部的全州、兴安，中部的灵川、义宁、临桂、阳朔、永福，南部的荔浦、修仁、恭城，在人口耕地比上接近桂林地区的平均值。几个地区的土地开发与生产力水平相对一致，趋于均衡。位于西南的永宁、东部的灌阳、南部的平乐地区与中心地区的农业发展存在一定差距。其中，永宁口每亩较高，为0.207口/亩，土地人口压力相对较大，人均耕地面积较低。东部的灌阳、南部的平乐地区，在籍的土地人口压力相对较小，人均耕地面积较高（表3-2-2）。

明万历二十二年的人口、官民田（山）塘地统计 表3-2-2

地区	人口	比例：口每亩	官民田（山）塘地
临桂	户13462口43744	0.075	5768顷11.314亩
灵川	户8763口52603	0.158	3316顷35.13亩
兴安	户5601口16472	0.082	2000顷37.63378亩
阳朔	户2570口17174	0.138	1248顷14.47672亩
永宁	户1175口20005	0.207	964顷46.6543亩
义宁	户2663口14574	0.129	1126顷50.58592亩
永福	户2487口10897	0.098	1111顷46.037亩
全州	户15198口58238	0.090	6472顷85.1721亩
灌阳	户2093口7545	0.046	1658顷16.45371亩
平乐	户907口2792	0.033	849顷92.43126亩
永安	户571口2575	—	218顷2.4亩
恭城	户397口1453	0.073	337顷11.65562亩
荔浦	户1042口5372	0.128	421顷24.99752亩
修仁	户538口1875	0.118	159顷16.60682亩
总计	户57467口255319	0.100	25651顷91.55235亩

（来源：笔者根据《广西通志》卷十七1-2、6、7；卷十八3-22绘制）

① （明）彭泽修，等．民国方志选（六、七）：广西通志（明万历二十七年刊印）［M］．台北：台湾学生书局，1986．卷二十 十三、十四、十六：军屯桂林右卫293顷84亩、桂林护卫509顷87.9亩、全州千户所64顷71.485亩、灌阳千户所2160亩。

这一阶段的后期，东北—中部虽然作为区域内的重要聚居地，在乡村的发展上逐渐放缓（表3–2–3、表3–2–4），南部地区开始加快拓展。其中，明代东北—中部的桂林与南部的平乐，人口一直保持在约10：1的关系上。这一数值，与元代中部比南部近30：1的关系而言，明代的平乐发展已经有非常大的增长。至清代，南部平乐地区开始进一步发展，清嘉庆二十五年（1820年）已经发展为3：1的关系。尤其对比具体明万历至清嘉庆年间的各县（厅）在籍土地[①]，南部的平乐、荔浦、恭城、修仁都呈现出增长。而东北—中部已存在一定的消减态势。至清末年，1907年出版的《新广西》[②]统计，地区的"里每村"的值来看，清末桂林地区中部的阳朔县、灵川县、临桂县、义宁县，南部的平乐县、荔浦县、修仁县是村庄分布较为密集的地区。西北龙胜、东南恭城的村庄分布较为稀疏。而有着湘江平原的全州县、兴安县，与靠近西南山区的永福县，村庄分布密度则低于平均值。从中可以看到，桂林地区内部的区域开发逐步南移，东北部地区的开发扩张逐渐消退。

清嘉庆年间 桂林地区编户、土地情况 表3-2-3

	清嘉庆二十五年（1820年）桂林府、平乐府（部分）厢里数	清嘉庆年间 桂林府 平乐府（部分）官民瑶僮田地山塘
临桂	编户七十五里	5216顷03.49亩
灵川	编户四十八里	2783顷74.62亩
兴安	编户二十四里	1283顷93.75亩
阳朔	编户十三里	1161顷18.72亩
永宁	编户十里	834顷07.11亩
永福	编户一十里	460顷66.35亩
义宁	—	1107顷70.78亩
龙胜	—	—
全州	编户八十四里	4412顷32.56亩
灌阳	编户八里	1481顷03.43亩
平乐	编户两厢四里	1057顷35.04亩
恭城	编户三里	578顷54.96亩
荔浦	编户五里	522顷05.41亩
修仁	编户二里	186顷87.4亩
总计		21085顷53.62亩

［来源：（清）谢启昆. 广西通志［M］. 卷八十. 南宁：广西人民出版社：2603-2608.
（清）谢启昆. 广西通志［M］. 卷八十一. 南宁：广西人民出版社：2638-2645.
（清）谢启昆. 广西通志［M］. 卷一百五十五. 南宁：广西人民出版社：4385，4391-4398.
（清）谢启昆. 广西通志［M］. 卷一百五十七. 南宁：广西人民出版社：4386，4418-4421.］

① 涵盖了两代量地尺存在变化（明尺：清尺=1：1.055）。
② 李官理. 新广西［M］. 广州：商务印书分馆，1907.

清末桂林地区的村庄分布情况表　　表3-2-4

州县名	疆域里	乡村数	圩数	里每村
临桂	13680	614	28	22.28
兴安	118103	1166	3	101.29
灵川	7050	427	16	16.51
阳朔	7370	546	7	13.50
永宁	63141	648	11	97.44
永福	70128	658	4	106.58
义宁	4347	153	4	28.41
龙胜	80100	137	—	584.67
全州	138100	891	9	154.99
灌阳	6485	237	8	27.36
平乐	8087	815	4	9.92
恭城	110130	373	2	295.25
荔浦	6355	255	8	24.92
修仁	7365	240	7	30.69
总计	640441	7160	—	89.44

就聚落类型而言，这一时期桂林地区城镇乡已经形成了稳定的空间格局。南部的圩市数量较高，东北部的圩市相对较少。此时，桂林地区分属于桂林府与平乐府。从统计可知，府治周边、主要的区域交通沿线，村庄分布较为稠密。从平乐县地图可以看到，主航道的府江沿线，城镇道路周边是主要聚落的分布区。其中，“村圩”也集中在这些要道周边。而军事功能的“堡”也常在交通要道节点、水口、山涧位置分布。如平乐的华头堡、华山堡、曲斗堡、象矶堡；恭城的龙虎关、凤凰堡。

这一时期，不同民族间的人口比例逐渐发生变化。早期以瑶壮侗等族为主，汉族逐渐成为主要民族组成。明初，广西瑶壮多于汉人十倍，及至明末桂东作为汉族集聚的片区，仍然是“民四蛮六”。根据文史资料，不同民族的聚落分布，汉族以城厢周边交通便利为主，湘漓平原区域为主要的汉族聚居地。元代大量回民进入桂林，在临桂地区乡村定居。“湖湘接壤民风习俗与中州同 士尚经学 农口稼穑 工不求巧 商不远致”当时划归桂林的全州地区，湘赣籍汉民相对较多。位于桂林地区边缘的南部、西北是主要的瑶壮苗侗居住地，瑶壮为比例最高者。清代未有编户的龙胜厅、义宁厅，皆是桂林地区主要的民族聚居地。

（五）民国以来，湘—漓—桂沿线保持区域大开发的中心地位，整体村庄分布趋于均衡

民国至今的百年，桂林地区的耕地增长已超过清末耕地总量，在民国二十五年（1936年）的耕地面积为4570312亩，已经是清末的两倍。2011年的统计，耕地达到4943100亩。

这一时期，湘—漓—桂沿线的聚居地已经有了完善的开发，形成区域内中心聚居地。根据民国二十二年的桂林地区的户口调查，临桂、灵川、平乐一带的人口相对密度较高。全州、灵川、桂林、阳朔、平乐、荔浦，以湘、漓、桂串联，形成桂林沿线的乡村聚居带。从具体的数据来看，全省平均每平方公里59人，桂林地区全州、临桂人口超过100人/平方公里。偏离桂林中部廊道的区域边缘，人口相对稀疏，如西北的龙胜、南端的修仁、西南的永福、东南的恭城、东部的灌阳。其中，龙胜属地区内人口密度最低每平方公里22人。结合民国二十五年的统计，桂林地区平均耕地占土地总面积为11.62%，全县—兴安—灵川—桂林—阳朔—恭城—平乐—荔浦已经达到相对一致的耕地开发量，形成东北—中部—南部沿湘—漓—桂的均衡开发。但龙胜、灌阳相对较低，分别为2.82%、5.79%。民国时期，人口及耕地的这一分布状况，形成了桂林地区乡村聚居格局，沿江中心区分布密且垦殖广，边缘区域分布疏且垦殖规模小（表3-2-5）。

各县人口（分布与密度） 表3-2-5

县名	户数	人数	每户人数	每平方公里人数	每人占地市亩数	每百女子对男子数	县城户口街数	户数	人数	农村人口
全县	69354	365445	5.27	105	14	149	18	2621	11511	353934
兴安	29748	160728	5.40	47	32	130	10	1349	6453	154275
龙胜	14762	65291	4.42	22	60	119	1	154	513	64778
义宁	11263	48585	4.31	68	22	111	9	1038	4002	44583
灵川	28759	136138	4.73	89	17	112	2	189	981	135157
灌阳	24172	110902	4.59	49	31	147	10	1853	7419	103483
桂林	72258	321499	4.45	140	11	117	75	15198	67301	254198
永福	12589	54615	4.34	54	28	117	8	690	2731	51884
阳朔	22817	122014	5.35	88	17	115	4	430	2164	119850
恭城	19360	96373	4.98	43	35	133	5	708	4008	92369
平乐	27155	163308	6.01	87	17	121	14	1593	10460	152848
荔浦	26309	136606	5.19	84	18	113	16	2426	10.963	125643
修仁	12832	61132	4.76	46	32	110	11	1162	4920	56212
总计										1709214

注：调研数据为民国二十二年，《广西省年鉴》出版于民国二十五年。

这一空间格局延续至今。中华人民共和国成立后各县区进行了非常多的行政调整，至20世纪80年代逐步稳定。根据相关各县面积及村庄户口调研资料，桂林在1990年左右，村庄分布上阳朔、临桂、荔浦、全州、灌阳、平乐相对稠密，资源、龙胜、永福属于相对稀疏的县。1998年，市县合并，原桂林市与桂林地区进行统一行政管理。至2010

年各地区村庄数量已经比较稳定。临桂、荔浦、阳朔、平乐人口密度相对较大，灌阳、临桂、全州、阳朔、荔浦、平乐村庄分布相对稠密；西部及北部边缘的永福、龙胜、资源的村庄人口相对稀疏、村庄密集度较稀疏。（表3-2-6）

各县耕地（分布与密度）　　表3-2-6

县名	土地总面积（亩）	耕地面积（亩）	耕地占土地面积比	水田面积（亩）	水田占耕地面积比	旱地面积（亩）	旱地占耕地面积比
全县	5214375	844311	16.19	654516	77.52	189795	22.48
兴安	5155875	631729	12.25	488397	77.31	143332	22.69
龙胜	4488375	126642	2.82	88539	69.91	38103	30.09
义宁	1074000	106165	9.89	78578	74.01	27587	25.99
灵川	2283750	390788	17.11	362955	92.89	27793	7.11
灌阳	3406875	197415	5.79	137276	69.54	60139	30.46
桂林	3443625	620578	18.02	519582	83.73	100996	16.27
永福	1530000	127606	8.34	110358	86.48	17253	13.52
阳朔	2071500	210836	10.18	167737	79.56	43099	20.44
恭城	3381375	394064	11.63	252435	64.06	141629	35.94
平乐	2803500	385448	13.75	256035	66.43	129413	33.57
荔浦	2443875	336780	13.78	283716	84.24	53064	15.76
修仁	1982250	197950	9.99	143026	72.25	54924	27.75
总计	39279375	4570312	11.62	3543150	77.53	1027127	22.47

注：调研数据为民国二十二年，《广西省年鉴》出版于民国二十五年。

中心区的建设，逐步形成相对均衡的乡村发展。民国时期的具体村庄统计数据，可以进一步了解到分布于桂林东北的全州，中部的灵川、阳朔，南部的平乐，各地的村庄分布已经形成相对均衡的布置，且村庄人口也已达到一定规模。桂林地区根据民国十八年（1929年）《灵川县志》的村庄统计数为600村，一区为106村、二区90村、三区123村、四区149村、五区135村、六区73村、七区68村。根据民国二十四年（1935年）《全县志》，全州分五区五十二乡，共计596村街，各乡8～15村不等，圩市则分布在清湘镇。①根据民国《平乐县志》962村，平乐县民国二十三年（1934年）统计户口总表显示，24个乡镇，合计村庄219村街，共计26506户，159242人。其中各村的人口数量，由300至1200多人不等，多集中在600～1000人的范围。②《阳朔县志》记录，民国二十二年

① 黄昆山，等，修；康载生，等，纂. 全县志（民国二十四年）[M]. 台北：成文出版社，1975：96-128.

② 黄旭初，监修；张智林，纂. 平乐县志（民国二十九年）[M]. 台北：成文出版社，1967.

（1933年）统计阳朔14乡、133村、17街，22804户，121883人[①]。阳朔县内村庄，丁口数量集中在600～1000人的范围[②]。中华人民共和国成立后的中心区，中部—南部的临桂、阳朔、荔浦、平乐在人口及村庄密度上达到了相近的水平。

这一时期，桂林地区的汉族人口持续增长，但仍然保留着大量的少数民族聚居地，就整体区域而言少数民族与汉族的聚居交叉不断增大。汉族主要集聚在中心区，由中心进入桂林边缘地区少数民族比重增大。最边缘的龙胜、恭城是区域内少数民族聚落分布相对较密集的地区。民国时期对地区少数民族分布进行有一定的统计，其中瑶族分布最广、壮族次之，龙胜、义宁、灵川地区的少数民族类型较多。至1990年第四次人口普查数据，龙胜境内民族众多，1987年总人口162206人，少数民族人口占75.3%。[③]恭城1990年瑶族占49.85%，汉族占46.87%[④]。1998年末全市统计，14.56%的非汉族。瑶、壮是最主要的少数民族人口，其中瑶族35.86万、壮族21.47万，分别占总人口7.51%、4.50%。瑶族主要分布在恭城瑶族自治县及龙胜各族自治县、全州县、荔浦县、临桂县等；壮族分布在荔浦县、龙胜各族自治县、阳朔县、永福县及市区。苗族、侗族人口也是主要的少数民族，分布在桂林西北部[⑤]。此外，客家人的在民国时期，平乐地区有所分布。至2010年统计，主要的客家人口分布于桂林的荔浦等地。

综合来讲，现状桂林地区平面空间上形成的四个片区，实际是伴随着土地开发先后、土地开发积累程度、土地开发的现阶段重点，形成地区内部乡村聚居空间格局的分化。在历代土地占有及开发过程中，桂林既有的自然环境逐步进行改造成为适宜人群生活、繁衍的乡村片区。空间上，桂林村庄在平面空间中的分布变化，一方面表现为由点及线、由局部向整体拓展的一般规律；另一方面具体结合地区开发先后，形成了由湘—桂的并行扩张到湘—漓—桂的渐进扩张；由边缘向中心地带扩张到中心地带向边缘地带的扩张与深化。

① 张岳灵，修；黎启动，纂. 阳朔县志（民国二十五年）[M]. 台北：成文出版社，1975. 卷一·二十二.

② 张岳灵，修；黎启动，纂. 阳朔县志（民国二十五年）[M]. 台北：成文出版社，1975. 卷二·二十七至三十四.

③ 龙胜县志编纂委员会. 龙胜县志[M]. 上海：汉语大词典出版社，1992，1. 概述“龙胜境内民族众多，1987年总人口162206人，少数民族人口占75.3%。其中：侗族41459人，瑶族26232人，苗族21504人，壮族32963人，汉族40008人，其他民族40人。”

④ 恭城瑶族自治县地方志编纂委员会. 恭城县志[M]. 南宁：广西人民出版社，1992. 概述.

⑤ 桂林经济社会统计年鉴编委会. 桂林经济社会统计年鉴[M]. 北京：中国统计出版社，1999. 35.86万人，占总人口7.51%，主要分布在恭城瑶族自治县及龙胜各族自治县、全州县、荔浦县、临桂县等山区乡村。壮族人口21.47万人，占总人口的4.50%，主要分布荔浦县、龙胜各族自治县、阳朔县、永福县及市区。苗族人口5.31万人，占总人口的1.11%，主要分布在资源县及龙胜各族自治县。侗族人口4.68万人，占总人口的0.98%，其中4.35万侗族人口分布在龙胜各族自治县的山区。回族人口1.69万人，主要分布在市区。满族人口0.16万人，也主要分布在市区。其他少数民族还有仫佬族、土家族、毛南族、黎族、蒙古族、高山族、朝鲜族、京族、白族、水族等，其人口数在100～1000人之间。年末汉族人口407.80万人，占全市总人口的85.44%。

二、乡村聚居与自然环境的关系

早期的桂林定居者，相应的居所洞穴、山坡与地形山体、水源紧密联系。后续的发展中，这种对于自然的依赖仍然保持了下来。

从现有的考古遗址分布来看，漓江及其支流沿线、湘江的支流（灌江、建江、漠川河等）为主要古遗址分布区。现有的先秦、秦汉、六朝考古遗址的发掘地点，根据统计都是与水系保持着紧密联系的，其中湘漓、恭城河周边都是主要分布区。

根据文献记载，《东汉观记》中记述：秦汉居住环境岭南居住环境“溪谷之间、篁竹之中”。宋代文献中记述，“猺，本五溪盘瓠之后。其壤接广右者，静江之兴安义宁古县……生深山重溪中……”[①]明清时期有着更丰富的文献、实存。其中，明代徐霞客访游桂林，记述了当时沿湘—漓的乡野见闻。丁丑年闰四月二十日，徐“溯湘江而西”，至兴安段“十里，东桥铺。五里，小宅，复与湘江遇。又五里，瓦子铺。又十里，至兴安万里桥……”从徐霞客的论述中可以了解到北部地区水岸周边村野与水系间的紧密联系。徐霞客也主要利用水系网络，寻访四处。

结合清代古地图可以了解到，桂林地区多山多水，村庄分布依山顺水。临桂周边水系密布，村庄顺水系脉络分布。从村庄的名称，“塘”“湾”“冲”“源”等名词可以看到与水之间的关联。其中，龙胜厅图多数为“塘”命名的据点；平乐县地图中约三分之一名为塘。恭城的地图中可看到村庄与山体的明显对应关系，每面山头对应有一个村庄。从村庄的名称中可以看到“底”“崴”“山”；“塘”“湾”“冲”“源”等名词与山、水之间的关联。可以看到桂林地区村庄分布与水的密切关系。（图3-2-1～图3-2-4）

进一步地结合清末、民国时期的地图，可以更确切地了解到桂林地区聚落与水系分布的紧密联系。民国时期村聚落空间并没有太大的拓展，保留着与自然之间的协调关系，零星散布于山谷中，河溪旁[②]。根据民国《平乐县志》记载，部分少数民族夏天常常露宿溪旁，燃艾草或菖蒲以驱蚊虫而居。总体而言，桂林地区村庄聚落，无论是在山地还是平原地带，其分布上与水溪之间紧密联系。

①（宋）范大成《桂海虞衡志》志蛮。

② W.H.Oldfield. Pioneering in Kwangsi-The Story of Alliance Missions in South China [M]. Harrisburg, Pa, 1936. Recently the writer again made an overland journey to Kweilin. Three days of the journey were rather mountainous. On the third day, when within twenty-five miles of the city we ascended the highest peak, what a panoramic view of the populous plains was spread out before us! Almost as far as the eye could reach were stretches of level country with villages and hamlets dotting the plains, and with homesteads and farmhouses nestling among the trees at the base of the picturesque limestone hills so characteristics of the Kweilin district.

图3-2-1　清末临桂县地图

[（来源：改绘自《临桂县志》（清嘉庆七年修，光绪六年补刊本）卷一]

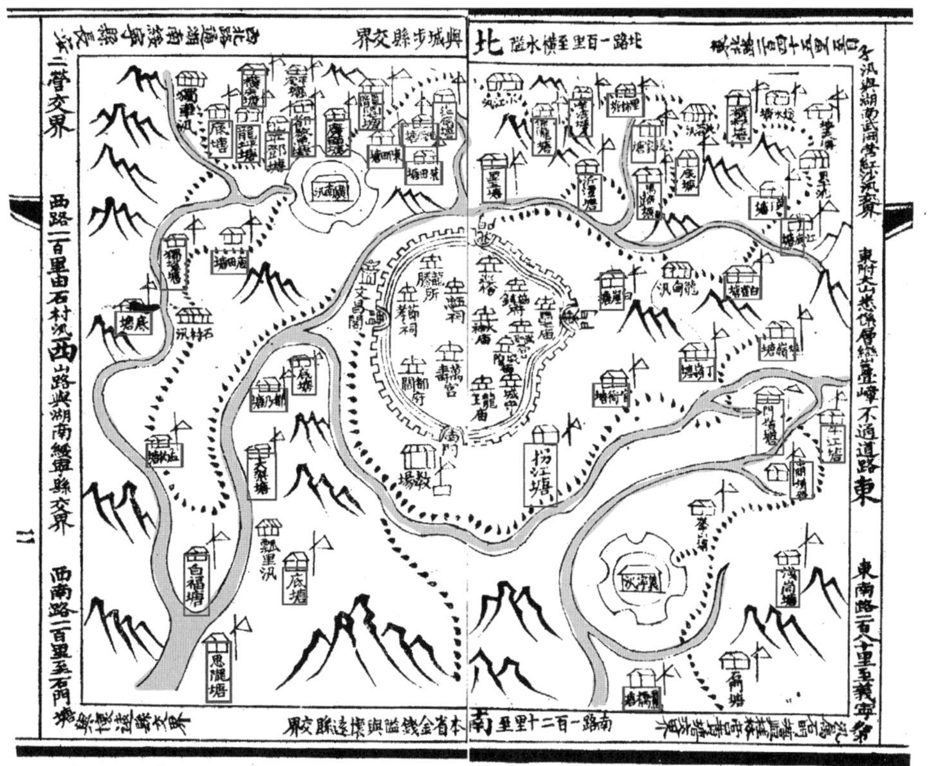

图3-2-2　清末龙胜厅地图

[（来源：改绘自《龙胜厅志》（清道光二十六年刊本）]

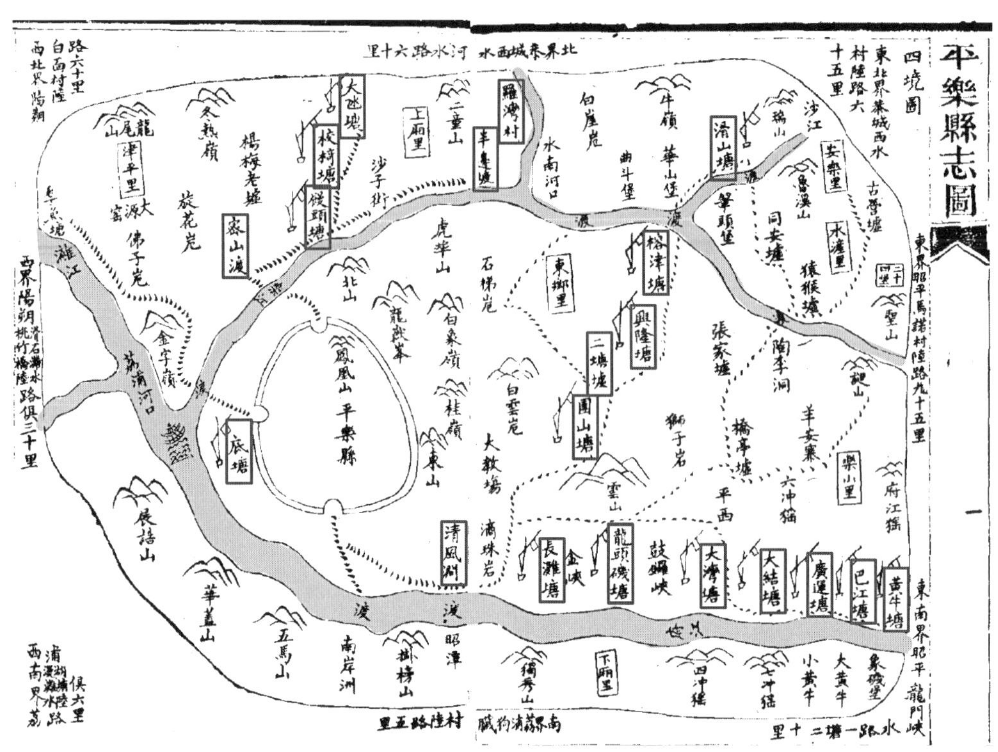

图3-2-3　清末平乐府地图
[（来源：改绘自《平乐县志》（清光绪十年刊本）]

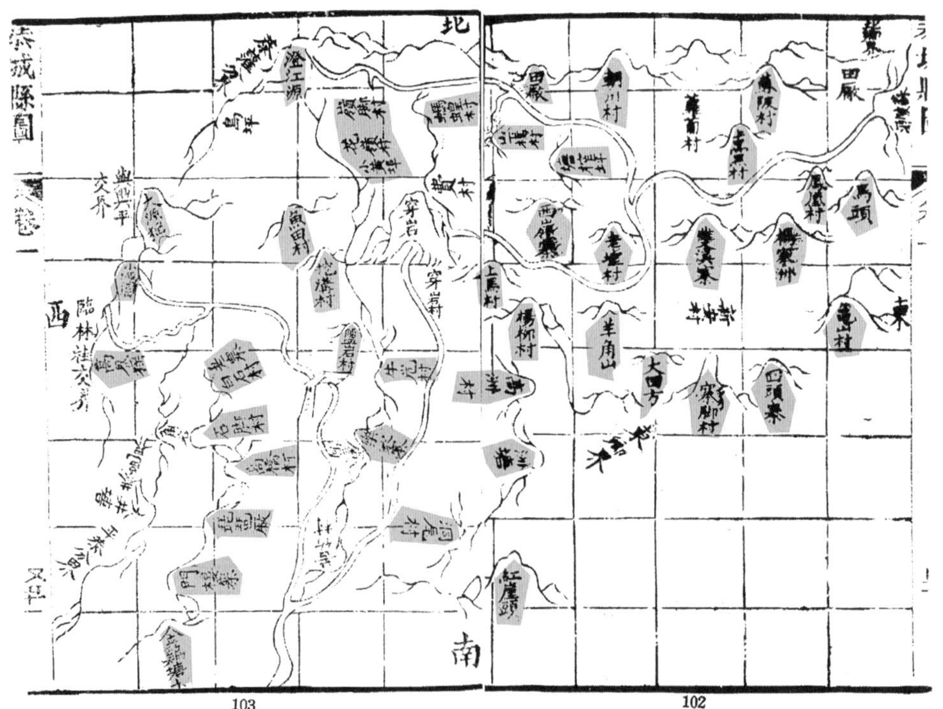

图3-2-4　清末恭城县地图
[（来源：改绘自《恭城县志》（清光绪十五年刊本）卷一]

第三节

村庄格局的形成与类型分化

一、村庄基本结构的形成

早期人类的居住环境中，具体的空间指向比较模糊。但随着土地利用、改造、营建活动的发生，景观逐步出现分化。山水为主的自然环境、田园为主的生产环境、建筑为主的聚落环境，三者所形成的空间结构关系，是在漫长的历史过程中逐渐被建构拓展的。

从桂林地区的古人类考古中可以看到居住、生产环境的逐步分化过程。其中，采集与定居是基础，火、工具储物以及农畜产物的出现是结构拓展的重要标志。“采集”作为早期古人类获取食物资源的重要活动，对应于工具的制造。如甑皮岩遗址中渔、猎采集工具有21件[①]。伴随着人们对于动植物资源的认识，农业种植、驯养的逐步成熟，人类通过“种植（养殖）与制造”两类活动逐渐突破对自然的依附。而这也是人类对于自然环境进行人工化的主要路径。透过洞穴遗址中动物遗骸的分析，驯养的家畜已经开始出现。而从晓锦遗址不同期文化层中的稻谷分析，可以了解到水稻选种与食用的发展。关于居住环境，新石器山坡遗址的发现表明，营建活动开始发生。晓锦遗址第一期、第二期、灌阳五马山遗址都发现了灰洞、火塘以及大量柱洞（图3-3-1）。这些柱洞被认为是早期干栏建筑留下的[②]。从中可以了解到，在这一时期当地居住者已经逐步展开了对自然环境的改造，有了生产、营造活动，并开始形成独立的建筑环境。

先秦时期在自然环境基底下，逐步由原始渔猎采集开始形成规模耕种的田园环境，结合在地物资进行建筑营建（包括墓葬）。其中，桂林先秦时期的考古墓葬中，随葬品以实用器物为主，青铜兵器（或陶纺轮）、生活、生产用具用品为组合。土坑墓的建造会通过夯打、少数铺有白膏泥或炭末、河卵石。这些信息反映了当时原始农业的进一步拓展，种植、织纺、制造、营造活动已经形成了稳定的关联性。

秦汉时期，桂林地区的人居环境在先秦的基础上进一步拓展。既有的汉墓陶屋，从功能类型上涵盖了仓、舍、屋等。而陶屋人物有着舂米的形象，以及圈养的牲畜。从中可以了解到，这时候的居住建筑融合有农业生产与生活起居，生产与居住相互关联。同

① 覃乃昌. 壮族稻作农业史［M］. 南宁：广西民族出版社，1997，4：167. 桂林甑皮岩文化遗址，工具总数53件，渔猎采集工具21件，原始农具32件。

② 广西壮族自治区文物工作队资源县文物管理所. 广西资源县晓锦新石器时代遗址发掘简报考古［J］. 2004（3）：7-30.

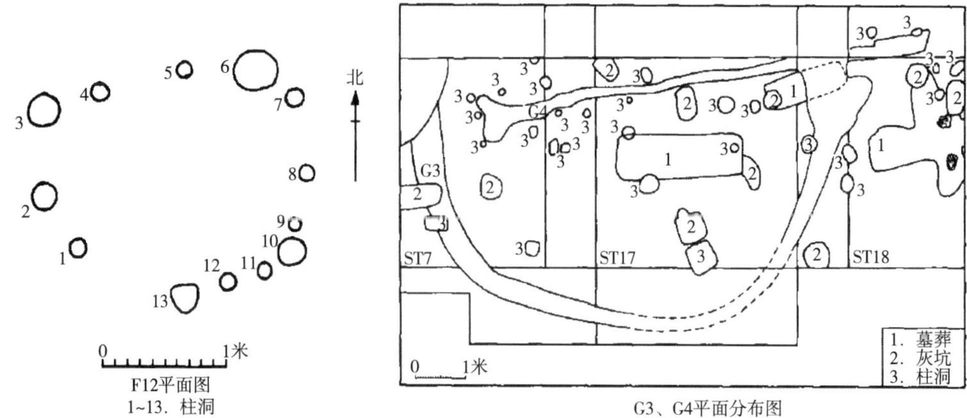

图3-3-1　桂林晓锦遗址柱洞、灰坑情况
（来源：摘引自《广西资源县晓锦新石器时代选址发掘简报》23）

时，这些陶屋有着比较明确的建筑屋顶、屋架、门窗小木作细节，一定程度上反映了当时的营建工艺。作为相应活动的产物与支撑，秦汉时期桂林地区的生产环境与建筑环境相互关联，并逐渐形成有相应的实体形式。

随着地区生产与建设活动的开展，生产环境与聚落环境作为人工改造实体成果逐步被建构，并形成紧密的联系。自然“山水”作为人居环境的基本，则面对着进一步的改造。而后续的开发过程中，桂林的“山水”并没有被人工的进一步改造消解。相反，它被更明确地缔造为桂林乡村地区的重要实体组成。山水作为“自然”环境，更转换为人文风景。

自六朝时期，桂林山水开始受到关注。隋唐时期的外来文人对桂林山水有着更为广泛地记述。诗歌中，可以了解到当时桂林乡野的一些生活景象：江畔的“寺”“楼”“篷渔”“芦苇”“桑麻”“鹭鸶”（郑谷《送吏部曹郎中免官南归》①）；山中“潭”“渔舟”“川间渔钓”“微蕨”（李谅《湘中纪行》②）。山水间，乡村生活清幽闲适。渔樵耕读在其间，各取所需，与山水保持紧密的生产关系的同时，亦已开始将其作为主要审美品赏对象。至两宋时期，这种桂林地区“山水—田园”成为诗词中主要的诵咏内容。如刘沁的水调

① 郑谷《送吏部曹郎中免官南归》：“高名向已求，古韵古无俦。风月抛兰省，江山复桂州。贤人知止足，中岁便归休。云鹤深相待，公卿不易留。满朝张祖席，半路上仙舟。箧重藏吴画，茶新换越瓯。郡迎红烛宴，寺宿翠岚楼。触目成幽兴，全家是胜游。篷声渔叟雨，苇色鹭鸶秋。久别郊园改，将归里巷修。桑麻胜禄食，节序免乡愁。阳朔花迎棹，崇贤叶满沟。席春欢促膝，檐日暖梳头。道畅应为蝶，时来必问牛。终须康庶品，未爽漱寒流。议在归舆望，情难恋自由。小生诚浅拙，早岁便依投。夏课每垂奖，雪天常见忧。远招陪宿直，首荐向公侯。攀送偏挥洒，龙钟志未酬。”

② 李谅《湘中纪行》：“江水永州路，水碧山崒兀。古木暗鱼潭，阴云起龙窟。峻屏夹澄澈，怪石生［溪渤］(□勒)。［巨］舰时邅回，轻舠已超忽。疾如奔羽翼，清可鉴毛髪。寂寞榜渔舟，逶迤逗商［筏］。［我］行十月杪，猿啸中夜发。枫叶寒始丹，菊花冬未歇。凝流绿可［染］，积［翠］(学)浮堪撷。［峭］蒨每惊新，幽奇信夸绝。稠峯迭玉嶂，浅浪翻残雪。石燕雨中飞，霜鸿云外别(回鴈峯。)泝洄已劳苦，览翫还愉悦。鹤岭访胎仙，{瘖疒=广}(音吾)亭仰文哲。川间［有］渔钓，山上多薇蕨。无公佐雍熙，何如养疵拙。安人苟有绩，抚己行将［耋］。此路好［乘桴］，吾其谢羁绁。”

歌头中写道："……江山好，青罗带，碧玉簪。平沙细浪欲尽，陡起忽千寻。家种黄柑丹荔，户拾明珠翠羽，箫鼓夜沉沉……"①明代末年，徐霞客的笔下，乡村中"山水—田园—居"这三大环境类型彼此紧密关联。一方面，徐霞客由湘江入桂林至漓江沿线，乡野间山水、古迹名胜遍布。同时，在游赏过程中，水系、山脉是村庄联系的重要线索。徐霞客依水游赏、就山寻寺，反映了当时区域间自然山水与人工聚居环境的关联性。另一方面，就具体的村庄格局而言，北部地区水岸周边村野密布，山下水旁"平畴"连连。聚落多位于山下，村落宅居则与竹木相伴②。近代海外传教士记录了自己进入桂林的情景，在其描述中可以看到被誉为桂林最具特色的风致，"……连延稠密的平原跃入眼帘！极目所至皆为乡野，村庄零星散布于平原之上，农庄和农舍隐匿于林木之间，而如画般的桂林山水则将之纳入其中。"③民国之后，桂林"山水"进一步被塑造为地区特质，大部分的地区仍保持着"山水—田园—居"的基本格局。而其中，"山水—田园"正是桂林村庄环境的主体。

二、乡村风貌的两种类型

桂林地区的自然环境基底，地形相对复杂。人们漫长的土地开发利用过程中，山地—平原丘陵，形成了两类相异的乡村风貌。结合考古遗存、历史文献及现有的村落比对，桂林乡村风貌的两类型演变情况如下：

现有的新石器及至先秦时期遗址，一部分分布在湘漓沿岸谷地，另一部分分布在恭城、资源等地的山地片区。这种分布成为后期聚落发展的基点。一方面，结合桂林地区土地开发的深化，史料集中记载的平原地区的开发状况不断扩展。另一方面，结合相关的风俗记述，桂林山地区域在当时有着相异的聚居风貌。

较早的线索，可以从《东汉观记》中了解到秦汉时期岭南地区"溪谷之间、篁竹之中"的居住环境。而更明确的记述是在宋代的文献中写到山地区域的建造以木楼为主，桂林地区少数民族比较清晰的聚居环境，以山林地区为主，伴以溪流。"猺，本五溪盘瓠之后。其壤接广右者，静江之兴安义宁古县……生深山重溪中……"④；"静江属县，

① （宋）张孝祥《水调歌头》："五岭皆炎热，宜人独桂林。江南驿使未到，梅蕊破春心。繁会九衢三市，缥缈层楼杰观，雪片一冬深。自是清凉国，莫遣瘴烟侵。江山好，青罗带，碧玉簪。平沙细浪欲尽，陡起忽千寻。家种黄柑丹荔，户拾明珠翠羽，箫鼓夜沉沉。莫问骖鸾事，有酒且频斟。"

② "初五日……仍出洞，东望有一村在丛林中，时下午渴甚，望之东趋，共一里，得宋家庄焉。""十一日……而下洞门之南，则〔上岩村〕村居萃焉。村后叠石开径，曲折而上，是为上岩'前洞'。"

③ Recently the writer again made an overland journey to Kweilin. Three days of the journey were rather mountainous. On the third day, when within twenty-five miles of the city we ascended the highest peak, what a panoramic view of the populous plains was spread out before us! Almost as far as the eye could reach were stretches of level country with villages and hamlets dotting the plains, and with homesteads and farmhouses nestling among the trees at the base of the picturesque limestone hills so characteristics of the Kweilin district.

④ （宋）范大成《桂海虞衡志》志蛮。

半抵猺峒。猺峒者，五陵蛮之别也。”“猺人者，言其执徭役于中国也。静江府五县与猺人接境，曰兴安、灵川、临桂、义宁、古县……山谷弥远，猺人弥多，尽隶于义宁县桑江寨……地皆高山。”[①]“獠，在右江溪洞之外，俗谓之山獠。依山林而居……蛮之荒忽无常者也。”[②]在高山重溪间，土著或迁徙的少数民族居民主要以“巢居”“干栏”“麻栏”为居所。有着与当时汉地平原地区“种黄柑千户，梅花万里”[③]“江山好，青罗带，碧玉簪。平沙细浪欲尽，陡起忽千寻”[④]以及土屋房室不同的风貌。明清时期，宋代的这种两地差异，仍被延续。万历年间的《广西通志》记“……曰猺介巴蜀楚粤间绵亘数千里……犵狪獠人凡二种依山林居……诸蛮皆依山谷为生其气习多与猺獞同……”[⑤]。狑人则“散居莽中，不室而处。”[⑥]；犵人“山田瘠埆”“攻剽村落”[⑦]。而徐霞客笔下平原地区的“河塘西筑塘为道，南为平畴，秧绿云铺，北为汇水，直浸北界丛山之麓，蜚晶漾碧，令人尘胃一洗。”[⑧]清代，雍正年间记述：“蛮多负山而居，或围竹为村，或依树为社。”[⑨]建筑形式以木楼干栏为主。道光二十六年（1846年）编撰的《龙胜厅志》中这样写道：“獞，与猺杂处，风俗略同，而生理一切简陋。”长居山林的瑶族，据《平乐县志》中记载，猺人居住上夏天常常露宿溪旁，燃艾草或菖蒲驱赶蚊虫。冬季则在睡前焚烧枯枝使地皮暖和，扫除灰烬铺上稻草，睡在地上。民国时期《阳朔县志》记述，“猺族居深山之中盘蓝二姓不知是何朝代来居”[⑩]。山地居民的建筑与前述文献有相仿的描述，在材料、构造、造型上有更清晰的记述。而当时山地为主的龙胜地区以木楼为主，其他地区以土屋为主，从中可以了解到这种山地—平原在聚落风貌上的差异。中华人民共和国成立后，这种山地—平原的风貌差异，仍然保留了下来。根据《龙胜自治县志》，1980年前，龙胜地区民族乡，全为木楼建筑，寨内外铺青石板路[⑪]。现状的地区调研中，可以看到这种山地与平原地区在农田肌理、住宅形式上的明显差异。（图3–3–2）

①（宋）周去非《岭外代答》地理门。

②（宋）周去非《岭外代答》蛮俗门。

③ 刘过《沁园春》。

④（宋）张孝祥《水调歌头》。

⑤（明）彭泽修，等. 民国方志选（六、七）：广西通志（明万历二十七年刊印）[M]. 台北：台湾学生书局，民国二十五年. 卷三十三・一：673–674.

⑥（明）邝露《赤雅》卷上：“狑人……”

⑦ 同上。

⑧（明）徐弘祖，著；烟照，方岩，闫若冰，校点. 徐霞客游记[M]. 济南：山东齐鲁书社，2007，7.

⑨（清）金鉷，等，监修；钱元昌，陆纶，纂；广西地方志编纂办公室. 广西通志（雍正）[M]. 南宁：广西人民出版社，2009，7. 卷九十二. 蛮多负山而居，或围竹为村，或依树为社，结茅筑垣，架板成楼，上栖人，下畜兽，谓之麻栏，亦称栏房。男女老幼聚处一栏，子娶则别栏以居。

⑩ 张岳灵，修；黎启动，纂. 阳朔县志（民国二十五年）[M]. 台北：成文出版社，1975：73.

⑪ 龙胜县志编纂委员会. 龙胜县志[M]. 上海：汉语大词典出版社，1992. 经济篇，第八章城建，第一节城乡建设，乡镇.

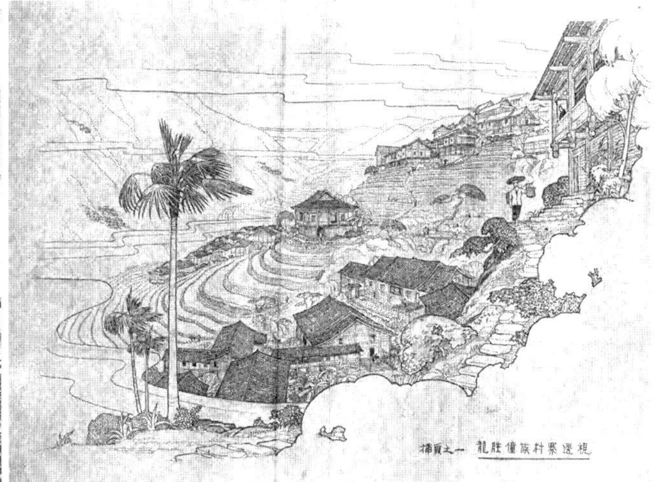

图3-3-2 中华人民共和国成立初期的龙胜乡村
（来源：《广西壮族民居调查图集》1963年10月）

综合来讲，由于桂林山地—平原地区自然环境基地的差异，地区内形成有不同的村庄营造。自古至今，这种两地差异在村庄自然环境、聚落环境的形态上表现明显。这一差异在现今的桂林地区仍被保留，并形成了两大不同的乡村风貌类型。

第四节

人工环境的形式类型及形态变化

一、生产环境

（一）形式的形成与变动：水田、旱地、山林地、塘的四条形式线索

生产环境有着基本的形式类型，其中比较主要的形式为水田、旱地、林地、塘。远古时期，古人类很大一部分的物资获取来自于对原始山林或水域的渔猎。既有的桂林旧、新石器（宝积岩、甄皮岩）的动植物化石反映了这一基于自然环境的原始渔猎活动。而至新石器时期资源县的晓锦遗址三期，发现了大量稻谷碳粒、陶器。学者推测当时已经形成了原始种植业①。在漫长的历史演进中，几者形成了生产环境不同的发展线

① 广西壮族自治区文物工作队资源县文物管理所. 广西资源县晓锦新石器时代遗址发掘简报考古[J]. 2004（3）：7-30.

索，并作用于景观形成一定的形式呈现。其中，渔猎发展为后期的养殖渔牧业，种植、采集发展为后期的农林业。不同的资源获取或生产方式会形成不同的环境形态。其中一部分会形成生产性建筑，如东汉时期的桂林明器中一些住宅与猪圈、马栏结合，形成上屋下圈、宅居院畜的形式。同时已有独立的鸡舍明器出土。此外，原始石器、陶器制作的技术应用到后期转换为采矿与制造业，一部分空间形式为建筑形式，一部分表现为自然环境的改造。本节还是就非建筑形式的环境进行形态演变讨论。

首先，水田、旱地、林地、塘作为生产环境的主要形式线索，是根据过往对于土地的划分及民间使用的特点做出的概括。其中，明代对于全区的土地税收用地，涉及田、塘、地、山。①近代的土地分类，涉及生产环境的包括了田地、园地、畲地、菜地、荒地、山、池、塘、湖几种。②当下的桂林地区土地相关报告中，土地的基本类型划分为耕地、园地、林地、草地、矿产用地、水域及水利用地等。现行的土地利用及测绘土地标识系统里，土地类型的划分更为细致。而塘、田、地、山四种主要类型的划分，在于土地竖向处理的不同，以及在水、土利用方式的差异做出划分。几者伴随着生产活动、物资需求类型及相应的技术在时间轴上变化。

其中，（水）“田”、（旱）“地”在桂林地区出现得比较早。在土地拓展的描述中，已经讨论过相关开田垦殖在规模上的变化，从中可以了解一些关于“田”“地”的发展历程。

秦汉时期的桂林北部属于楚地。根据《史记》对于汉代各地物产的记录，曾经记述到“……楚越之地，地广人稀，饭稻羹鱼，或火耕而水耨，果隋蠃蛤，不待贾而足，地埶饶食，无饥馑之患，以故呰窳偷生，无积聚而多贫。是故江淮以南，无冻饿之人，亦无千金之家……”③由此可以了解汉时桂林北部土地改造技术依赖火耕水耨，在方法上比较原始，开发量比较有限。“田”的开垦，非常重要的是依赖于水利开发。秦汉时期军屯需求下，开凿灵渠用以灌溉，使得田有了一定拓展。汉代，各地普遍出土陶田。虽然桂林地区没有此类明器，但从出土的铁锸、陶纺锤可以了解到当时土地平整，已经有了比较成熟的工具。桑麻相应的纺织工艺的出现，反映了“地”已经在汉人居住区有比较多的存在。此外，平乐汉墓已发现相关使用牲畜犁田平整土地的铁口铧，这反映了当时“田地”开垦在技术上有了进一步拓展。六朝时期，根据晋嵇含撰《南方草木状》记载，结合当时的物产甘薯、甘蔗、瓜果、蔬菜、药材等，可了解到田、地在当地已经有着比较复杂的种植利用。而考古发现中，桂林灵川大圩、桂林市北郊出土的南朝地券反映了当时已有土地买卖的出现④，由此可知农地开垦已经比较广泛。隋唐之后，田、地

① （明）彭泽修，等. 民国方志选（六、七）：广西通志（明万历二十七年刊印）［M］. 台北：台湾学生书局，1986. 卷二十一.

② 易熙吾，等，编. 桂林市年鉴［Z］. 桂林市文献委员会编印，1949. 地-5-1.

③《史记》卷一百二十九货殖列传第六十九：其中，楚越之“越”非百越，为前述中的吴越。

④ 鲁西奇. 广西所出南朝买地券考释［A］//历史·环境与边疆——2010年中国历史地理国际学术研讨会论文集［C］. 桂林：广西师范大学出版社，2012，6：7-16.

在范域及栽植利用上有着比较持续的拓展。周去非在讲述踏犁之时，写到“静江民颇力于田”[①]。其还具体介绍了由于欠缺合理利用牛耕，在人力作用下人们是如何进行土地平整的[②]。《赤雅》中写到獞人攻掠，提及峒官把酒，推渠长，“攻峒劫瑶……攻村则闻风而遁，占其田庐，徙老弱而居焉。”当时峒瑶皆有田，相互仇杀中，占有资源[③]。古代，围湖造田比较广泛，其中桂林隐山西湖便是常被学者举证的典型案例。从“宋代便灌之为田”，其间“作斗门闸之”，明代又“负灌之为田”[④]。而关于“旱地”，从作物栽培的需要，实际上古书中提及的“刀耕火种”或“耕山”，其对应的土地是前面定义的旱地。宋代“猺人耕山为生，以粟、豆、芋魁充粮”[⑤]。

由于两者不同的水、土供给特点，不同的自然环境、种植需求，水田形成了差异化分布特征。平原河谷地区是“田”的主要分布地。丘陵山地的“田”则以梯田形式呈现。根据学者研究，认为梯田在宋代已引入桂林[⑥]。这种形式结合竹筒水车[⑦]，得到拓展。但山地的梯田由于水利供给不稳定，通常会转换为旱地进行种植，旱地杂粮作物是重要的栽植对象。由于对于土地水利要求不高，“地”比“田”有着更广泛的空间分布与更持续的历史。但总体而言，水田、旱地作为主要的耕地形式，历代都是乡民经营的主要土地类型。

山林地[⑧]是最原初的环境利用类型之一。当地古人类时期的遗址，发现以砍砸石器为主，原始的狩猎被认为是旧石器时期获取食物的主要方式[⑨]。而从狩猎动物[⑩]，可以了解到其多为山林地区获取。但总体来说，大部分山林地在早期的开发程度有限，多依赖自然力进行维续或利用[⑪]。山地居民是早期的开发使用者，包括了采集、狩猎与少量

①（宋）周去非《岭外代答》踏犁。

②（宋）周去非《岭外代答》踏犁。“其耕也，先施人工踏犂，乃以牛平之。踏犂形如匙，长六尺许，末施横木一尺余，此两手所捉处也。犂柄之中，于其左边施短柄焉，此左脚所踏处也。踏，可耕三尺，则释左脚，而以两手翻泥，谓之一进。迤逦而前，泥垄悉成行列，不异牛耕。予尝料之，踏犂五日，可当牛犂一日，又不若牛犂之深于土。”

③（明）邝露《赤雅》。

④ 同上。

⑤（宋）周去非《岭外代答》猺人。

⑥ 李炳东，弋德华．广西农业经济史稿［M］．南宁：广西人民出版社，1985，12：126-127.

⑦ 覃乃昌．壮族稻作农业史［M］．南宁：广西民族出版社，1997，4：274.“有学者认为唐代竹筒水车引入广西，而宋代地区内的水车已经甚为广泛，南宋张国安在对于这一景象曾有描写“筒车无停轮，木枧着高格，秔稻接新润，草木丐余泽”。张还欲将此传播至江南地区。明代，《天工开物》作为江南种植、制造技术的结晶，“水车”等物进行了具体描述，并作为全国水利技术支撑进行广泛普及。”

⑧ 虽然“山林地”其概念相对宽泛，但是从类型上来说多数不包括“石山”。

⑨ 何乃汉．广西史前时期农业的产生和发展初探［J］．农业考古，1985（2）：90-95，125.

⑩ 林强．广西史前生态环境［A］//广西壮族自治区博物馆．广西考古文集［M］．北京：文物出版社，2004，5：358．甑皮岩遗址中发现有，亚洲象、秀丽漓江鹿、水牛、猪、鹿 、梅花鹿、小灵猫、大灵猫、中华竹鼠、豪猪、猪猩等。

⑪（宋）范成大．桂海虞衡志・志草木．“异草瑰木，多生穷山荒野。其不中医和匠石者，人亦不采。故余所识者少，惟竹品乃多桀异，并附于录。”

的林业经济生产。从早期的记述中来看，宋代山林地区沙木[①]、零陵香[②]，应当有一定的种植生产。明代徐霞客游记中，记述了一些村庄后的山林地种植有松、杉、竹，其个人则在山中采食菌类、蕨类等。明代志书与清代志书物产[③]或周边圩集可以了解到山地居民主要以山货进行销售，这些都是依赖山林地采集获取的。清末至中华人民共和国成立后，桂林地区已经出现有规模的林场经营，专门进行山林垦殖，种植竹木、油茶、油桐、杉木等。山地居民聚居地如龙胜[④]、资源等地，各村仍保持着较高的森林立木储备。在漫长的拓展中，人们逐渐发现与利用山林地进行生产与生活支撑。山林地由早期的原始林地逐渐发展为天然林、人工林为组合的乡村生产环境。综合来说，采集、狩猎、种植是对于生物资源的综合生产活动。它们保障了乡村食物、药物、建材资源的持续供应。

塘包括了天然和人工两种形式。古人类生产活动包括原始渔猎，其中“渔”主要依赖自然的江河、湖沼。早期的人工池塘，根据资料记载进行渔业养殖的并不多。一方面，早期池塘多为水利梳理形成的陂塘；另一方面，由于早期商品经济程度有限，土地更主要的是以粮食种植为主，专营鱼类的较少。水稻田养鱼是比较多的种植渔业结合的方式，至今资源地区仍保留着这种养殖方式。根据《广西通志》记录，明代省内才有关于池塘养鱼的记录。但水生植物种植（如荷花）是比较早的，在明代徐霞客的笔下常有“荷叶田田”之叙述。“塘”作为渔业养殖的用途，在民国时期相对较多记述，并且是之后比较大力推崇的副业生产。中华人民共和国成立后，渔业生产在“文革”时期受到一定限制。改革开放后，“替田为塘”的现象逐渐蔓延[⑤]。就中华人民共和国成立后70多年的发展而言，桂林地区的淡水渔业发展迅速，池塘在规模上逐步扩张。

（二）物产与种植的变化：水稻、旱地粮食作物、麻、柑、杉木、竹的基本结构

在土地改造的基础上，植物作为重要的物资进行种植。其中，水稻、旱地粮食作物、麻、柑、杉木、竹[⑥]有着比较清晰的变迁线索。历史过程中各代的种植作物不断变

①（宋）周去非．岭外代答．四 风土门．“沙木……猺峒中尤多。劈作大板，背负以出，与省民博易。舟下广东，得息倍称。”

②（宋）周去非．岭外代答．四 风土门．“零陵香……出猺洞及静江、融州、象州。凡深山木阴沮洳之地，皆可种也。”

③ 黄昆山，等，修；康载生，等，纂．全县志（民国二十四年）［M］．台北：成文出版社，1975：社会六一：惟农工有暇从事森林如松杉桐茶之属年获厚利以赡补其不足耳。

④ 龙胜各族自治县地方志编纂委员会．龙胜各族自治县志（1988—2005）［M］．北京：中国时代经济出版社，2013．经济篇，第二章林业，第一节林业资源：3万立方米存储34村；3—5万立方米21村；5—7万立方米11村；7—9万立方米9村；9—15万立方米12村。

⑤ 桂林市地方志编委会．桂林市志（上、中、下册）［M］．北京：中华书局，1997，9．种植业志，第一章 耕地、劳力、区划，第一节 耕地：“20世纪70年代后，一些乡村将水田改挖成鱼塘，如桂林甲山乡东莲、桥头村等。”

⑥ 其中“竹”在前述章节已经提及，这里不作详述。

化，物种繁多。一般的分类包括：粮食（主要粮油、杂粮豆类）、经济作物（纤维、油、其他）、果蔬、林原等。它们在漫长的过程中，伴随着驯化育种、外来引入、种植技术、生活实用需求的变化，逐渐建构起乡村景观的演进。而上述几类作物，对应于田、地、山，组成了乡村基本物资供需的基础，其变迁影响着村庄环境形式的呈现。

水稻是桂林主要的农地种植作物。根据民族学者与考古学者的观点，水稻作为广西境内的主要食物，结合季节、旱水田类型、口感差别随时代发展逐渐拓展。广西被认为是古代稻作农业的起源地之一，考古发现有新石器时期的野生稻。根据史记对于汉代各地物产的记录，曾经记述到“……楚越之地……饭稻羹鱼……”[①]。当时桂林北部多为“楚”地，可以了解当时乡村地区以“水稻”为主要种植作物。平乐银山岭汉墓，屋屋124：9、屋53：16，屋内皆有一人持杵舂臼[②]，推测可能与舂米有关联。在宋代记述有，静江地区的屋角设有大木槽，以供舂米之用[③]。至宋代，地区内还开始推广越南占城米[④⑤]。《岭外代答》中提及“猺人耕山为生……其稻田无几……”，推测当时汉人的农地（后简称：汉地），水稻为主要作物。此外，“唯静江常平米，止支诸司人吏俸米……”可知当时汉地与政府屯储以水稻为主。至明清时期，广西地区水稻品种繁多[⑥]，水稻是地区内的主要粮食作物。至民国时期，桂林“……粮产以谷为大宗……大圩两江二区纯粹产稻……”[⑦]至中华人民共和国成立后，桂林地区更大力度推进双季稻耕作，晚稻的种植面积迅速增长。20世纪90年代，桂林分为北部双季稻、南部双季稻、单季中稻三大稻作区。由于水稻品种的改进，中华人民共和国成立后地区内的水稻产量也不断增加，但水稻种植面积有所下降。整体来说，作为桂林地区主要的农地作物，水稻自古至今有着比较稳定的发展，是区域内生产环境中的重要组成。

旱地粮食作物，对于灌溉水利有限的地区是重要的生计维续物资，尤其对于山地居民而言。芋与早期野生稻都被认为是石器时期古人类的食材。秦汉中原驻军进入桂林，

①《史记》卷一百二十九货殖列传. 第六十九. 其中，楚越之“越”非百越，为前述中的吴越。

② 广西壮族自治区文物工作队. 平乐银山岭汉墓［J］. 考古学报，1978，4：467-495.

③（宋）周去非《岭外代答》卷四，风土门. “桩堂 静江民间获禾，取禾心一茎藁，连穗收之，谓之清冷禾。屋角为大木槽，将食时，取禾桩于槽中，其声如僧寺之木鱼。女伴以意运杵成音韵，名曰桩堂。每旦及日昃，则桩堂之声，四闻可听。”

④ 李炳东，弋德华. 广西农业经济史稿［M］. 南宁：广西人民出版社，1985，12. 大事记. 宋真宗奏准劝民广植苎实行以苎麻折课桑枣、卖布给官府者免输身丁钱。越南占城米在江南、广南诸路试种。

⑤ 李炳东，弋德华. 广西农业经济史稿［M］. 南宁：广西人民出版社，1985，12：162. 由容县自宋代自越南引入的占城早熟稻种“占米”，其中学者对于占城所居之地表示可能是福建，本书对此并不作具体讨论。占米对于土地的要求并不高，耐旱耐寒，生长期短，被认为适宜山区梯田或冷水田种植，非常早就开始在地区内广泛种植。

⑥ 李炳东，弋德华. 广西农业经济史稿［M］. 南宁：广西人民出版社，1985，12. 明清时期广西境内根据部分统计已经超过249种稻米类型。

⑦ 行政院农村复兴委员会. 广西省农村调查［M］. 上海：商务印刷馆，1935，7：41-45.

"粟"被认为可能在当时引入区域内[①]。六朝时期，甘薯[②]已引入广西；根据晋嵇含撰《南方草木状》记载，当时广西地区物产包括有农作物甘薯。宋太宗端拱年间（988~989年），"诏江西、两浙、荆湘、岭南、附件，诸州长吏，劝民益种诸谷，民乏粟、黍、豆种者、于淮北州郡给之"[③]。麦、豆都是这一时期政府主要推广的。《岭外代答》中记述有靖江府一些山区民众"耕山为生，以粟、豆、芋魁充粮，其稻田无几"。清光绪年间的《临桂县志》记载，有一首民歌[④]描述了明代当地小麦登场的情境。可以看出临桂地区当时已广泛种植小麦。而入清后，桂林地区的小麦大有发展，"麦有大小二种，粤土唯桂林第一等，粤东皆仰给焉"。麦的生长，由于其自身对于气温的要求与地方气候有所关系，使得小麦在桂林地区的生长较南处为佳。而后期传播过程中，桂林作为产地又成为其他地区的传播源[⑤]。一般认为，明末清初玉米引种广西，传入后很快成为广西的主要粮食作物，改变了山地居民的种植景观。至清道光年间，对于现为灵川地区的永宁州写到"山岭之间又多种苞米。"至清中期，山地以旱禾、高粱、粟、穇、荞麦、大麦、玉米为主。[⑥]旱地作物的推广在清代广西山地开垦中起到了非常重要的推动作用。

桑麻是各地比较重要的经济作物，桂林乡村也不例外。各代的劝桑，桂林地区形成了比较稳定的桑麻种植。六朝时期，随着政府对于织造的推进，桑麻[⑦]也在本地广泛种植；而沈怀远的《南越志》记录了桂州丰水县（今荔浦）有古终藤（据考证为木本棉花），俚人以为布[⑧]。唐代桂管戍兵千人，做到"衣粮税本管自给"[⑨]其"衣"主要来自桑麻棉的生产制作。而唐时桂布闻名全国，可见当地乡里棉麻种植及纺织业的规模[⑩]。两宋时期，政府劝桑织布[⑪]。明代亦是如此，阳朔知县万异"令民垦土田，

① 蒋廷瑜. 广西汉代农业考古概述［J］. 农业考古，1981（2）：61-68.

② 杨清平. 试论六朝时期广西地区的农业［J］. 农业考古，2003（3）：96-98.《齐民要术》引《异物志》说："甘薯似芋，亦巨魁。剥去皮，肌肉正白如脂肪。南人专食，以当米谷，蒸炙皆香美，宾客酒食施设，有如果实也。"

③ 宋史《食货志》。

④ 覃乃昌. 壮族稻作农业史［M］. 南宁：广西民族出版社，1997，4：325. 清光绪三十年《临桂县志》"大麦黄、小麦黄，家家男女登麦场。老者看家壮者出，旋挑野菜煮羹汤。男女口打不辞劳，麦场堆积如陵高……"

⑤（清）谢启昆，修，胡虔，纂；广西师范大学历史系，中国历史文献研究室点校. 广西通志（全十册）［M］. 南宁：广西人民出版社，1988，9. 庆远府.
记载"麦，旧无种，康熙六十一年，郡民陈庆邦买自桂林，散布始广"。

⑥ 郑维款. 清代广西生态环境变迁研究［A］//历史·环境与边疆——2010年中国历史地理国际学术研讨会论文集［C］. 桂林：广西师范大学出版社，2012，6：257-258.

⑦ 黄金铸. 从六朝广西政区城市发展看区域开发［J］. 中南民族学院学报（哲学社会科学版），1995，6（76）93-96. 梁天监间萧勃为南定州刺史时曾"劝课农桑"。

⑧ 李炳东，弋德华. 广西农业经济史稿［M］. 南宁：广西人民出版社，1985，12. 大事记.

⑨《旧唐书》地理志。

⑩ 李炳东，弋德华. 广西农业经济史稿［M］. 南宁：广西人民出版社，1985，12.
宪宗时（公元806~820年）桂管经略使辖下的昭、桂两州以平乐产兰麻纺制的"桂布""桂管布"载誉全国。白居易为左拾遗，曾用桂管布（即棉布）和吴绵做棉衣御寒，并赋《新制布裘诗》加以赞美。开成三年（838）桂管白布畅销长安，价格暴涨。

⑪ 李炳东，弋德华. 广西农业经济史稿［M］. 南宁：广西人民出版社，1985，12. 大事记. 宋真宗奏准劝民广植苎实行以苎麻折课桑枣、卖布给官府者免输身丁钱。越南占城米在江南、广南诸路试种。

艺麻粟”。[①]根据民国时期的农村经济调研，桂林荔浦、平乐县为全省产麻最多地区[②]。中华人民共和国成立后，根据桂林市志记载，桂林曾为广西苎麻的主产区，最高产量曾占广西壮族自治区总产量的75%。20世纪90年代末，种植面积开始下降，但仍然有一定的种植分布[③]。

“柑橘”在桂林的种植与乡村形象尤为突出。最早可溯至六朝时期，当时柑橘[④]作为地区重要的经济种植形成了相当的规模。从唐代开始，韩愈[⑤]被传诵最多的是“江作青罗带，山如碧玉篸”，之后便是“户多输翠羽，家自种黄甘”的描述。可以看到山水间，当地乡村居民种植柑橘的情境。从《桂海虞衡志》《岭外代答》的文献记述中可以看到，荔枝、龙眼、馒头柑、金橘、绵李、蕉子、罗望子、馀甘子等属于地区特色物产。其中，“馒头柑，近蒂起馒头，尖者味香胜，可埒永嘉乳柑。”“金橘出管道者为天下冠，出江浙者皮甘肉酸不逮矣。”[⑥]“黄柑”这一特色物产的广泛种植，在宋词中[⑦]的记述则直接反映在乡村的实体印象中，“种黄柑千户，梅花万里”，“家种黄柑丹荔，户拾明珠翠羽”。如今的桂林地区在经济方面中，柑橘已成为最主要的对外输出水果。其中，阳朔县、全州、灌阳、恭城、荔浦、资源等地都有着广泛的柑橘种植。周边村落，土山、旱地中处处栽植柑橘，形成了有别于水稻生产的果树山林。

“杉木”（或称沙木）是桂林地区重要的建材。由于杉木抗腐和抗压性能稳定、不易虫蛀、自重较轻不易变形，广泛用于柱、檩、椽等部分。杉木是早期乡间建房，尤其是干栏居的主要用材[⑧]。此外，杉木皮会作为房屋盖面[⑨⑩]，杉木制成板后作为建筑围

① 黄体荣. 广西历史地理［M］. 南宁：广西民族出版社，1985，12：127.

② 行政院农村复兴委员会. 广西省农村调查［M］. 上海：商务印刷馆，1935，7：175.

③ 桂林市地方志编委会. 桂林市志（1991–2005）［M］. 北京：方志出版社，2010，12：886.

④ 黄金铸. 六朝岭南农业开发的综合考察［J］. 中南民族学院学报（哲学社会科学版），1999，2（97）：57–61. “梁人任日方《述异记》载：‘越多桔柚园。越人岁出桔税，谓之橙桔户，亦曰桔籍。’”

⑤（唐）韩愈《送桂州严大夫同用南字》：“苍苍森八桂，兹地在湘南。江作青罗带，山如碧玉篸。户多输翠羽，家自种黄甘。远胜登僊去，飞鸾不假骖。”

⑥（宋）范大成《桂海虞衡志》志果。

⑦（宋）刘过《沁园春》：“天下稼轩，文章有弟，看来未迟。正三齐盗起，两河民散，势倾似土，国泛如杯。猛士云飞，狂胡灰灭，机会之来人共知。何为者，望桂林西去，一骑星驰。离筵不用多悲。唤红袖佳人分藕丝。种黄柑千户，梅花万里，等闲游戏，毕竟男儿。入幕来南，筹边如北，翻覆手高来去棋。公馀且，画玉簪珠履，倩米元晖。”（宋）张孝祥. 水调歌头：“五岭皆炎热，宜人独桂林。江南驿使未到，梅蕊破春心。繁会九衢三市，缥缈层楼杰观，雪片一冬深。自是清凉国，莫遣瘴烟侵。江山好，青罗带，碧玉簪。平沙细浪欲尽，陡起忽千寻。家种黄柑丹荔，户拾明珠翠羽，箫鼓夜沉沉。莫问骖鸾事，有酒且频斟。”

⑧ 资源县志编纂委员会. 资源县志［M］. 南宁：广西人民出版社，1998，12. 社会篇，第六十章习俗时弊新风尚，第二节生活习俗：资源县盛产杉、松、竹，农村住宅大多是木房。

⑨ 灌阳县志编委办公室编. 灌阳县志［M］. 北京：新华出版社，1995，6. 第六篇社会，第五十四章习俗，第八节居住：山区的居住更为简单，用木条搭架，杉木皮和茅草盖屋。

⑩ 临桂县志编纂委员会编. 临桂县志［M］. 北京：方志出版社，1996，10. 第二节乡村建设，村庄：临桂据民国二十三年（1934年）调查……其次是泥墙、木架、顶盖竹块或杉木皮房屋。

护[①]。杉木也是山地居民棺木、桥木[②]的建材。宋代便记述了杉木这种地方特产[③]。猺人居住的山林地区，杉木作为建材使用，是当地土产[④]，并行销广东[⑤]。近代对于建筑实体的调研中，可以看到杉木在山地居民建筑中的广泛应用。仪式中，杉木也以固定的形式进行布置[⑥]（图3-4-1）。在龙胜侗族林种俗中，杉木的砍伐也有一定的仪式[⑦]。作为区域内最主要的传统建材，杉木一直保持着持续的种植，是山林地的重要栽植对象。早期自种自留的杉木，近现代逐渐发展为有规模、有组织的经济林垦殖[⑧⑨]。虽然改革开放后，杉

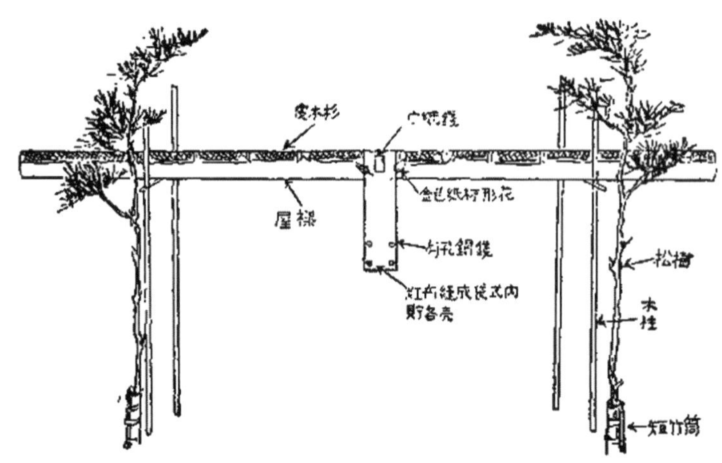

图3-4-1　猺人造屋仪式中杉木、杉木皮的使用状况

（来源：引自《两广猺山瑶族调研》第104-105页）

---

① 灌阳县志编委办公室．灌阳县志［M］．北京：新华出版社，1995，6．第二篇经济，第十九章城建环保，第四节乡村建设：（中华人民共和国成立前）大多数的房屋无墙，以杉木为柱壁，杉木皮盖面，少数人家也有砖木结构、青瓦盖面的住房。

② 龙胜县志编纂委员会．龙胜县志［M］．上海：汉语大词典出版社，1992，1．第三节生产习俗："林种俗　每年十二月，老人带儿上山种植数十株杉树，作日后新建、捐桥木和寿木用。"

③（宋）范大成《桂海虞衡志》草木志．沙木，与杉同类，尤高大。叶尖成丛，穗少，与杉异。

④（宋）周去非《岭外代答》卷一地理门．"瑶人……土产杉板。"

⑤（宋）周去非《岭外代答》卷四风土门．"沙木　沙木与杉同类，尤高大，叶尖成丛，穗小，与杉异。猺峒中尤多。劈作大板，背负以出，与省民博易。舟下广东，得息倍称。"

⑥ 庞新民．两广猺山调查［M］．上海：中华书局，1935：104-105．"猺人建筑房屋……将筑就之土墙，遮盖以稻草及杉木皮……梁上满盖杉木皮，以蔽雨水而免浸湮。""猺山各村中瓦屋甚多，余则盖杉木皮……杉树皮则剥自杉树，长约四尺许，宽则以树之大小为断。"

⑦ 龙胜县志编纂委员会．龙胜县志［M］．上海：汉语大词典出版社，1992，1．第三节生产习俗：伐木前，要带香、纸钱先祭山，启动刀斧。伐时，先去六尺杉皮，后动斧伐木。

⑧ 龙胜县志编纂委员会．龙胜县志［M］．上海：汉语大词典出版社，1992，1．经济篇，第十五章人民生活，第一节农民生活：县境农民无商品粮供应。农民年终除口粮、油外，现金分配来源靠茶油、桐油、杉松木等。

⑨ 龙胜县志编纂委员会．龙胜县志［M］．上海：汉语大词典出版社，1992，1．经济篇，第三十章林业，第二节森林资源：杉树为本县主要造林树种。1950年开始，每年造杉木林上万亩，最多达3667公顷，至1990年累计造杉木林面积7.348万公顷，平均每年1793公顷。1980年以前营造的杉木林，由于管理不善，保存率仅30%；1985年以来实行工程造林，加强了管护，保存率达85%以上。历次森林普查杉木林面积、蓄积量为：1961年面积7747公顷，蓄积量648718立方米；1971年面积19791公顷，蓄积量821382立方米；1978年面积31468公顷，蓄积量884368立方米；1989年面积31615.9公顷，蓄积量1039732立方米。

木作为主要建筑材料的地位下降，但是杉木种植在传统村庄环境营造及山地聚居地仍然是最重要的生产资源与环境组成。

除此之外，荔浦芋、沙田柚、烟草、油桐、罗汉果等都是桂林比较主要的种植作物。但是它们在时间轴上的分布比重有限，物种在桂林的引入、传播、变迁历程与前述作物的发展逻辑相近，所以在此不作详述。

整体来说，“水稻”是桂林主要的农地种植作物，伴随着小麦、红薯、玉米等作物的引入，桂林的生产景观，尤其是山林、旱地的景观出现比较明显的变化。柑橘、苎麻作为重要的经济作物，成为地区特色并影响着相关的手工制造业。此外，粮食作物作为重要的种植对象，其相关的准备、处理工作也在乡间串联起生产环境与住居环境。随着技术与人口、政策与社会经济需求的变化，“水稻”维持着自身稳定的主粮地位。但是桂林地区的种植结构中，水稻的种植比重并不稳定。由于它对水利的依赖，早期的水稻种植以汉地平原灌溉优越的区域为主。20世纪以来随着种植技术的提升、作物品种的优化与推广，水稻耕种面积逐渐下降。旱地杂粮，由于作物类型的组成丰富，对于土地的适应力强，在山地区域广泛分布。随着养殖业的发展，地区内的一些杂粮种植业也发生了拓展。苎麻与柑橘作为区域古代的主要经济作物，在当下呈现出不同的变化趋势。柑橘逐渐成为区域最重要的经济作物，种植面积、品种类型不断拓展。苎麻，由于相应的生产需求与本地纺织业的萧条，生产量消减。杉木，则由于现代建筑材料的更新，种植数量与分布亦在消减。

二、聚落环境

（一）建筑形式的变化：岩穴居、干栏居、地居的多条脉络

桂林地区的建筑形式，存在着三条主要线索：岩穴居、干栏居、地居[①]。随着历史的变化，几种形式存在着不同的形态演变。

岩穴居与干栏居是桂林最早期的住居形式。石器时期的洞穴遗址、山坡遗址，证明了两者作为不同的居住形式在新石器时期已经开始存在。

之后，岩穴居的发展线索不太连贯。远古时期穴居的考古遗址，主要为桂林沿漓江喀斯特地貌下的天然岩穴。在先秦时期的考古中，部分岩穴[②]仍然可以发现被作为墓葬使用。之后的记述比较有限，比较少提及岩穴作为居所使用。更多的六朝、唐、宋、明、清文献中，岩穴多是作为一种观赏空间使用。但从《岭外代答》来看，宋代的猺、

① “地居”，这一名词的使用主要用以区别干栏建筑，表示人居于地面的建筑形式。民国时期刘锡蕃《岭表纪蛮》中使用该词用以区分居于上层的“楼居”。此处由于“楼居”与后文地居的楼化难于区分，根据石拓《中国南方干栏及其变迁研究》一文的干栏概念，主要基于建筑底层架空，获得的离地人居建筑形式。

② 韦江．广西先秦考古述评［A］//广西壮族自治区文物工作队编．广西考古文集（第二辑）［M］．北京：科学出版社，2006：48-59.

獠等民族的居住并不稳定，存在居“穴”的线索①。关于岩穴作空间的使用，比较清晰的线索需要到明代。徐霞客在游记中提及的岩穴，一般居于村庄之后，常被用以宗教道场、防御空间或教学之地②。而在后续的志书中记载，岩穴在明代亦多作为避难之所。清代由于民间堡寨的建设，岩穴作为避难场所的功能有所减退。民国时期，岩穴被作为桂林重要的防空③配置进行使用。伴随着和平年代的到来，岩穴的避难功用被消减。当下，岩穴的利用主要以旅游开发为主。一些未作旅游开发的乡间岩洞，防御功能减退，少部分则被居士僧人作为宗教礼拜或修行空间使用。

干栏建筑最早可溯至新石器时期，至今仍然在桂林山林地区的少数民族间广泛使用。根据史记④记述，虞舜曾到过桂林北部的全州地区。这段时期大致在公元前2225～2207年。从史前考古来看，大概这段时期内桂林处于新石器中后期。其中，资源县的晓锦遗址三期大致位于此时间段。当时的居住环境被推测已经开始依靠山坡建造干栏式建筑。人们有意识地挖设灰沟进行环境干预。之后的考古发现中，东汉出土的明器有着明显的干栏建筑特点。本书的明器数据整理包括了3个陶屋（1个无法判断）、3个陶仓。其中，平乐银山汉墓陶屋，建筑有底层架空，大部分学者认为是早期干栏的形象（图3-4-2）。六朝时期，《晋书·博物志·卷三》“南越巢居、北朔穴居，避寒暑也”；《魏书·卷一百零一·列传·第八十九·獠传》记述居住的獠人，“依树积木，以居其上，名曰干兰，干兰大小随其家口之数。”其中，獠人被认为是岭南地区的居民。虽然，该记述无法定位于桂林，但“巢居”或“干栏”居，是当时中原对于南方居住环境的普遍印象。隋

干栏式，上屋下圈。上层悬山式瓦顶，十行瓦垄。正面有窗。底层有围墙，后部露天，露天处的围墙上覆瓦。通高34.5厘米、长33厘米、宽24.5厘米

图3-4-2 平乐银山汉墓陶屋

（来源：摘引自《平乐银山岭汉墓》）

①（宋）周去非《岭外代答》. 猺人“……年丰则安居巢穴，一或饥馑，则四出扰攘……”

②（明）徐弘祖，著；烟照，方岩，闫若冰，校点. 徐霞客游记［M］. 济南：山东齐鲁书社，2007，7：233. 寨山五月十五日 258：六月十一日“街北有石峰巑岏若屏，东隅有岩东向，是为社岩。外浅而不深，土人奉社神于中。”“而下洞门之南，则‘上岩村’村居萃焉。村后叠石开径，曲折而上，是为上岩‘前洞’。其门东向，‘高齐后洞肩，深折不及。’前有神庐，侧有台址。有村学究聚群蒙于台上。”

③ 根据口述调研，桂林每日在山上挂气球以示空袭情况。

④《史记》卷一五帝本纪第一：“舜年二十以孝闻，年三十尧举之，年五十摄行天子事，年五十八尧崩，年六十一代尧践帝位。践帝位三十九年，南巡狩，崩于苍梧之野。葬于江南九疑，是为零陵。葬于江南九疑，是为零陵。舜之践帝位，载天子旗，往朝父瞽叟，夔夔唯谨……”零陵被认为初治为今桂林全州境内。

唐时期原著居民通常称为俚、獠、蛮。根据史书记载①，“巢居”是当时的一种典型建筑形态，一般居于“崖处”。宋代对于土著或迁徙的少数民族居民居住环境有着更细致的描写。他们主要以“巢居”“干栏”“麻栏”为居所。一般分为上、下两个部分。“上以自处，下居鸡豚”②③。有的家中设有土窖，储藏一些家当④。建筑位置，居于崖处⑤或者依树⑥营造。其中“干栏”建筑的规模，根据人口数量可以进行大小变化⑦。猺、獠等人的居住并不稳定，居巢穴，或“四出扰攘”⑧⑨。至明代，岭南地区的非汉民族包括獞（大良）、獠（狪）、猺、狑、犵、苗。从文献中可以了解到，獞人在当时的居住环境是比较稳定的。獞人居麻栏子，在住居变动上出现有“子（一本无“下”字）长娶妇，别栏而居”。獠人“深山穷谷，积木以居，名曰干栏。”当地营有“罗汉楼”，“以大（一本作‘巨’）木一株，埋地作独脚楼，高百尺，烧五色瓦覆之，望之若锦鳞矣（一本作‘然’）。”至清代，非汉地居民包括有獠、獞、蛮、仡佬、苗、猺等。文献中“蛮多负山而居，或围竹为村，或依树为社”⑩。建筑的营造，以“栏”（干栏⑪、麻栏、栏⑫⑬）、

---

①《隋书》卷三十一志，第二十六：其俚人则质直尚信，诸蛮则勇敢自立，皆重贿轻死，唯富为雄。巢居崖处，尽力农事。刻木以为符契，言誓则至死不改。《初学记·卷八·州郡部·岭南道第十一》巢居椎紒（广志云珠崖人皆巢居）。

②（宋）周去非《岭外代答》卷十蛮俗：蛮夷…民编竹苫茅为两重，上以自处，下居鸡豚，谓之麻栏，生理苟简。冬编鹅毛木棉，夏缉蕉竹、麻纻为衣。抟饭掬水以食。家具藏土窖，以备寇掠。土产生金、铜、铅、绿、丹砂、翠羽、峒緂、练布、八角茴香、草果、诸药，各遂其利，不困乏。

③（宋）周去非《岭外代答》卷四巢居：深广之民，结栅以居，上设茅屋，下豢牛豕栅，上编竹为栈，不施椅桌床榻，唯有一牛皮为裀席，寝食于斯。牛豕之秽，升闻于栈罅之间，不可向迩，彼皆习惯，莫之闻也。考其所以然，盖地多虎狼，不如是，则人畜皆不得无，乃上古巢居之意欤。

④（宋）周去非《岭外代答》卷十蛮俗：蛮夷…民编竹苫茅为两重，上以自处，下居鸡豚，谓之麻栏，生理苟简。冬编鹅毛木棉，夏缉蕉竹、麻纻为衣。抟饭掬水以食。家具藏土窖，以备寇掠。土产生金、铜、铅、绿、丹砂、翠羽、峒緂、练布、八角茴香、草果、诸药，各遂其利，不困乏。

⑤（宋）王象之《舆地纪胜》卷第一百十五：巢居崖处，尽力农事，百粤之地风气之殊着自古昔。

⑥（宋）乐史《太平寰宇记》卷一百七十八·四夷七南蛮三·獠：依树积木，以居其上，名曰干栏，干栏大小，随其家口之数。

⑦（宋）乐史《太平寰宇记》卷一百七十八·四夷七南蛮三·獠：依树积木，以居其上，名曰干栏，干栏大小，随其家口之数。

⑧（宋）周去非《岭外代答》：猺人“……年丰则安居巢穴，一或饥馑，则四出扰攘……”

⑨（宋）范大成《桂海虞衡志》：獠……依山林而居，无酋长、版籍，蛮之荒忽无常者也……

⑩（清）谢启昆，修；胡虔，纂；广西师范大学历史系，中国历史文献研究室点校. 广西通志（全十册）[M]. 南宁：广西人民出版社，1988，9. 卷九十二：蛮多负山而居，或围竹为村，或依树为社，结茅筑垣，架板成楼，上牺人，下畜兽，谓之麻栏，亦称栏房。男女老幼聚处一栏，子娶则别栏以居。《峒溪纤志》獞人之室，缉茅衡板，下畜生羊，谓之麻栏。

⑪（清）檀萃《说蛮》：獠俗略同獞而嗜杀尤甚，居无酋长，深山穷谷积木以居，名曰干栏。

⑫（清）谢启昆，修；胡虔，纂；广西师范大学历史系，中国历史文献研究室点校. 广西通志（全十册）[M]. 南宁：广西人民出版社，1988，9. 卷四百六十三：獞……居室无问贫富，俱喜架楼，名之曰栏，上人下畜。

⑬（清）贝清荞. 苗俗记：女子年十三四，构竹楼野外处之，苗童聚歌其上，情稔则合。黑苗谓之马郎房，壮人谓之麻栏，獠人谓之干栏。

"栅"[①]、"茅屋"为居所，"罗汉楼"[②]为标志物。这些建筑"栏"在特征上仍然保持着"去地数尺""上人下畜"的竖向划分特征。至民国到中华人民共和国成立后，对于当时住居环境的记述中，干栏建筑仍然是桂林一种重要的建筑形式。干栏建筑的基本形制为面阔三开间，进深五柱；横向拓展为五至七间，或辅以偏厦形；进深则结合望楼形成拓展；前、左、右会结合晒排布置。根据《龙胜县志》记载，1980年前，龙胜地区民族乡，全为木楼建筑，寨内外铺青石板路[③]。当下，桂林地区干栏民居的营造仍在继续，并在一定范域内代表了地方特有的建筑文化，如桂林北部的瑶少、壮少、侗少等民族村寨中。

除却岩穴居、底层架空的竹木构干栏居，地居也是桂林自古以来的重要建筑形态。至今，地居已是桂林乡村地区最主要的建筑形式。

关于桂林地居的起源并不多。相关的线索可以从两个方面展开，一是早期中原高台建筑营造；二是东汉出土的明器形象。前者根据相关的秦汉遗址或文献可以了解到，中原系统的筑城（堡）技术在当时被带入桂林。通济城与七里圩王城是最重要的考古遗址。它们分别是汉初南越国时的军事城堡——越城和汉武帝平南越后所设的始安县城址。其中，七里圩王城发现5处夯土建筑基址，通济城也发现可能的夯土台基。[④]而在桂林出土的东汉明器，可以发现非架空的地居，如平乐银山屋；重楼如平乐银山屋。陶屋，都带有院，为猪的圈养处（图3-4-3）。虽然这些建筑与乡村地区住居的关联性有待商榷，但是可以了解到干栏居外，这种直接与地坪联系、人们居住在地面层的建筑已经在秦汉时期出现在桂林。六朝至隋唐时期关于当时的此类记述比较有限。但由于桂林北部全州地区属湘州，且六朝时期桂林已经逐渐进入中央政权控制区，中原的住居形式"地居"在唐宋时期应有一定的分布，尤其在政治力量较为集中的地区。宋代根据文献记载[⑤]，小民的房屋"垒土墼

图3-4-3 平乐银山汉墓出土陶屋
（来源：摘引自《平乐银山汉墓》）

① （清）陆次云《峒溪纤志》：犵狫谓席地而居则近鬼矣，为屋宇必去地数尺，架以巨木，覆以杉叶，有如羊栅，故名羊牺。

② （清）檀萃《说蛮》：以大木一株做独角楼，高百尺，五色瓦覆之，烂者若锦鳞，歌饮夜归，缘宿其上，曰罗汉楼。
（清）闵叙《粤述》：大木一枝，埋地作独角楼，高数丈，上覆瓦铺板，男歌唱者，夜则缘宿其上，谓之罗汉楼。

③ 龙胜县志编纂委员会. 龙胜县志［M］. 上海：汉语大词典出版社，1992，1. 经济编，第八章城建，第一节 城乡建设 乡镇。

④ 李珍. 兴安秦城城址的考古发现与研究［A］//广西壮族自治区博物馆. 广西考古文集［M］. 北京：文物出版社，2004，5：331. "台基均呈多边形，面积约在1000平方米以上，其中中部的一处最大，东西最长94米、南北最宽52.5米，面积约4800平方米。台基保存的夯土厚度都在1米以上。……通济城……城内地势平坦，东南、中部和东北可见三处较高的台地，也可能为夯土台基。"

⑤ （宋）周去非《岭外代答》卷四风土门："屋室 广西诸郡富家大室覆之以瓦，不施栈板，唯敷瓦于椽间。仰视其瓦，徒取其不藏鼠，日光穿漏。不以为厌也。小民垒土墼为墙而架宇其上，全不施柱。或以竹仰覆为瓦，或但织竹笆两重，任其漏滴。广中居民，四壁不加涂泥，夜间焚膏，其光四出于外，故有'一家点火十家光'之讥。原其所以然，盖其地暖，利在通风，不利堙窒也。未尝见其茅屋，然则广人，虽于茅亦以为劳事。"

为墙而架宇其上，全不施柱”。从中可知当时的一种地居形式，以夯土作为围护承重，上覆屋顶。虽然，这一时期桂林“地居”的文献记载数量有限。但从汉人视干栏建筑为本土特色，可以推断汉居建筑应与干栏存在着形式上的差异。明清时期，地居形象可结合现存的历史村落建筑遗存更形象地了解，如阳朔龙潭村、木山村、朗梓村、渔村、留公村；临桂南边村；兴安水源头村、榜上村；灌阳月岭村；灵川江头村、长岗岭村；全州沛田村；永福崇山村、木村屯、马安村；荔浦小青山；恭城朗山村等。这些村庄建筑比较清晰地反映了桂林地居建筑形式及群体组合在乡间的使用。建筑以三开间平房为主单元，组合其他单元，如厢房、横屋、倒座、披屋、围墙。部分人家会增设水池花台、戏台等。民国时期桂林乡村地区的建筑营造，大部分以地居形式进行。根据1936年《广西年鉴》统计，建筑屋顶多为瓦，墙体则以泥墙为主。南部广东商人以及个别传教士、先进官员的影响带动下，乡村地居建筑在形式上也会引入西洋风格。但至改革开放初期，桂林平原及大部分的丘陵地区，乡村建筑仍然以传统地居形式进行建造。各县都是以三开间为基本平面形制。其中，这种平面布置，在称谓上包括了“一明两暗”（兴安）、“三大空”（灵川、阳朔）、“三空头”（荔浦）、“三大间”（恭城）、“四排三空”（资源、永福）等地方俗称。荔浦地区，这种典型平面据测量多数为纵深9米，宽11.5米，建筑面积103.5平方米①。在近三十年间，桂林乡村这种最基本的建筑形式，在建筑形象与空间形式上都发生了比较大的变化。“楼化”地居，已成为现有乡村建筑形式的重要呈现。

除却上述三种建筑形式，桂林地区曾经的水上居民也以渔舟形式作为居所，游居于江河中。另外，根据民国时期的记述，A字棚是桂北猺人的居住形态，上锐下阔如A字，汉人称之为“厂”。② 但这些建筑形式在既有的文献与实存上已经比较少有线索，随着中华人民共和国成立后政府对于人民居住生活的改造，这些建筑形式已经罕迹③。

综合来讲，三种主要住居形式的变迁，一方面，表明了乡村住居环境演变的一般规律：乡村地区存在着几种不同的住居形式，在时代变迁中随着居住者的营造使用形成一定的消涨，相互转换形成对于区域聚居环境的整体支撑。另一方面，反映的是桂林地区建筑环境的演变节奏。其中，穴居作为桂林早期的原始住居，来自于自然环境特有的岩穴资源。伴随着住居营造的提升，穴居主要作为当地居民临时住居或避难场所，宗教用途及风景游赏。而干栏建筑主要分布在山地环境为主的原住民或少数民族聚居地。对于

① 荔浦县地方志编纂委员会. 荔浦县志［M］. 北京：生活·读书·新知三联书店，1996：第四节 建筑 手工艺.

② 刘锡蕃. 岭表纪蛮［M］. 北京：商务印书馆，1935：47-49.

③ 陈杏梅. 桂北船上人同姓婚姻习俗的考察研究——以漓江流域黄氏客家为个案［D］. 桂林：广西师范大学，2008：根据论文内容，可以了解到桂林地区仍留有少数水上居民。
根据《荔浦县志》《恭城县志》记载，20世纪80年代，瑶族居住区仍然存在一些人字架住房。
荔浦县地方志编纂委员会. 荔浦县志［M］. 北京：生活·读书·新知三联书店，1996.
恭城瑶族自治县地方志编纂委员会. 恭城县志［M］. 南宁：广西人民出版社，1992.

自然地形与资源利用有着较高的适应力，延续时间长。现有的干栏建筑，形式与技艺的成熟使得桂林山林地区村落仍保留有丰富而精美的村寨环境。地居是桂林地区现有最为普遍的建筑形式。它的历史演变，伴随着“汉”居与“平原”两个关键词进行。“地居”形式的分布区域不断扩展，至明清时期亦开始为部分少数民族使用。经过漫长的历史演变，干栏与地居建筑在清末形成了成熟的空间拓展逻辑。民国以后，早期相对低矮的平房，开始“楼化”，在改革开放后成为最主要的住居形式发展趋向。

（二）材料与营建的变化：竹木、土、石、砖的多样呈现

桂林乡村地区的建筑材料及相关技艺，也与建筑形式同样有着多条线索，竹木、土、石、砖是其中最重要的四种。

桂林地区早期的建筑材料使用及相关技艺是在自然环境资源基础上展开的。“竹木”，指的是用于房屋营造的竹、木建材，它们在植物种类上有着更多样的类型，如毛竹、筒竹、楠竹、杉木等。它们是桂林地区比较多的建材资源。从新石器时期的遗址，考古学者推断古人类已开始使用干栏建筑。柱洞是木构支撑留下的痕迹[①]。从秦汉时期的文献，“荆州兵朱盖等叛，……转攻零陵，太守下邳陈球固守拒之。零陵下湿，编木为城，郡中惶恐……”[②]记载，可以看到当时桂林特有的竹木及相应的编造工艺已相当成熟。在突发的一些军事活动中，“编木”成为临时应变的筑城围护。东汉的明器中，可以比较清楚地看到木构梁架的形象。如平乐银山屋；平乐银山屋；兴安石马仓。山墙上勾绘的一些木构形式，可以了解“木”在当时作为梁架的使用。汉代《竹谱》《急就篇》都有提及广西当地用竹子做房屋的事实。“以竹木簟席，苫泥深之，则为（竹屯）”。六朝时期《魏书·卷一百零一·列传·第八十九·獠传》记述居住的獠人，“依树积木”。而唐昭宗时（公元889～904年）刘询撰《岭表录异》，记载岭南动植物资源。其中，“筀摩笋……桂广皆殖，大若茶碗，竹厚而空小。一夫止擎一竿，堪为茆屋椽梁柱。”可以了解到当地竹木在建筑营造中的应用，而巨大如碗的“筀摩笋”是其中的一种。宋代对于相关记述可以了解到，不论是原住民、少数民族还是汉地居民，竹木都是主要的建材，这包括了“竹”“沙木”[③]“茅”。少数民族的营造，主要通过“编”（竹）“苫”（茅）[④]“结”（栅）“积”（木）[⑤]展开。

---

① 广西壮族自治区文物工作队资源县文物管理所. 广西资源县晓锦新石器时代遗址发掘简报考古［J］. 2004（3）：7–30.

②（宋）司马光《资治通鉴》卷第五十五：其中零陵郡，武帝置。宋白曰：郡古理在今全州清湘县南七十八里，古城存焉。

③（宋）范大成《桂海虞衡志》志草木：“沙木，与杉同类，尤高大。叶尖成丛，穗少，与杉异。”

④（宋）周去非《岭外代答》卷四. 巢居：深广之民，结栅以居，上设茅屋，下豢牛豕栅，上编竹为栈，不施椅桌床榻，唯有一牛皮为裀席，寝食于斯。牛豕之秽，升闻于栈罅之间，不可向迩，彼皆习惯，莫之闻也。考其所以然，盖地多虎狼，不如是，则人畜皆不得无，乃上古巢居之意欤。

⑤（宋）乐史《太平寰宇记》卷一百七十八，四夷七南蛮三：獠，依树积木，以居其上，名曰干栏，干栏大小，随其家口之数。

而汉地居民，如“小民之家”，“或以竹仰覆为瓦，或但织竹笆两重，任其漏滴。”[①]明代，獞人的麻栏子“缉茅索绹，伐木驾（架）楹”[②]，“居室茅缉而不涂衡板为阁”[③]。獠人“积木以居”当地营有“罗汉楼”，“……以大（一本作‘巨’）木一株……”。现存的明清桂林乡村住居中，木为主要的梁架材料。清代山地居民的房屋，营建包括“结茅筑垣”“架板成楼”“积木以居”“构竹楼”“架以巨木”，屋顶则“覆以杉叶”。民国时期，其他建材已经在工艺上比较成熟，但竹木仍然被延续使用着。1940年《平乐县志》记载，“在贫家木柱板壁及编竹为篱覆盖茅草或杉皮以蔽风雨于乡村中多有之”[④]，山地居民地区则更是如此，屋顶也多以稻草、茅草、杉木皮、竹片覆盖。中华人民共和国成立后，少数民族地区仍保留着这种竹木材料的使用。一般采用杉木作为材料，以穿斗桁架为内部结构支撑。20世纪90年代前，桂林地区的传统形制的地居建筑仍使用木材。1990年后，桂林地区以山地居民为主沿用杉木建房，竹的使用已较为少见。

土在建筑环境中，主要包括了地坪处理、围护两个层面。前者是大部分建筑都会涉及的土作内容。后者相关桂林的夯土或土坯砖早期线索比较少。其中，从先秦时期桂林的墓葬土坑墓存在夯打、少数铺有白膏泥或炭末、河卵石[⑤]。桂林秦汉城址的考古，城墙与台基中使用有夯土技术[⑥⑦]。之后，土及其夯土技术也广泛使用于元明代之前的城池防御建设。民居中的使用比较早记述，以宋代周去非提及的小民房屋“垒土墼为墙而架宇其上……”为起点。明清时期，桂林仍保留有大量建筑遗存，其中土坯砖的建筑仍有相当的数量。至民国时期，根据1936年《广西年鉴》统计，桂林农村住居墙体以泥墙为主。中华人民共和国成立后，地居建筑中多使用土砖或夯土工艺。1980年前，永福、平乐、荔浦地区仍然有比较多的民居是以土墙为围护。截至1990年，伴随着耕地保护政策，夯土或土坯建筑的营造已比较少见。另外，桂林地区的乡民也将土泥与竹木结合起

① （宋）周去非《岭外代答》卷四风土门：“屋室 广西诸郡富家大室覆之以瓦，不施栈板，唯敷瓦于椽间。仰视其瓦，徒取其不藏鼠，日光穿漏。不以为厌也。小民垒土墼为墙而架宇其上，全不施柱。或以竹仰覆为瓦，或但织竹笆两重，任其漏滴。广中居民，四壁不加涂泥，夜间焚膏，其光四出于外，故有‘一家点火十家光’之讥。原其所以然，盖其地暖，利在通风，不利堙室也。未尝见其茅屋，然则广人，虽于茅亦以为劳事。”

② （明）邝露《赤雅》卷上：“獞丁……”

③ （明）彭泽修，等. 民国方志选（六、七）：广西通志（明万历二十七年刊印）[M]. 台北：台湾学生书局，1986：卷三十三，一：673-674.

④ 黄旭初，监修；张智林，纂. 平乐县志（民国二十九年）[M]. 台北：成文出版社，1967：83.

⑤ 韦江. 广西先秦考古述评［A］//广西壮族自治区文物工作队编. 广西考古文集（第二辑）[M]. 北京：科学出版社，2006：48-59.

⑥ 广西壮族自治区文物工作队，兴安县博物馆. 广西兴安县秦城遗址七里圩王城城址的勘探与发掘[J]. 考古，1998（11）：34-47. “……第7层：黄褐色夯土。土质坚硬，无包含物。厚90～130厘米。其下为生土。……建筑遗迹发现不多，J3和J4上分别发现两处建筑地基。地基为黄褐土夯成，坚硬结实，夯窝细密，夯层厚6～10厘米……”

⑦ 李珍. 兴安秦城城址的考古发现与研究［A］//广西壮族自治区博物馆. 广西考古文集[M]. 北京：文物出版社，2004，5：332. “面积较小的王城……从发掘的情况来看，城墙是用黄褐色土夯筑而成，剖面呈梯形，墙体外侧较陡直，内侧相对较平缓。其建造方法是先在地面上挖一条宽约8.6米、深0.2米的基槽并填以黑色黏土，然后采用板筑法用泥土层层夯筑，夯层不太明显。在墙体内侧壁的下部穷土中，有用扁平或扁圆形河卵石成排堆砌成的石墙，宽 30～50厘米、厚约40厘米。”

来进行围护结构的营造。民国时期，如瑶族建筑“以玉蜀黍杆为墙，茅草作瓦或编竹为篱，以泥涂之上覆以木皮”[①]《岭表纪蛮》亦有记述“常居”的一种形式是以编竹或槿或木为垣，涂以泥土。1990年后，桂林地区乡村住居已经比较少使用土泥建房。

石是传统建筑中使用较多的材料，桂林地区由于石料资源比较丰富，石在建筑中的使用与延续也比较久。比较成熟的石作技艺，可以从六朝时期的墓葬中进行了解。石室墓是这一时期桂东北地区比较有特点的墓葬形式，桂林南部的荔浦笔村东汉墓[②]、阳朔县高田镇古墓葬[③]有石墓室和砖石墓室。在后续的文献中，这种石作技艺或建筑比较少提及。石主要结合其他材料作为地基、柱础使用。但从明末至清，乡间无论是山地居民还是平原居民，都为村寨营造防御工事。这些寨墙、寨堡都用石材修筑。根据中华人民共和国成立后的调研，桂林北部或山林地区，石墙是一种传统材料与营造技艺的保留，并在这一时期的新建筑中得以保留。如传统建筑中，兴安一带的富庶人家墙体也会使用卵石砌筑[④]；龙胜侗族大村寨建有护寨墙，用石片或卵石叠砌，中灌石、泥夯实，火枪难穿[⑤]。而阳朔境内的石头城[⑥]便是以全石为砌体营造的山寨，历史可溯至明清。在红砖普及之前，石与土坯都是乡间重要的砌体材料。乡间的大部分围护多以垒石而成。1990年前的一些新建房屋也会以石为砌块进行墙体营造。此外，除去桂林地区比较常见的石灰石外，鹅卵石在灌阳地区有着比较特殊的做法。此外，它们也作为夯土墙的骨料使用。

砖瓦，是桂林乡村住居营造中比较重要的建材。它伴随着中原移民进入桂林，在明清普及后成为区域内重要的建筑材料。砖瓦，最早的线索可以溯至秦汉时期。从秦汉城址中，已经发掘出陶瓦、铺地砖等[⑦]。此外，桂林出土的汉墓陶屋屋顶形式包括双坡悬山、四坡顶、单坡，其中瓦的使用可以清晰辨识。大约同一时期，桂林现存的汉代砖室墓，也以红砖、青砖为砌体材料。从墓室构造、砖的铺砌方式来看，汉代制砖与营造工艺已经有了一定基础。之后的六朝砖墓室则主要以青砖进行营造。然而，早期的砖、瓦工艺及使用，以中原军事驻地或富豪庄园、墓室为主。瓦在桂林的普及需要溯至宋

① 黄昆山，等，修；康载生，等，纂．全县志（民国二十四年）[M]．台北：成文出版有限公司，1975：176.

② 荔浦笔村一座东汉墓葬的清理 广西文物考古研究所 广西文物考古研究所 广西考古文集（4）：255-257.

③ 2005年阳朔县高田镇古墓葬发掘报告//广西文物考古研究所，桂林市文物工作队，阳朔县文物管理所，广西考古文集[M]：132-225.

④《兴安县志》第四篇经济，第三十六章城乡建设，第三节乡村建设，农村建设：“富裕人家，在开间三柱或五柱式的基础上有改变，第一种是在三柱或五柱式房前砌照墙，两山墙用青砖或卵石砌围，形成房前小院，小院左右墙设小门出入；在小院内设天井，小院前面和两侧设披房……”

⑤《龙胜各族自治县志》经济篇，第八章城建，第二节管理，建筑技术.

⑥ 这包括了阳朔县葡萄乡的小耀门村、石头寨、小冲崴村等。

⑦ 李珍．兴安秦城城址的考古发现与研究[Z]//广西考古文集01：332．面积较小的王城……建筑材料有陶板、筒瓦，铺地砖、瓦当和水管，铁制的扁条形、圆锥形的钉类等建筑构件。

代，根据文献推断[1]，桂林地区宋初民用建筑才开始比较广泛地使用陶瓦盖顶。但根据周去非[2]的记述，当时南宋时期地区内的民居中陶瓦还并不普遍。富庶人家的“大室”会覆瓦，但铺设瓦面的相对比较简单。“不施栈板，唯敷瓦于椽间。仰视其瓦，徒取其不藏鼠，日光穿漏。”而明代的獠人村寨中，可以发现瓦已经开始使用。獠人营有“罗汉楼”，“以大（一本作‘巨’）木一株，埋地作独脚楼，高百尺，烧五色瓦覆之，望之若锦鳞矣（一本作‘然’）。”[3]砖在桂林的普及也比较晚。从之前对于竹木、土作的应用情况来看，砖从明代开始在乡间民居推广使用。至清代，青砖在桂林乡村地区已有一定的使用。近代以来，青砖仍是桂林乡建的重要建材，从这一时期兴建的名仕豪绅的宅地可以看到它们的应用。民国的调研，砖墙建筑在乡间占的比例不及10%（图3-4-4、图3-4-5），从中可以了解到当时桂林地区青砖仍然比较有限，主要为富庶人家使用。对于既有的传统民居调研，桂林当地的墙体也多以青砖包泥砖的方式进行建造。稍贫困

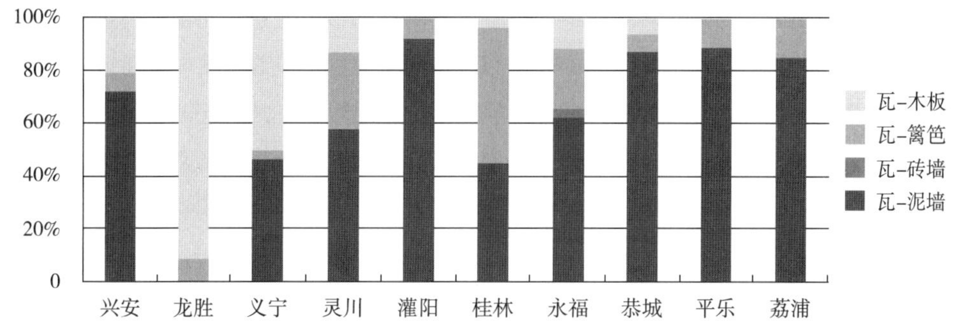

图3-4-4　1934年桂林部分地区农民住宅状况（瓦顶宅宇）

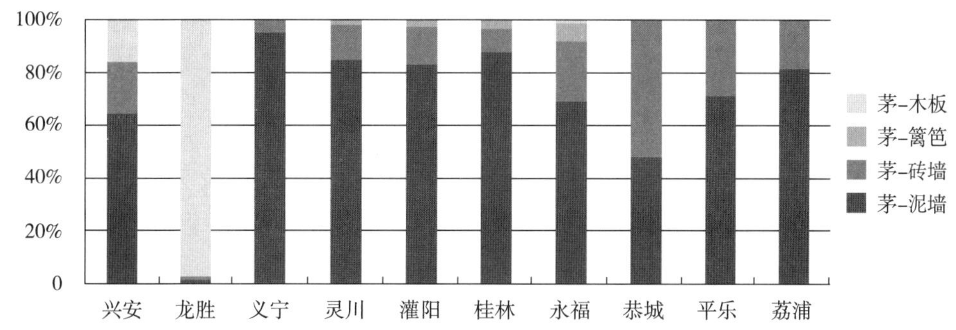

图3-4-5　1934年桂林部分地区农民住宅状况（茅顶宅宇）
（来源：整理自，广西省统计局. 广西年鉴［Z］. 上海：上海良友图书公司，1936：97-298.）

①《桂林通志》大事记：北宋咸平元年（998年）知桂州曹克明教州人烧陶瓦盖屋。

②（宋）周去非《岭外代答》卷四风土门：“屋室　广西诸郡富家大室覆之以瓦，不施栈板，唯敷瓦于椽间。仰视其瓦，徒取其不藏鼠，日光穿漏。不以为厌也。小民垒土墼为墙而架宇其上，全不施柱。或以竹仰覆为瓦，或但织竹笆两重，任其漏滴。广中居民，四壁不加涂泥，夜间焚膏，其光四出于外，故有‘一家点火十家光’之讥。原其所以然，盖其地暖，利在通风，不利堙室也。未尝见其茅屋，然则广人，虽于茅亦以为劳事。”

③（明）邝露《赤雅》卷上：“獠人”。

的住户则主要在墙体转角、底部及封火墙上部使用。至1970年后期，乡间住居营造开始使用红砖作为砌体材料。20世纪90年代后，红砖代替青砖、泥砖成为乡村住居营建的主要材料。2007年后，空心砖等新型砌块也开始在乡间推广。瓦的使用，在桂林乡村仍然有着广泛的使用。整体而言，桂林地区砖的使用推广较晚、使用范围存在一定局限，但改革开放后已成为乡间最主要的建筑材料。

除去上面说的四种，桂林地区的建筑材料还包括茅草、水泥、钢筋等材料。但在变迁过程上线索比较模糊或时间短，所以此章不作详述。

整体而言，桂林地区的建筑材料变迁是在自然环境资源的利用基础上展开的。纵观历史，几种材料并行发展。随着技术推进与资源限制，材料的使用情况随之变化。这是一般区域建材的变化规律。而建筑材料在具体时间轴与空间上的分布则反映了桂林地区的一些特殊性。其中，竹木、土、石是21世纪之前桂林乡间最主要的建筑材料，使用范围广。竹木材料与建筑形式（干栏居、地居）结合，形成有比较灵活的构造呈现。它们在不同的地形、不同的建筑构件中都有着比较多样的应用。1990年前，竹木都保持着比较连续的使用。近二三十年，竹木的使用逐渐缩小为少数民族地区。夯土或土坯的使用，主要以地居建筑的应用为主，在时间的延续上相对较长。20世纪90年代后由于资源限制，使用减少。石材在桂林各地皆有使用，多会与地基结合，在局部地区作为主要砌体。石材在时间轴上的延续度长。现有建筑中，石材主要作为辅助用材。砖在桂林地区的技术传入较早、技术普及较晚，早期的使用范围比较有限。相对而言，陶瓦工艺的技术普及更早，使用范围更广。现有的乡村建筑中，瓦的使用范围有所消减，砖则作为主要建筑材料被广泛使用。

第五节

桂林地区乡村景观现状形态中的历史信息

结合桂林地区乡村景观的形态演变进行总结（表3-5-1），这里对现状村庄环境形态的历史信息进行分析，对桂林地区乡村景观中山水为主的自然环境、田园为主的生产环境以及建筑为主的聚落环境进行空间结构与形态变化方式的剖析。

从桂林地区乡村整体的聚居环境来说，既有的乡村聚居格局在人口密度、村庄分布与农业土地比重的综合下，呈现出四个分区：临桂—阳朔—荔浦—平乐中南部组团；全州—灌阳东北部组团；龙胜—资源—永福西部组团；兴安—灵川—恭城中部山地组团。这些地区既有的内部开发程度，是基于历史过程中土地开发的积累程度与现有的开发重点形成的。其中，全州—灌阳东北部组团历史开发比较早，开发积累的时间比较长。临

桂林地区乡村环境的形态演变 表3-5-1

时间	区域乡村的范围区域		村庄环境形态				
			生产环境		聚落环境		其他
	可考区域	开发状况	规模形式	作物、技术	形式	材料、技术	生态风景
先秦	湘漓沿线；灵川、平乐、恭城、资源各地考古遗址	桂林市北部、东南部形成有不同居住特点；沿江及接楚地的东部地区开发较早	围绕居住点的原始渔猎与原始农业生产	以水稻、芋类为主；原始渔猎采集；原始农耕；原始驯养；纺织、制陶、冶炼	半坡木构建筑；岩洞葬、土坑葬	夯土、白膏泥、卵石、竹木营造	
秦汉	湘漓沿线；兴安、临桂、阳朔高田、平乐、永福各地考古遗址；史书涉及宏观区域居住状况	兴安作为重要节点，湘江与漓江流域的差异；江河平原地区与山林地区伴随着汉、越环境建设差异形成分化	中原开垦在军事据点周边拓展；土著居民据点	中原小麦被认为引入；中原农业技术的输入与水利改造；荆越地区的火耕水耨；原始渔猎；饲养	明器中显现出木构建筑（双坡、四坡，悬山、干栏），井亭、灶；墓葬有土坑葬、砖室葬	北部汉地建筑营造的进入：夯土、卵石、砖（红、青砖）、瓦。越人的木构营造	
六朝	全州、兴安、灵川、临桂、平乐等地沿湘漓流域；恭城地区各地考古遗址；史书涉及宏观区域居住状况	开发由兴安向中南片区拓展；江河平原地区与山林地区、桂林东部与西部地区进一步分化；庄园城堡、圩场有了大力发展，聚居类型进一步分化	庄园经济的土地拓展；汉地铸造业的开发	以水稻、麦为主；海外作物的引进如甘薯等；推广桑麻、柑橘；还有甘蔗、瓜果、蔬菜、药材等作物种植	越人巢居（干栏）；汉地屋宇营造；明器发现有仓、禽舍、灶、井亭；墓室还发现有石室墓	周边地区营造的进入；木构、砖造、石砌工艺的并行	风景诵咏
隋唐	沿江河平原地区考古遗址；史书、诗歌等文学作品主要涉及汉民居住地周边聚居环境；宏观的土著聚居环境	以桂林（临桂）为中心，进一步沿流域拓展土地开发；羁縻政策下，土著居民与中原居民进行有限交流；周边区域苗瑶民族迁徙进入桂林山区定居开拓	驻军据点屯田对土地开垦的拓展；其他汉地居民点农业生产的拓展	屯田开荒；开凿运河、兴修水利；棉麻、柑橘、榕树、竹木	中原地区军事大举营建城池防御工事、中原驻军村落；越人俚、獠、蛮"巢居""崖处"；渔舟	竹木营造（竹：筝摩竹）；夯土；传授平民制砖瓦	风景营造；诗歌诵咏
五代十国宋	沿江河平原地区考古遗址；史书、笔记、诗歌等文学作品涉及不同民族的居住环境概况	桂林中南部得到进一步开发；山地居民与平原居民在居住环境及民族上有了进一步分化；民族交流得到一定拓展，主流文化对于原住居民认知不断深入	梯田在山林地区广泛扩展；城镇周边乡村地区的产业转变	农师指导技艺；农具牲畜推广；新米种的引入；经济作物馒头柑、金橘、荔枝、修仁茶、龙眼、棉李等的生产；山地居民采集业、耕山为主；手工业的拓展，如窑、冶炼	汉民陶瓦木构房屋，小民以竹瓦、编竹或垒土为墙，设春堂；巢居、干栏、麻栏，上以自处、下居鸡豚，设有土窖、居于崖处，可根据人口进行大小变化；穴居	材料包括竹、沙木、茅，编竹、苫茅、结棚、积木；陶瓦、竹瓦、滑石	风景诵咏、风景营建
元明	散布的古村落遗存；史书、游记等文献中对于沿江河平原汉民居住地有所描述	聚居地集中在中、北部，区域开发南移；汉、回居民以交通、河流、要塞周边分布为主；山地居民向平原区域拓展	驻军周边土地开垦得到拓展；汉地得到扩大；山地生产得到提升	新物种的引入，改变山林片区种植结构为"水稻、玉米、番薯"；平原地区以水稻小麦粮食作物为主，平坦地种植蔬果	汉地民居砖墙或土墙，祠堂、大型宅院；山岭多寺、庵、观等宗教建筑；非汉族居"麻栏子""寮""干栏"，罗汉楼；岩穴	材料包括木、竹、砖、土等	风景诵咏 风景营造 文人风景观光
清至1840年	各地古村遗存；史、志书涉及各县区	汉聚居地分布比较均衡，山地聚居地规模有限；汉居村寨比例不断增长	生产规模在平原、山地继续拓展；采矿业在东部较大推进	农技提升、陂塘等灌溉水利大力建设；山区苞米广泛种植；粮食作物与特色经济作物进一步拓展	汉地居民以地居为主，祠堂、大型宅院；非汉族"栏""棚""茅屋"等，"栏"上人下畜；罗汉楼；防御建设	材料包括木、竹、砖、土、石等	风景诵咏 风景营造 文人风景观光
清末——至今	各地村庄；史、志书涉及各县区；统计资料近20年资料	各地聚居分布比较均衡；乡村范域在城镇建设下有所缩减；公共设施包括道路、通信、教育建设的网络建设	生产规模在山地继续拓展；采矿业在东区与沿水区域小规模推进	农技提升、水利等灌溉大力建造；山中粮食作物的新品种引进；专业化的农作生产	靠近平原地区的以地居为主；在山林地区包括了干栏建筑但在不断混凝土化	材料以木、砖、混凝土、钢筋等	风景旅游及营造的兴盛

（来源：笔者根据文献、调研资料整理绘制）

桂—阳朔—荔浦—平乐中南部组团，平乐地区有着较早的开发。临桂、阳朔、荔浦，则是随着六朝后区域开发重点的转向，形成了较多的开发积累。本身作为地区内现有的重点开发片区，乡村地区开发程度较高。兴安—灵川—恭城中部山地组团，处于前两者之间。在历史过程中兴安有着较早的开发，但是随着区域开发重点的转移开发减弱，现有的开发程度一般。灵川—恭城处于开发的过渡区域，开发程度一般。龙胜—资源—永福西部组团，处于开发的边缘地区，现有的开发虽然有所转向，如向永福拓展。但是历史的开发积累仍然较为有限，属于桂林地区乡村开发程度较弱，聚居较为疏松的地区。针对既有的村庄分布情况，历史过程中一直呈现出与江河溪流的紧密联系。而地区内的开发，在早期也是以江河为主导展开的。整体来看，桂林地区的村庄分布情况以及相应的村庄环境的内部组成也表现出与自然环境的紧密联系。

从桂林地区村庄环境来看，人工环境要素逐步从自然环境中独立，并形成自身的独立形式与建构逻辑。其中生产环境中农地的形式，来自于早期的采集渔猎。种植、养殖作为最重要的改造、利用自然环境的活动，非常早地就已经出现。而农地的形式，也较早地分化、定型。这些形式，稳定发展并成为现有的村庄中生产环境的主要农地形式。聚落环境中的建筑形式，呈现为岩穴居、干栏居、地居的三条主要线索进行发展。其中，岩穴居是最早期的住居形式，干栏居其次，地居相对较晚。它们在漫长的历史中结合不同的功能与自然环境，形成不同的分布与延续。但就现在而言，岩穴居已经转换为自然观光地或者恢复自然环境。此外，桂林地区历史过程中仍有较多的其他建筑形式，但随着历史变化逐步被取代、淘汰。这一过程中，干栏居与地居成为现有乡村聚落中传统风貌的两大类型。但在现当代的变化中，两者也产生了相互的转换，如干栏居向地居转换，地居向楼房转换。在具体的种植作物、建筑材料上，农地作物的种类异常丰富，而建筑材料的种类相对有限。在历史过程中，后者更多地基于本地自然资源进行开采利用。乡村地区的建筑材料更新，较营造技术的更新来得相对滞后。农地作物的更新，则较为频繁，物种的引进也相对较快被接受。在具体的历史过程中，人工环境的形式与材料之间，相互关联。由于对粮食生产的注重，桂林地区的生产环境水田、水稻，仍是比重最大的农地与作物类型；对于本地建材资源的利用，聚落环境则依赖自然地形与资源，维续着两类特有的建筑风貌类型。

综合来讲，就山水为主的自然环境、田园为主的生产环境、建筑为主的聚落环境在历史过程中的空间结构变化来说，山水环境一直保持着在乡村景观形态变化中的主导作用；村庄风貌形成了山地、平原两套稳定的建筑形式与材料营建工艺的发展线索。而三者的空间结构与形态变化，呈现为三种基本的变化方式：积累、分化、置换。其中，“积累”主要反映在田园为主的生产环境、建筑为主的聚落环境，作为人工环境的空间积累。桂林地区的乡村景观，在空间规模与改造深度上不断积累。从区域整体的环境开发来看，桂林地区乡村聚居点的空间占有及位置分布变化，表现为“由边缘向中心地带扩张”到“中后期开始由中心地带向边缘地带扩张与深化”。而结合水系流域来说，变化呈现为由“湘—桂流域的并行扩张”到“湘—漓—桂的渐进扩张”。通过漫长的土地开发，桂林地区形成了现有的乡村范域及各地区不同的聚居密度与农业发展程度。而“分化”主要反映在，村庄风貌类型与村庄要素形式的不断分化。随着对自然环境的人工改造，人工环境逐步分化独立，并形成了有别于自然环境的多样形式。这种分化，在自然地理环境的差异下，桂林地区的村庄风貌与建构体系上形成了山地、平原两套主要的演变线索。“置换”则反映在形式间的更替，形式基础上作物、材料的更替。随着人工环境在空间规模与形式类型上趋于稳定，形式与种植作物或材料的淘汰、更替，成为乡村景观主要的形态变化方式。其中，桂林特有的“穴居”正是在这一过程中逐渐恢复为原有的自然环境。而桂林地区的村庄环境要素的形式、种植肌理与材料构造，也因此呈现出现有的形态。三者的变化相互穿插，共同发生。但从整体的历史过程来看，明清之前更多地反映在积累、分化，而之后则更多地反映出置换。乡村规模与形式趋于稳定，物产、材料成为形态的主要变化方式。

综合来讲，桂林地区乡村景观的形态现状，是通过人们对自然环境的持续改造获得的。伴随着自然环境、生产环境、聚落环境三者在空间结构与形态上的变化，桂林地区乡村景观得以生成、扩张、维续。而三组环境的空间结构关系与形态变动，可以被归纳为三种变化方式：积累、分化、置换。其中，早期乡村景观的形态变化中，三者在空间结构上的变动较多。明清之后乡村景观的形态变化中，三者在空间结构上的关系趋于稳定，更多地来自于人工环境的生产环境与聚落环境在形式、种植肌理与材料构造上的更替。

第四章

桂林乡村景观的历史演进特点

历史过程中，桂林乡村景观的形态不断变化、更替。现状桂林乡村景观的形态呈现，是历代景观形态演变的一个阶段性状态。但针对乡村建设而言，更关键的在于厘清历史过程中乡村景观形态变迁背后的影响因素、转变路径及规律。

因此，本部分结合乡村景观的影响因素及景观形态的调整过程，进行乡村景观演进的深入探讨。结合文化地理学、民俗学、政治经济学的方法，对历史文献资料、图像地图资料做出分析、归纳、总结，剖析桂林地区乡村景观形态演变的成因。为了更深入了解、厘清本地居民利用乡村景观应对外来冲击的调整思路与策略，总结桂林地区乡村景观的演进逻辑，本章也选取了明清、近代两个时间段了解不同影响因素以及它们作用于乡村景观形态变迁的过程。

第一节

桂林地区乡村演进的基点：早期独立的边缘据点

一、交界上的自然地理区位

数万年及至亿年的地质、气候变化下形成的自然环境，是桂林人居环境发展的物质基础与条件。

（一）地形、地势中的边界地带

漫长的自然地质构造运动与气候变迁中，我国形成了东低西高的多级地势。桂林地处我国第二级阶梯云贵高原的东部。湖南雪峰山，是我国二级阶梯、三级阶梯的重要分界。桂林区内的十八里大南山与其相接，由北向南形成了我国东西向的地域分界。南岭山系是岭南与华中地区分界的地理划分边界。此外，都庞岭、越城岭作为南岭山系的一部分也处于桂林域内。它们与海洋山呈东北—西南走向，与十八里大南山紧密联系，处于岭南与岭北边界的西端。因此，位于我国二级阶梯、三级阶梯、岭南岭北的边界上，桂林地区可以说是我国南北、东西两个方向上的宏观尺度地貌地形差异的分界点。

（二）水系源头的端点地带

十八里大南山，南北走向，是二级阶梯的边缘相对较高的地区。华南第一峰猫儿山也位于越城岭。这些桂林北部高山是地区内主要河流，漓江、湘江、洛青江、寻江、资江的发源地。虽然它们都不算大河流，但随地势引导与更大的水系建立起了联系。其中，资江由南向北与夫夷水相连汇入资水进入洞庭湖；湘江亦是由南向北进入湖南经洞庭入长江。洛清江由北向南，寻江由东向西，汇入柳江，最后进入西江。漓江由北向南进入桂江汇入西江。五支河流分属于我国中部、南部重要的长江水系和珠江水系。由于本身地势特点，桂林作为源头地区，是南到北、东到西、北到南的水系焦点区域。

（三）气候的复杂与交界

桂林属于岭南的北端，气候属于中亚热带的南端，局部区域年平均气温也在19摄氏度以上。桂林地区多山，海拔较高的北部、西部地区由于地形原因，则会较同纬度气温偏低，冬季甚至积雪。由于桂林北部为湘桂平原，是冬季冷空气南下的通道。桂林地区冬冷夏热，全年温差较大。在其他的气象数据中，湿度、降雨量、年日照量都会在桂林区内漓江平原北端产生交界。这里，是冬季积雪的南端，是当下双季稻种植的北段。由于气流、气压、海拔等因素，使得上述的这一地带，在东西向、南北向都表现为一种过渡带特征。

综合来说，桂林在亿年的自然作用下形成了自己特有的地理区位，多样的地形、地质、水系、气候在这里交界。区域内复杂的地形、地质，使得桂林自然环境丰富、多样。由于内部的水系、水资源差异，桂林内部的水系利用呈现出开发先后、利用方式的不同。

二、独立、缓慢的古人类居住地发展

由20世纪初期开始，广西考古在今之桂林临桂、兴安、灌阳、资源等地陆续发现了旧石器—新石器时期的遗址分布。现有遗址分布以湘漓沿线为主，其他水域周边也有少量发现。它们包括有距今2～1.5万至6000～4000年左右[①]的旧石器—中石器—新石器遗址。综合已有的考古发现，桂林石器时期较中原核心区结束得晚。与外界交流的限制下，区域内居住环境呈现出一些当地基本的人地作用关系与方式。

（一）桂林地区的古人类遗址分布与水源保持着紧密的联系

虽然无法还原原始的古人类定居状况。但从现有的考古遗址分布来看，其中，漓江及其支流沿线、湘江的支流（灌江、建江、漠川河等）为主要的古遗址分布区（图4–1–1）。

另一方面，相关学者通过宝积岩、甑皮岩遗址的地质构造演进与文化层分期了解到，古人类在居住过程中对于环境的选择，注意防洪涝、近水源、适宜的湿热度以及相

① 根据《甑皮岩遗址奠定华南史前文化序列》，史前遗址可以追溯至三万五千年到三千五百年的历史。

对富庶的周边物资①。桂林早期古人类居住环境的考古分布与环境分析中，可以发现自然水系对于人居的重要性。桂林早期人居分布的一些特点，也成为后续发展的区域演进基点。

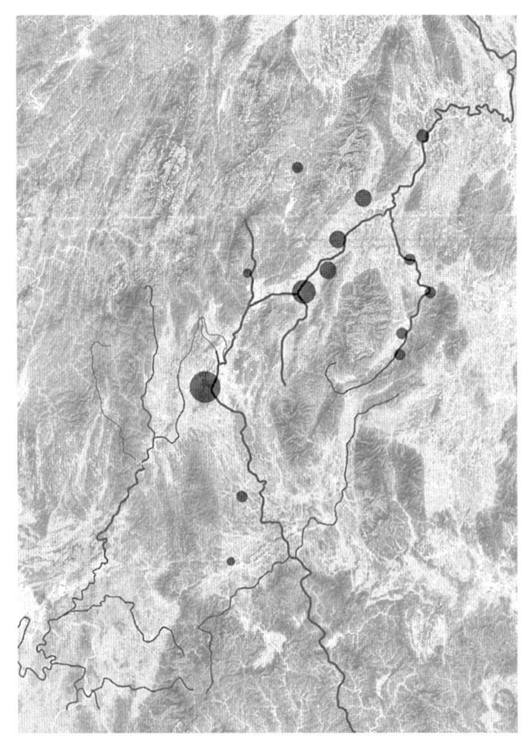

图4-1-1 桂林古人类遗址分布情况
（来源：笔者根据相关考古资料整理绘制）

（二）原始利用与改造

桂林从早期远古人类形成了穴居与山坡筑居的居住形式。旧石器遗址都是洞穴遗址，以位于叠彩区中山北路西侧的宝积山遗址最具代表。新石器包括了洞穴遗址与山坡遗址，前者以象山区桂阳公路西侧独山的甑皮岩遗址最具代表，后者以桂林北部的资源县延东乡晓锦村后龙山山坡遗址与灌阳县水车乡夏云村附近五马山西麓山坡遗址为代表。

关于石器时期的人居环境特点，线索比较少。比较肯定的是，住居、火、食物、工具、陶制容器是建构起古人类制衡自然求生存的“人工环境”（图4-1-2）。早期自然环境中的洞穴提供了“居”，洞穴周边的水产及森林植被提供了重要的食物。至新石器时期，遗址中已经发现了独立营造的构筑物。结合既有的考古资料，桂林地区②古人类过着以渔猎采集为主、原始农耕为拓展，依水择居，洞穴与山坡为基地的生活（图4-1-2）。

（三）稍迟的社会拓展

桂林作为早期古人类聚居地，居住分布及生活方式是后续区域聚居变迁的基点。而同一时期，我国各地区考古发现有非常多样的古人类居住遗址。桂林地区与他地的考古

① 张美良，朱晓燕，覃军干，等. 桂林甑皮岩洞穴的形成演化及古人类文化遗址堆积浅议［J］. 地球与环境，2011（39）：305-312. 甑皮岩的文化层可被划分为五个阶段。其中，第一阶段（12500～11400aBP），气候为干旱寒冷环境，洞穴处于干燥环境。水洞为地下河水洞，取水方便，适宜生存。甑皮岩在这一阶段，提供了古人类躲避风雨和御寒的栖息的可能。而该洞穴外存在有溪流和大片的洼地，易于猎取水生生物。但之后，气候逐渐变化，回暖变得潮湿。到距今7000年以后，洞穴内极为潮湿，空气湿度大，已不再适宜古人类穴居。而由于大气降水增多，洪水事件增多，导致洞穴地下水位经常暴涨暴落，洞穴位置可能受到水患威胁。遗址前部的低地、溪流可能积水较深，猎取食物困难。最后，古人类不得不迁徙，另外选择栖息地或定居点。而甑皮岩主洞穴（主洞、矮洞）大致形成于距今3万～5万年左右，与桂林峰林平原区石峰上的脚洞形成时间基本一致。

② 张美良，朱晓燕，覃军干，等. 桂林甑皮岩洞穴的形成演化及古人类文化遗址堆积浅议［J］. 地球与环境，2011（39）：305-312.

近水分布：	居住形态：	食物：	生产类型：	工具：	其他造物：
漓江及其支流、湘江支流	山岩洞穴山坡、半坡	哺乳类、水生可食植物、水稻	渔猎采集、原始农耕、原始驯养	石器、蚌器、骨器	陶器、早期干栏建筑、火塘

图4-1-2　桂林古人类的居住信息

之间有着一定的相似性，但也表现出自身的特殊性。考古学家严文明先生在对于我国古人类遗址、聚落考古等方面的研究基础上，提出了中国重瓣花瓣的文化起源特点。通过中国原始社会遗址分布可以看到，黄河流域现有考古中人群分布的密集与空间连续度较高。而在中原地区外，红山、良渚等文明围绕其周边形成了我国多元文化组成。桂林地区与其他史前文化在空间上距离较远，规模相对有限，存在着一定的独立性。

从时间上来看，黄河流域为主的中原文化在早期的社会发展中较快，较早进入社会组织形态。根据广西考古与史学家判断①②：原始社会结束的时间比中原地区来得晚，大概从西周开始进入新的社会组织形态。桂林地区，也因此在这样的区域空间资源及时间进程差异下展开了后续的人居环境建设。

旧新石器的远古人居地，虽然与现有“村庄”或“乡村”的关联难于追溯。但从桂林旧石器—新石器遗址的发现，可以了解到桂林在数万年前便已作为人类居住地。桂林地区的古人类居住分布与环境营造特点，成为后续社会演进下的人居环境基点。从全国范围来看，桂林地区的人居环境有着独立的发展语境与形式特征。在社会演进过程中，桂林的发展更新相对较晚。这种早期地域人居特征与较晚的社会演进，也成为后续桂林地区乡村发展的重要背景。

第二节

桂林地区乡村景观面对的影响因素及其变迁

桂林乡村景观面对的影响因素包括两个层面，一是非实体因素的影响；二是来自外部其他居住类型环境实体的影响。后者同样也受到前一方面的非实体因素影响。因此，本节将分析形态演变与影响因素之间的因果关系。其中为了更深入厘清影响因素间的互

① 黄现璠，黄增庆，张一民. 壮族通史［M］. 南宁：广西民族出版社，1988，11.

② 李炳东，弋德华. 广西农业经济史稿［M］. 南宁：广西人民出版社，1985，12.

动关系及变化节奏，本节将“明清时期”作为时间样本，在约500年的时间中看待乡村景观的演进。

一、桂林乡村面对的影响因素及其变迁

桂林作为自然地理上的交界点，早年只是一个偏远的独立居住点。外部受到来自三个主要因素的外部干预：政治局势、社会人口、科技文化（表4-2-1）。

桂林地区各朝代面对的外来影响　　表4-2-1

时间节点	行政辖管	移民	技术提升与风俗
秦	秦城建立，攻伐南岭的突变	中原移民的规模迁入	中原军事防御、公共水利交通、中原垦殖方法的传入
汉	始安郡，零陵郡，偏离中原统治	—	屯田的进入
三国至隋	六朝桂州，独立为州的转变	战乱移民的进入	战事少，稳定的土地开发
唐	贬官对地区建设的推进	苗瑶民的大量迁入	水利与农耕技术的改进
宋	开始成为广西地区的文化、行政中心	北方战乱移民陆续迁移	梯田、畲田的进入
元	—	回族进入桂林	—
明	藩王对区域进行中央管理的深入，土司制度的成熟到流官辅助	江淮地区军事人口伴随商业移民的进入	—
清	广西地区的文化、行政中心，土司制度的瓦解	周边省份移民的大量迁入，汉蛮人口比例的逆转	—
民国	阶段性的广西文化、行政中心	区域内部城镇移民增多	—
中华人民共和国	区域文化与对外交流的重要节点	迁出的增长，乡村人口比例的下降	—

（来源：笔者绘制，内容参考《广西通志》行政区划志附录、交通志、人口志、农业志、《广西经济史稿》、《壮族简史》、《瑶族简史》）

（一）政治局势的变动

政治是人类社会形成，并发展到一定阶段，随着私有及社会管理的变化而形成的一种重要社会现象。它涉及战争活动的发生、社会管理活动的开展，两个重要层面。由于地处自然、政权、行政的交界点，桂林地区也因此战事频频、行政管理复杂多变。

其中，战争活动包括了各朝中央政权的进驻以及当地居民的斗争。历史过程中，桂林一直都是主要的战事发生地。根据学者的研究①，桂林是广西战事最为集中的地区。在时间轴上，战事集中于秦、汉、唐、宋的朝代初期，以及元代之后。桂林的外来军事

① 刘祥学. 广西战争的时空分布特征（公元前221～1911年）. 广西师范大学学报：哲学社会科学版，2007，1（43）：125-130.

冲突主要依靠两条线路，一条是沿湘漓桂江贯穿南北，另一条是经柳州、过永福入桂林。

具体的一些规模大的战事，如公元前214年，秦始皇派大军统一岭南，桂林兴安是当时重要的驻点。西汉初期，汉武帝平南越，桂林仍作为南越国与西汉之间的军事驻点。汉代考古遗址中，兴安的“越城”“严关”便被认为是当时重要的驻防工事。隋唐之后，桂林作为州治、府治，受到各种北下或南上的军事冲击。唐代，中央政权安抚岭南。武周年间始安人欧阳倩聚众造反，攻陷州城。四年后方接受都督裴怀古招抚。唐代末年，黄巢农民军进军占领桂州，北上讨伐。北宋，侬智高造反，后由狄青打败。由于明清时期文献资料更为详尽，战事与斗争冲突在统计数量上较多（表4-2-2）。

广西战例时空分布图 表4-2-2

朝代		地区														
		南宁市	桂林市	柳州市	梧州市	贺州市	玉林市	来宾市	贵港市	百色市	崇左市	河池市	北海市	钦州市	防城港	合计
秦			1													1
汉			2		6			1		1				3		13
三国					4		1		1				2			8
两晋			1													1
南北朝			1			2			2							5
隋						1			1							2
唐		10	5	2	1	1	6		1	5	1			2		35
五代			3		1	3	2									9
宋		5			1	2	2				1	11		1		23
元		7	13	7	1	2	2	1	1	2	5	1			2	44
明		4	23	15	7	3	4	4	12	12	9	14			3	110
清		2	7	1	1	1	1	2	1		2	1		1	2	22
合计		28	56	25	22	15	19	7	20	19	18	27	5	5	7	273
	A级	1	8			1										10
	B级	2	5		2	1	2	1	5	4	1		1	1		25
	C级	25	43	25	20	13	17	6	15	15	17	27	4	4	7	238

（资料来源：《二十五史》，中华书局标点本；林富、黄佐编纂：（嘉靖）《广西通志》，书目文献出版社1991年版；谢启昆纂修：（嘉庆）《广西通志》，广西人民出版社1988年版；顾祖禹：《读史方舆纪要》，上海古籍出版社1993年版；《中国军事史》编写组：《中国军事史》附卷《历代战争年表》（上、下），解放军出版社1986年版）

（来源：《广西战争的时空分布特征（公元前221~1911年）》）

这些战争，作为政权拓展、政权更替的一种暴力活动。在区域发展上包括了三个方面的影响：一是对于地方人口、土地开发、环境建设的破坏；二是基于军事需求的工事建设与军需的土地开垦；三是促进地区行政管理活动的调整。

如《淮南子·人间训》对秦军入越的这次战争进行了描述：“（秦军）三年不解甲

弛弩，使监禄无以转饷。又以卒凿渠而通粮道，以与越人战。杀西呕君译吁宋。而越人皆入丛薄中，与禽兽处，莫肯为秦虏，相置桀骏以为将，而夜攻秦人。大破之，杀尉屠唯，伏尸流血数十万。”文字中，可以了解到当时双方死伤严重。结合史实，由于军事需要，开凿灵渠作为支撑粮食供给的通路。之后的两千年，灵渠成为地区交通、水利灌溉的重要基础建设。相应的，军屯作为早期供给军队的主要生产方式，也是支撑后续中原进驻桂林开垦的重要手段。秦汉至六朝，在早期的庄园经济体系（六朝及其之前）下，军事城堡是维护周边汉地居民点的重要建设。城、堡、屯（村）的关系，形成有自卫、自足的基本体系。之后的唐代李靖、北宋狄青、南宋马暨、元代阿里海牙①，都在驻守桂林之时，成为后来影响区域开发的关键人物。伴随着元明之后，桂林政治地位上升。驻军数量逐渐增多，军屯一直是地方开发的重要方式。

就国家的行政管理来说，政权更新后，各朝各代逐步形成了比较成熟的管理调整逻辑。一是，战争后往往是权力资源的再分配，借由军事领域及行政管理划分获得；二是，结合地方资源区位与需求，进行土地开发与经济建设。

整个过程中，桂林在比较长的时间里都处于行政边界。先秦的西周时期，东部的全州、灌阳、兴安北部、恭城、平乐，部分属于楚国；西部，属于百越之地。在发展上，桂林处于楚、越之间。随着秦汉中原统治在岭南的拓展，桂林在区域开发与演进上是在汉—楚—越的三重语境下展开的。由于北方地区开发与中央势力的渗入有限，桂林是中原统治的边疆驻点。南朝时期，地区行政管辖的调整，桂林地区逐步崛起。桂林成为独立的边州，在建设上有着中央管理的进一步拓展。隋唐至宋，中央对于桂林地区控制加强，一方面增设县镇驻军布点，另一方面拓展地方土地开发。其中，岭南地区在唐武德四年后相继创建都督府，统管八十七州②。中央对于地区的行政控制力进一步加强，其中恭城、永福、阳朔都是在621年③进行行政调整的。这一时期岭南广大的羁縻地区，桂林作为“岭南”与“岭北”（或者说“边州”与“中州”）连接的交界地区，既是民族冲突的交接点，也是中原科技文化输入地。元明清时期，桂林被确立为广西政治、军事、文化中心。地区内中央管理得到进一步加强，并成为辐射地方的中心。桂林地区的人口与土地得到重点发展。更重要的是，明清后桂林在行政管理上，政府对于少数民族的控制逐渐增强。伴随着羁縻政策的改革，土地利用改造方法的交流，桂林的民族进行

① 广西壮族自治区地方志编纂委员会. 广西通志·宗教志［M］. 南宁：广西人民出版社，1995，7. 元代驻军中的回民也成为促成桂林伊斯兰教传入的开端。临桂附近现仍有大量回民聚居地，其民被认为是当时的后代。

② 艾冲. 论唐代“岭南五府”建制的创置与演替——兼论唐后期岭南地域节度使司建制［A］//周长山，林强. 历史·环境与边疆——2010年中国历史地理国际学术研讨会论文集［C］. 桂林：广西师范大学出版社，2012，6：17-32.

③ 根据《桂林市志》大事记：“大业十四年（618年）社会动荡，始安郡丞李袭志募兵3000人，守卫郡城。皇泰二年、梁鸣凤三年（619年）萧铣攻占始安郡；李袭志投降，升任桂州总管。武德四年、梁鸣凤五年（621年）十月二十一日（11月10日）唐军俘获萧铣，李袭志留任桂州总管府总管。唐军占桂州，次年岭南首领冯盎、李光度、宁长真等归附。”

相当大的融合，如桂林建制较晚的资源、龙胜地区。土司制度的开始，元代资源区域在清湘县分出西延巡察司，明代龙胜地区由义宁分出桑江口巡检司。随着改土归流的推进，清中后期在当地民族冲突后，进行区划调整，设立龙胜厅[①]，推进中央管理与教化。然而，至清末至中华人民共和国成立时期，桂林领先于西南部的区位优势不断消减。在广西新的权力空间分配调整过程中，桂林由区域政治中心转向为湘桂边界的内陆城市。

漫长的历史过程中，历代的行政管理对于桂林地区开发影响重大。尤其是桂林边界的军事与政权区位优势，成为中央管理投入与资源开发的关键。但也同时伴随着政治区位的消退，地方建设出现消减。

综合来讲，桂林作为早期的独立居住地，政权更迭中战争与管理的调整是介入地区聚居环境开发建设的重要方式。它的影响涵盖了多个层面，也随着国家管理的精进形成对于地区开发的整体调整与拓展。

（二）社会人口的变动

乡村社会的变动中，人作为主体是进行区域开发，带动地方经济，影响文化科技的重要因素。第二章已经就桂林区域整体人口变动进行了说明，谈及人口与土地开发间的关系。这里结合更具体的人口构成，对于桂林社会人口的变动进行说明。

桂林地区的社会人口变动，包括了桂林地区内外的人口迁徙，也包括了区域内部的人口变动。

桂林地区内外的人口迁徙，主要包括军事戍守、贬黜、经商务工、人口膨胀迁徙、避难等方面的原因。由于政治局势的差异，人口的迁徙类型在时间段上分布不同。其中，战争及政权更替初年，以军事戍守、贬黜、避难的人口为主。早期的人口来源主要为中原地区。后期随着桂林北部的江中地区已经形成比较稳定的政权控制，至明末清初，桂林的移民多为广西周边地区的人口。根据一些地方志书、相关族谱、语言学研究可以了解到桂林人口中更细致的周边省份移民情况。元代驻军中的回民是促成桂林伊斯兰教传入的开端。临桂附近现仍有大量回民聚居地，其人民被认为是元代移民的后代[②]。由于元明之后，桂林政治地位上升。驻军数量逐渐增多，到了明代的桂林驻军，依照葛剑雄先生的推测，“按洪武年黄册统计，广西人口达140余万。”“设6卫1所，军士合家属不过10万人。6卫中有3卫设在桂林，合家属有5万人。”并认为，“这些军籍家属移民形成了当时最大的地域集团，至今桂林仍以其独特的江淮官话区别于广西其他

① 艾冲．论唐代“岭南五府”建制的创置与演替——兼论唐后期岭南地域节度使司建制［A］//周长山，林强．历史·环境与边疆——2010年中国历史地理国际学术研讨会论文集［C］．桂林：广西师范大学出版社，2012，6：17-32．龙胜旧为苗寨，为义宁，仅有桑将巡检羁縻之。至乾隆五年秋，吴金银乱平，六年始设通判、一巡检、二副将、一都守，以下各并统重兵驻之。以苗民易动，且毗连南楚，为桂林屏蔽故策之完且善如是盖。”

② 广西壮族自治区地方志编纂委员会．广西通志·宗教志［M］．南宁：广西人民出版社，1995，7.

地区。”[①]而在这之前，军事移民籍贯主要以中原、关东地区为主，至明清代，主要为两湖、两广、江西为来主。盛世的移民以湘粤商人、手工艺人及周边剩余农业人口为主，随江河水系进入桂林地区。

桂林作为早期独立的聚居地，本地居民随着外来移民的进驻，形成了区域内的社会构成变动。少数民族与汉族之间的社会变动是一个重要方面。在清代、民国时期的书中，通常将少数民族称为“山地居民”[②]或“特种民族”。约两千年的农业社会历史中，瑶、壮、侗、苗是主要的山地居民。其中，壮族被普遍认为是最早的当地居住者。苗、瑶在唐代后陆续迁入。至近代，瑶族已成为桂林最主要的少数民族。然而，明末到清代，汉族也逐渐迁入桂林山林地区居住，成为山地居民一部分。其中，客家移民占了非常大的比例。近现代的社会变动中，山地居民已逐渐形成多样的人口组成。桂林地区也呈现出多民族的杂居构成。清朝作为封建社会的最后一个朝代，根据清道光元年（1821年）《义宁县志》记载，义宁县之焦岭隘和闪岭溢之北郁（与灵川县毗邻）也是瑶僮杂居之区，因常变乱，清统治者设塘兵守之。乾隆五年（1740年）《兴安县志》记载，该县六峒、溶江、川江、富江诸处，“瑶壮杂处”，富江壮人，尤以淳善见称。康熙年间《阳朔县志》说，桂林所辖二州七县，都是壮瑶和汉民杂居，素称难治。光绪十年（1884年）《平乐县志》记载，该县素称“民蛮杂居”，蛮即瑶人和壮人。而从民系来看，湘赣、广府、客家在桂林亦由于各种迁徙，形成了地区复杂的文化族群分布。至改革开放后，外地甚至海外居民也在桂林优美的环境下进行乡村营造与定居。

综合来说，社会人口的变动对区域聚居环境的影响，包括了三个方面：一是作为科技、文化的拥有者，不同的社会人口在聚居环境的营建、维护逻辑上存在差异，带来了区域内部环境形态及其类型的变化；二是民族间的冲突或隔阂，形成对于区域内部空间占有的势力划分与聚居格局的变化，甚至内部的战争冲突；三是伴随着区域内部的社会融合，地方环境形态与空间格局产生多尺度的变动。

（三）科技文化的发展

科技文化作为人类社会的重要产物，支撑着自然环境改造，是推进人居环境变革、衡量环境品质内涵的重要因素，是社会内部差异产生的一个重要原因。

它的发展，一方面来自经验总结中的提升；另一方面来自交流下获得技术更新。

作为桂林人居的基点，现有的考古溯至旧石器时期。作为曾经的独立居住地，在有限的改造技艺下，当时的古人类主要通过选择适宜的居住环境获得生存与发展。洞穴居是当时最重要的聚居形式。新石器考古发现中，火、工具、容器、动植物驯化、场地改造中的灰坑与柱洞，反映着技术的发展。早期桂林地区科技与文化的交流，资料有限。

① 葛剑雄，曹树基，吴松弟．简明中国移民史［M］．福州：福建人民出版社，1993，12：388.
② 陈正祥．广西地理［M］．重庆：正中书局，1946.

根据《史记》[①]记述，大致在公元前2225～2207年，虞舜曾到过桂林北部的全州地区。根据相关考古资料对于湘江流域的新石器研究，认为桂林东北部与湖南西南属于同一文化范围。从先秦的一些出土青铜器[②]，桂林的器物纹饰上反映出了楚、越文化的交融，以及地区内手工艺的发展。

秦之后，随着人口的迁移，桂林作为自然与行政区位上的交界点，形成了更广泛的技术、文化交流。由于移民类型的差异，地区受到的环境影响存在差异。如，军事移民带来的防御建设与军屯开发、贬黜官员带来的新技术与文化审美、流民们带来的民间工艺与风俗。秦汉时期，桂林开始引入北方的城堡修筑、交通水利开发、平原屯田等技术；大量的北方移民带来了有别于原住居民的环境改造及文化风俗。之后，历朝历代开国初皆注重休养生息。统治者主要通过借或供给农具、耕畜，促进地区生产力。[③]中原地区的建造技术，夯土高台建筑、制砖瓦，早在秦汉时期便传入桂林。早期"桂林"地处偏远，多为枉法的狱吏、赘婿、商人或与从商有关系的人、闾左发派之所[④]。随着后来桂林地区逐步纳入边州范围，贬黜的官员成为对于地方技术文化更新的重要人士。他们对于中原文化传入桂林有着非常大的推动。有关广西农田灌溉的记载始于唐代。唐·景龙四年桂州都督王晙。"堰江水，开屯田数千顷"。堰水灌田，即对灵渠进行修整，并增筑引水灌溉工程。据一些学者研究认为，唐代竹筒水车引入广西，而宋代地区内的水车已经甚为广泛。其中，南宋张国安曾对此描写："筒车无停轮，木枧着高格，秔稻接新润，草木丐余泽"[⑤]。张还欲将此传播至江南地区。明代，《天工开物》作为江南种植、制造技术的结晶，"水车"等物进行了具体描述，并作为全国水利技术支撑进行广泛普及。前文中也提及建筑营造技术，如制瓦、砖，在宋代、明代的民间是通过外来官员进行推广普及。此外，由于贬官的个人际遇与桂林当地的自然风致，自六朝开始逐渐形成了对于地方文化影响重大的山水文化。它伴随着山水审美与风景营建形成对于地区环境的特色利用与改造。明清后，桂林政治地位上升，本地的乡绅精英形成自觉的地方技术与文化更新。至清末，随着1840年的中英鸦片战争爆发，海外势力与国内势力间的矛盾，带着点千年前中原侵入岭南的势头。政府及乡绅精英开始将西方科技与文化产物引入桂林。这包括了四个基本层面：通信调整，如邮政、电报、电话的增设；教育普及，如小学中学的调整普及、专业技术培训院校的开设；产业振兴，如桑蚕业、造纸

① 《史记》卷一五帝本纪第一："舜年二十以孝闻，年三十尧举之，年五十摄行天子事，年五十八尧崩，年六十一代尧践帝位。践帝位三十九年，南巡狩，崩于苍梧之野。葬于江南九疑，是为零陵。葬于江南九疑，是为零陵。舜之践帝位，载天子旗，往朝父瞽叟，夔夔唯谨……"零陵被认为初治为今桂林全州境内。

② 黄展岳．论两广出土的先秦青铜器［J］．考古学报：1986，10：409-434.

③ 覃乃昌．壮族稻作农业史［M］．南宁：广西民族出版社，1997，4．273．"农具"是乡村垦殖的重要因素，且在通过官方的途径实现对于乡村的干预。"政府优先发给农具，以示支持，从而使愿垦耕者'趋若流水'。这样不用很长时间，屯垦的地方就会'田舍相望，便成村落'。"

④ 李炳东，弋德华．广西农业经济史稿［M］．南宁：广西人民出版社，1985，12：43.

⑤ 覃乃昌．壮族稻作农业史［M］．南宁：广西民族出版社，1997.4：274.

业、商业的近现代化；政府机构的调整，包括军事、行政等。这也成为桂林近现代化的起步。

与此同时，各民族间通过婚姻关系、政府教育、经济活动建立相互间的交流，形成科技的推进与文化的多样发展。其中，民族杂居下婚姻关系的建立是最为直接与原初的民间融合方式。明万历年间对于少数民族记载，“猺亦有数种有熟猺有生猺……生猺在穷谷中不与华通，熟猺与州民犬牙或通婚姻……”[①]临桂平地瑶：“性淳谨，习汉文字，与民杂作，或通婚姻”[②]。明清时期壮民与汉人通婚的情况亦有发生，且通婚后民俗的变迁往往被认为是一种进步、开化的标志。分布在平原丘陵地区的壮族，与汉族接触较多，“汉化”较快。修仁、荔浦一带壮族，康熙、雍正年间，一部分已同化于汉族之中。至清末民初，当地壮人“与外族通婚媾，起居服食进化，无异齐民”。平乐县“民蛮杂居”。[③]而相反汉族壮化，则亦可通过与壮民通婚入赘实现。婚姻关系的建立，人们进行风俗、习惯、技术等方面交流，并通过后代获得延续。

综合来讲，随着政治局势、社会人口的变动，桂林地区内部支撑环境利用改造的科技、文化都在不断变化。它们借由不同的移民形成不同程度的影响。其中，桂林特有的山水文化也是在这个过程中形成的。

二、区域整体聚居环境格局的变化

（一）自然格局的改造：基础设施的发展

区域基础设施，以现代分类可包括，交通、通信、水利、教育、能源（沼气、电力）、卫生设施等。它们以人工的方式改变地方区位，改变原有的人居环境条件及资源供给与分配。

古代相应的基础设施主要以交通、通信、水利为主要的政府或乡民更新内容。这几者往往是区域土地拓展、内部聚居联系的重要基础。湘江、桂江的上游（漓江）是桂林境内最主要的水运网络。基于自然环境基础，湘漓两江在历代政府或民间的河道开凿、维修中进行维护整治。而一些大型的区域交通拓展，早期依赖军事需求进行建设。如灵渠、楚越通道等。古代通信驿站设置也以交通为基础，是区域间或区域内外交流的重要联系。桂林最重要的三个方向的道路，即，由湖南从东北入中部的“桂林通湖南大道”、由西南进柳州的“桂林通安南大道”、由南入梧州的“桂林—苍梧大路”。这几条道路的兴建年代较早，且一直拓展至今，成为后来公路、铁路的主要线索，是区域内与

---

①（明）彭泽修，等. 民国方志选（六、七）：广西通志（明万历二十七年刊印）［M］. 台北：台湾学生书局，1986：卷三十三，外夷志三 二.

②（明）彭泽修，等. 民国方志选（六、七）：广西通志（明万历二十七年刊印）［M］. 台北：台湾学生书局，1986：278.

③（民国）顾英明，修；曹骏，纂. 荔浦县志［M］. 卷3，蛮情纪//（雍正）胡醇仁，纂修. 平乐府志. 卷 4，风俗.

外部最主要的通路。虽然有别于水路，但古代道路与地形紧密关联，形成并行的线路。在水利方面，大型建设主要依赖水系展开对周边农田的灌溉拓展。灵渠被认为是辅助兴安周边灌溉的重要设施[①]，自秦至今日仍被沿用。（表4-2-3）

古代桂林主要交通道路　表4-2-3

类型	名称	连接	注解
水路	湘江	湖南—桂林兴安	自然河道
	漓江（桂江上游）	桂林兴安—桂林平乐	自然河道；明万历、清光绪、民国、中华人民共和国成立后进行河道整治
	桂江中下游	桂林平乐—贺州昭平（通梧州）	自然河道
运河	兴安运河（灵渠）	湘江—漓江	始于公元前217年
	桂柳运河（相思埭）	漓江—柳江	始于692年；民国后因陆路废弃
古道[②]	楚越通道	全州—桂林市	春秋（秦重修）
	桂林通湖南大道（桂林官道）	（至湖南）黄沙河—全州—兴安—灵川—桂林	326里（163公里）
	桂林通安南大道	桂林—相思埭（途径永福）—柳州—南宁—安南	1690里（845公里）
	桂林—苍梧大路	桂林—阳朔—平乐—白霞站—梧州（至广东）	980里（490公里）

（来源：笔者根据桂林市地方志编委会．桂林市志（上、中、下册）[M]．北京：中华书局，1997，9：交通志．绘制）

早期的这些设施，由于地理条件形成了对于自然环境改造的特殊分布。它们本身在后期，一方面成为建设的基础，比较多地被沿用；另一方面它们是辅助开发的重要基础，其周边地区也是外来开发的集聚地。桂林的区域开发中，早期近湖南的东北全州一带，是受到外来影响较多的地区。随着通路的开拓，桂林地区的开发在秦汉后转向兴安，隋唐之后进一步转移到临桂。相应的政府也在临桂周边进行了大量的水利、交通调整改善，进一步对桂林地区的南部进行开发垦殖。同时，商贸活动以交通、通信为集聚，形成了聚居环境在江河沿线与外围地区的类型分化。如早期的圩镇多数依靠主要湘漓水道进行分布，周边地区则仍以农事生产为主。由于交通网络与水利的建设多是在外来资源支持下获得的建设，因此这些片区的人口流动情况是区域内最为复杂的。沿主要

① 桂林市地方志编委会．桂林市志（上、中、下册）[M]．北京：中华书局，1997，9．水利志，第二章水利工程，第二节引水工程："灌溉兴安县城一带1600公顷农田，并供应地方工业、城乡居民的生产和生活用水，成为灌溉、城市供水和观光游览等综合利用的水利工程。"

② 桂林市地方志编委会．桂林市志（上、中、下册）[M]．北京：中华书局，1997，9．交通志，第二章公路，第一节古道："驿道修建经费来源'公帑'。使用的劳力，主要是士兵和百姓。其路幅一般宽约1米。路面铺筑材料有块石、板石、条石，也有嵌石砌巨砾石。其铺筑方式，一般为全路幅满铺，也有的仅铺驿道中央一带。驿道养护，通常是'重护轻养'，即对交通要道，常驻兵戍守。驿道绿化始于秦代，以后历代相继种植，到宋代，桂林驿道的绿化已初具规模。北宋庆历年间，阳朔县驿道两旁植树数百里，行人无暑渴之苦。到元代，平乐驿道旁已有百年苍松。明末清初，全州驿道的绿化甲于各省。至清朝中叶后，由于自然灾害和人为砍伐，路树被毁殆尽。"

通路，尤其是早期的水运通道周边是外来主流移民的聚居地。实际上，早年的桂林基础设施，作为中央政权渗入地方的建设手段，也是造成区域环境内部功能与资源分化的重要景观因素。大部分的基础设施所涉及的地方，都是外来军事移民的集中分布地，是早期汉地居民的聚居点。至明清时期，“教育”作为军事辅助于政府的管理控制。猺僮“义学”的设立也成为政府对于原住民众进行教化的重要手段①。

除却上述依赖政府或较大投入的公共基础网络建设，传统的乡里间有着一些联系村庄间的小实体营造。清晚期各县志的地图中可以看到，乡里的亭、桥、庙等公共建筑是重要的地理坐标，如临桂南乡图中的水口庙、萧公庙，恭城县图中的凉亭、小可亭。它们结合乡间信仰、公共服务、政府管理，成为巩固乡间网络的重要媒介。（图4–2–1）

清晚期，公共基础设施的近现代化拓展迅速。旧有的公共基础建设在逐渐更新或修整，公路、铁路、航空都快速发展。水运虽然有所更新，但在前述的几种交通快速发展背景下，逐渐消退。此外，现代教育、卫生、能源设施都进入乡村。桂林作为省府所在的临桂，1885年、1886年桂林便增设了电话、电报②。1904年设广西第一小学堂。临桂地区比较早地进行了近现代化调整与改造。平乐府治所在的平乐县，实验改革也相对较早。至光绪末年及宣统年间，桂林各地广泛开始进行区域政治文化调整。民国及中华人民共和国成立后，小学教育在桂林各地乡村得到普及。而卫生医疗方面，传统乡村主要

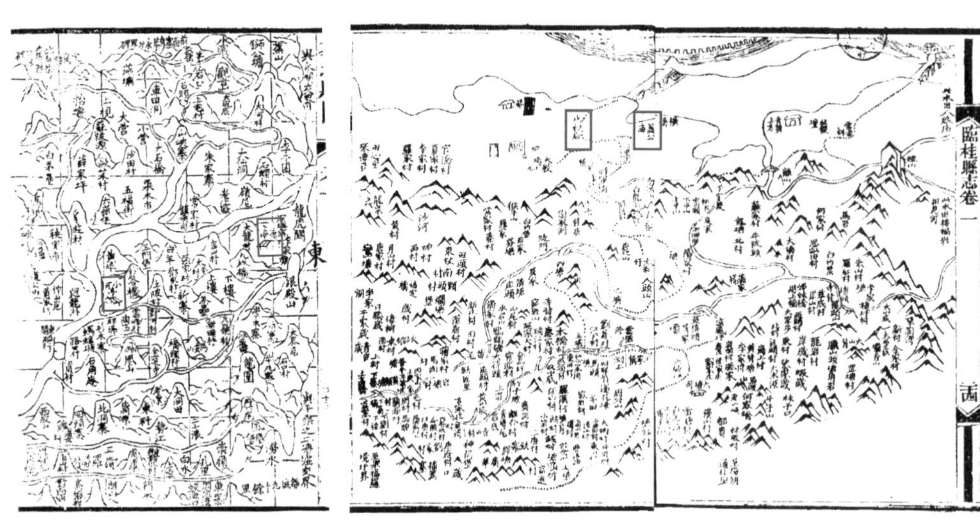

图4–2–1 清晚期地图中联系乡间的公共建筑
（来源：陶墫修，陆履中，等，纂. 恭城县志（光绪十五年刊本）[M]. 台北：成文出版社，1967：卷一. 蔡呈韶，等，修；胡虔，等，纂. 临桂县志（嘉庆七年修，光绪六年补刊）[M]. 台北：成文出版社，1967：卷一.）

① 广西壮族自治区地方志编纂委员会. 广西通志·大事记 [M]. 南宁：广西人民出版社，1998，11：71-77. “康熙二十一年，永安创永安洲义学，是广西第一义学。三年后广西布政司教化新传檄各府州县设立义学。康熙三十五年，兴安设立瑶壮义学。康熙五十年，巡抚陈元龙在桂林积谷备荒，建义学修书院。道光年间在贺州县各瑶族聚居地设立义学。”

② 广西壮族自治区地方志编纂委员会. 广西通志·交通志 [M]. 南宁：广西人民出版社，1996，9. 概述：清光绪十年（1884年）法国侵入越南。

依赖中（草）医进行健康的保障。西医，在民国开始借由相应的现代化医疗院或宗教机构进入桂林乡村地区。但至中华人民共和国成立后，或说更晚一些的20世纪70年代后才开始在乡村有比较深入的介入。能源方面，电力在中华人民共和国成立后得到发展，逐渐成为乡村的重要能源供给。随着近现代的公共基础建设，桂林各地逐渐与外部建立起联系。各地居住环境的差异随着外部资源的分配调控进入均衡发展。

（二）防御、行政管理的核心：城镇的扩张

由于早期桂林的军事区位，军事防御与生产活动结合，成为支撑中原乡村区域拓展的主要方式。军屯以军事据点为辐射进行垦殖。其周边往往作为屯田区，供给军需。伴随着军事活动的消隐，城池周边屯田区逐渐成为当地新的聚居点。

秦对岭南的征讨，是桂林成为进驻南部的重要跳板①。桂林及至广西境内陆续营建军事防御工事。这一活动的发生，使得地区内的聚居空间"防御"与早期居住空间出现分化。根据考古遗址或文献可以了解到，中原系统的筑城（堡）技术在当时被带入桂林。现有的考古遗存中，通济城为汉初南越国时的军事城堡、七里圩王城为汉武帝平南越后所设的始安县城址。同一时期，桂林地区兴安、平乐一带②分布有大量墓葬群。其中，兴安石马坪③位于兴安县西南，正当灵渠与大溶江之间的狭长丘陵低地中，有汉晋墓葬400余座。其出土文物中，包括明器陶仓，铜器剑、矛、刀、锄等。位于城外的该处遗址被认为可以作为"秦城"遗址的辅助聚落考古资料④。透过石马坪与汉代"秦城"遗址的位置关系、聚居规模、出土文物类型，可以了解到当时军事防御与生产、生活空间上的一些基本关联。第三章的论述中，也提及当时全州地区出于防御需求，以编木为城。从中可以看出，这一时期的城堡建设，作为外来军事暴力及中原营造技术的产物，在数量与影响上比较有限。

随着历代行政调整，桂林地区的城镇陆续建设起来。由于政治局势、军事活动的变化，这一过程包括了城的修筑、更新、扩张、弃废。前二者，结合明代的《广西通志》，可以了解到桂林大部分城的建设情况。其中，唐、宋、元是桂林地区建制逐渐完善的时期，城的建设也由此形成。这些时期的城墙建设，仍以夯土为主。明代之后，进

---

① 广西壮族自治区地方志编纂委员会. 广西通志［M］. 南宁：广西人民出版社，1998，11.
通过对于《广西通志·大事记》整理，秦统一六国后，全国置36郡。其中长沙郡的零陵县，县治在今广西全州县西南，辖及今桂林东北部的全州县、资源县以及灌阳县、兴安县的一部分。始皇二十七年（公元前220年），进军百越。稳定岭南后，设桂林郡。今桂林中南部地区隶属桂林郡内。

② 熊昭明. 广西汉代考古的回顾与展望［A］//广西壮族自治区文物工作队编. 广西考古文集（第二辑）［C］. 北京：科学出版社，2006：65."桂北的汉墓以平乐、兴安两县为多。1974年底发掘的平乐银山岭墓群，共165座。从中甄别出汉墓45座，分属西汉前期、西汉后期和东汉前期……兴安县融江镇莲塘村的石马坪古墓群，经20世纪60年代考古调查证实是一处汉晋墓群，估计有400余座……县城北的界首古墓群在1983年共发掘清理墓葬7座，年代多在东汉中晚期……"

③ 广西壮族自治区文物工作队，兴安县博物馆. 兴安石马坪汉墓［A］//广西壮族自治区博物馆. 广西考古文集［C］. 北京：文物出版社，2004，5：238.

④ 广西壮族自治区文物工作队，兴安县博物馆. 兴安石马坪汉墓［A］//广西壮族自治区博物馆. 广西考古文集［C］. 北京：文物出版社，2004，5：238-258.

桂林逐步进行砖石化的修缮或者扩建（表4-2-4、表4-2-5）。但总的来说，早期“城”的扩张变化相对有限。而由于政权或防御体系的调整需求，一些小的城镇建置会被废弃。如永福百寿镇原为永宁州，现留古城址。

桂林地区城池修筑与变迁过程 表4-2-4

地区	城池始建年代与材料	扩建情况
桂林	唐李靖	宋皇佑年间扩；干道间修；元至正十六年更为石；洪武八年、九年扩修
灵川	景泰元年初设排栅；景泰二年始筑土城	天正元年复筑；成化元年石砌扩之；成化元年增建；正德十四年修
兴安	唐李靖建之旧城；景泰年间迁至是处修土城	成化二年修扩
阳朔	元至正七年始建土城	景泰三年扩筑；成化三年扩之；弘治四年增高；嘉靖四十五年增高
全州	宋始筑土城	元至正十四年改土城为砖；洪武元年加修；嘉靖癸卯重修
灌阳	洪武二十八年土城	天顺元年增建；正德十四年修
永宁州	成化十八年始砌，土城石门	隆庆五年拓；万历三年增高；万历九年增建砖石
永福	天顺元年始建土城	弘治九年筑砌门楼以砖；嘉靖七年重修；嘉靖九年加盖砖砌楼宇；嘉靖二十七年增筑土墙
义宁	天顺六年始建土城	弘治乙丑修葺以砖；嘉靖乙未修；嘉靖丙辰增修
平乐	平元年筑始建	至正年间复修；洪武十三年拓包砌以石
永安州	成化十三年	—
恭城	旧凤凰山下成化年间迁至是处以砖	万历十年拓之
荔浦	故土城，成化十四年以砖石砌	—
修仁	故土城，成化十四年易砖石	—

（来源：笔者绘制，参考明万历《广西通志》卷之八：1-15）

桂林各县建制年份一览 表4-2-5

现有所辖地区	建制年代	
荔浦	公元前150年*	汉初
平乐	265年	三国吴甘露元年
桂林（临桂）	550年*	汉为始安县治
阳朔	590年	隋开皇十年置阳朔县
灌阳	615年	隋大业末析置灌阳县
恭城	621年	唐武德四年析置
永福	621年	唐武德四年置永福县
灵川	662年	唐龙朔二年
全县	940年	后晋天福中始更名全州

<table>
<tr><th>现有所辖地区</th><th colspan="2">建制年代</th></tr>
<tr><td>义宁</td><td>943年</td><td>后晋天福八年</td></tr>
<tr><td>兴安</td><td>976年</td><td>宋太平兴国元年</td></tr>
<tr><td>龙胜</td><td>1741年*</td><td>清乾隆六年置龙胜厅</td></tr>
<tr><td>资源</td><td>1938年</td><td>民国二十七年</td></tr>
</table>

（来源：笔者绘制，修改自：陈正祥《广西地理》表三 广西各县治设治年分。
*《桂林市志》第一版认为当为公元前111年，根据《龙胜厅志》与《广西通志》为1741年）

伴随着军事的近代化与城市人口的扩张，近现代城镇的扩张中早期军事防御的城墙被淘汰。战争的破坏与求进步的需求给当地带来了建设上的压力，国民政府颁布了一系列相关规定[①]。这些文件专注于城市近代化改造与拓展。1933年的旧城改造中，道路被拓宽，城门、城墙被拆。在一些研究者笔下，这是桂林山水城格局的形成，风景从城外走进城内。“城中有景、景中有城”。但实际上，从另一个角度来说，传统城乡关系在此时被打破。实体界限的消失，允许了城市在更大的范围进行扩张。民国由于战争的影响，实际的扩张比较有限（图4-2-2）。至中华人民共和国成立后，尤其是改革开放后，各地的城镇随着工业发展转移，桂林城镇地区的军事防御功能进一步消减，并开始进行一定程度的向外扩张。如阳朔城民国时期为1.5平方公里，早先被认为“半是乡村半是店，可为耕种可为商”，中华人民共和国成立后拓展到4.5平方公里，1985年时拓展到6平方公里。灵川地区1962年迁建新城，基地是民国时期的工厂区与自然村落[②]。从各城镇的扩张范围可以看到城镇建设的拓展，桂林市区作为中心区，扩张规模是最为明显的，区域边缘地区开始逐步出现城中村。（表4-2-6）

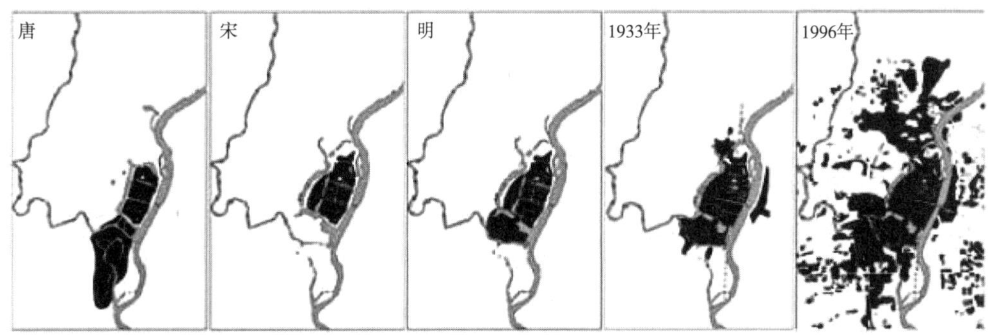

图4-2-2 桂林城区发展
（来源：摘自《桂林城市历史文化特色与保护探索》）

---

① 其中包括了1932年《广西建设纲领》；1940年《建筑法》《广西建筑通则》《桂林市建筑规则》《临时搭盖房屋办法》《桂林新市区计划》《城南郊新市区计划》；1945年，《大桂林三民主义试验市计划》《桂林新市政建设计划》成为之后主要的指导文件。

② 灵川县地方志编纂委员会. 灵川县志［M］. 南宁：广西人民出版社，1997. 甘棠衔、吴家、湘潭、排楼、上窑、下窑、窑尾老圩、鸟塘等自然村，居民2000余人。

各地城镇扩建情况　　表4-2-6

地区	第一阶段	第二阶段	第三阶段
桂林		中华人民共和国成立初	1990年
		5平方公里	33.4平方公里
临桂		中华人民共和国成立后	1990年
		迁至二塘	3.5公里
兴安	民国	中华人民共和国成立后	
	约0.7平方公里	约5.9平方公里	
阳朔	民国	中华人民共和国成立后	1985年
	1.5平方公里	4.5平方公里	6平方公里
永福	民国		1983年
	0.54平方公里		3平方公里
灵川		1962年	1990年
		始建新城	3.5平方公里
资源	民国		1990年
	0.125平方公里		2.4平方公里
恭城	民国		1989年
	1.5平方公里		13平方公里

（来源：笔者绘制，根据各县县志整理）

整体来说，早期基于军事防御的基本功能，城镇在桂林地区形成实体的环境营造。它们在景观上有别于乡村地区的形态呈现。伴随着历史变迁，城镇的景观被不断建造、更新、消减、扩张。近现代军事变革，早期城镇在形态上的军事防御性被消减，更强调作为行政管理的核心地，拥有着更高密度的人口聚居环境。

（三）经济网络的建构：圩村的发展

伴随着地区生产的拓展，桂林地区在六朝时期便形成了乡村圩市，之后逐渐发展形成串联乡里的重要网络。

六朝时期，桂林地区的圩市逐渐发展。吴甘露元年（265年）置熙平县治于今兴坪镇狮子岚，今兴坪镇西建有溪河圩为阳朔地区最早的圩①。当地圩也常与村结合在一起。“越之市为墟，多在村场，先期招集各商或歌舞以来之。荆南、岭表皆然。”②从史料中看，当时的“圩”已经非常普遍且有组织。湘州境内（含始安县）用铜钱作通货。广西当时的大部分地区仍以“米、盐”进行物资交换。宋代桂林地区的手工制造业大力

① 阳朔县志编纂委员会. 阳朔县志［M］. 南宁：广西人民出版社，1988：大事记.

② 黄金铸. 从六朝广西政区城市发展看区域开发［J］. 中南民族学院学报（哲学社会科学版），1995年第六期（总第76期）：93-96.《岭南丛述》引晋人沈怀远《南越志》。

发展，圩市有了专业化的拓展。桂林考古中，临桂县钱村遗址[①]被认为是北宋晚期至南宋的一处圩市，以经营陶瓷为主。遗址柱洞198个、灰坑9个、石墙5处，被认为是当时圩市的相关建筑遗址。该遗址出土的陶瓷被认为与同期地区的其他窑址相近。另一些宋代考古也证实了，全州、兴安、桂林市区等地有着相当规模的民间陶瓷制造。这些区域多分布于靠近水域的山坡地带。窑依山而建，与采土场、陶瓷运输水道通路共同成为整体陶瓷制造的环境实存。从钱村陶瓷圩市的出土文物、周边制瓷业对于生产程序与运输的经营，可以了解当时圩市与乡村经济网络的紧密联系。阳朔地区的白沙圩、福利圩都是于宋代开始的[②]。明清时期，岭南进入传统开发高峰期。湖广边界上的桂林在商贸上迅速发展。其中，大圩是广西四大圩镇之一，以贩运米、盐为主。而其作为桂东北重要的商贸节点，辐射周边村庄。受交通影响，周边部分地区亦是贸易的集聚点。清初临桂地区的圩市已达到33个[③]。清代瑶壮地区也已有圩市，供周边乡民进行交换。而在相对稳定的民族关系下，汉族商人也常去少数民族地区进行货品售卖[④]。“文革”期间，圩场的建设有所间断。但改革开放后得以恢复，并有了更大的拓展。各圩场结合乡镇建设，在辐射规模、服务内容与设施配套上都有了大的拓展。

自六朝时期开始，区域的圩集作为服务乡里的货物集散地，逐步发展。它们有的与城镇结合，有的借由交通之便独立为市形成圩村。圩集的贸易，从十日一圩、七日一圩、五日一圩、三日一圩或天天为圩，不等。圩集与村子的联系一方面形成贸易网络，另一方面伴随着外来人口的集聚形成商、农结合的村庄，如大圩周边的熊村、潮田圩、海洋坪等。清晚期、民国、改革开放后，是圩集发展最为迅速的时间段。伴随着相关基础建设的拓展，如今桂林地区的圩集（集市）已是地方综合性的物资集散节点。

（四）文化意义的赋予：风景观光的发展

“桂林山水甲天下”是人们对于桂林的重要印象。

桂林山水的发展中，人们不同的活动介入，从早期的山水抒情，逐渐与政治或文化活动结合进行山水公关，再到转换为经济关联的旅游消费。“山”“水”作为区域聚居的自然架构，在桂林历史过程中逐渐成为“风景”，转化为独立的观赏对象，并形成了其

---

① 广西壮族自治区文物工作队，桂林市文物工作队，临桂县文物管理所. 广西临桂县钱村遗址发掘简报［A］//广西壮族自治区文物工作队. 广西考古文集（第二辑）［C］. 北京：科学出版社，2006：389-411.

② 阳朔县志编纂委员会. 阳朔县志［M］. 南宁：广西人民出版社，1988. 第三篇经济，第二十一章商业，第四节集市。

③ 熊昌锟. 明末至民国时期桂北圩镇与周边农村社会研究——以灵川大圩为中心［D］. 桂林：广西师范大学，2012，5：40. 临桂在清初已经达到33个圩：临桂东乡有铁沙、大圩、草坪、海洋、熊村5个圩，西乡有米圩、五里圩、庙头、通城、沙子、秧塘、凤凰、太平、横乡新圩、四塘、油麻、界牌、渡头、罗城、宝城、苏桥、两江、山口、花岭等19个圩，南乡有窑头、太和、马面、良丰、蚂蝗、会仙、六塘7个圩，北乡有北门和米圩2个圩。

④ 庞新民. 两广猺山调查［M］. 上海：中华书局，1935：89. 概述中对于广西部分的调研集中在1928年、1935年间，虽然已进入民国，但是其中圩市、乡村风俗的形成还是可以被认为有部分代表了清代的状况，特此引用。

相关的观赏与营建活动。风景观光，以另一种方式影响与建构起区域聚居环境格局。

桂林山水，早在六朝时期人们便开始关注到它在风景艺术上的审美潜质。南朝宋少帝任命颜延之为始安郡太守，喜爱独秀山，留有诗句“未若独秀者，峨峨郛邑间”。郦道元注《水经》，称今七星岩为弹丸山，山大，洞穴深远，莫究其极①。之后，随着唐宋贬官②的到访与传播，桂林山水得到了有力的推进。明清的稳定发展后，清末桂林山水已闻名全国。近现代的风景建设下，“山水”观光的基础上，历史文化古迹、乡村田园也逐渐进入桂林的观光范围。

对于乡村而言，古代的大部分景点分布于乡村地区。从徐霞客明末的记述中可以看到，以湘江、漓江为线索，涵盖了全州、兴安、灵川、临桂、阳朔、永福等地的沿岸风光以及名山、名岩、古刹。其访问的地点大部分位于乡村地区，访问中或寻当地乡民作为向导，或借宿、炊事于乡民家中。从游记中可以了解到，当时作为外地人的徐霞客只为看山访刹，在乡间还是比较少见的。这一时期，风景观光点对于区域聚居关系的影响也比较弱。

然而，随着当下旅游观光作为产业不断拓展，桂林内部的交通、公共服务设施、各村镇建设方向、乡村产业及景观都在该网络下发生巨大变化。自民国起，桂林风景建设就已经开始逐渐介入乡村。中华人民共和国成立后，政府与相关机构对于观光线路、景区进行重点资源投入。具有传统历史特色、民族风情、优美自然风光的乡村，被作为重要的观光资源整合进旅游开发对象。人们对于景观的新价值认知，使得区域内的聚居环境有了新的关联与建设方向。相应的风景规划，也在这一过程中成为介入桂林乡村的重要手段。这种风景观光目的下的规划，促成了地区内的新联系与建设。随着旅游从精英阶层进入普通大众生活休闲范畴，风景观光网络开始重新建立起乡村内部、乡村间、城乡甚至桂林与海外间的关系。（图4-2-3）

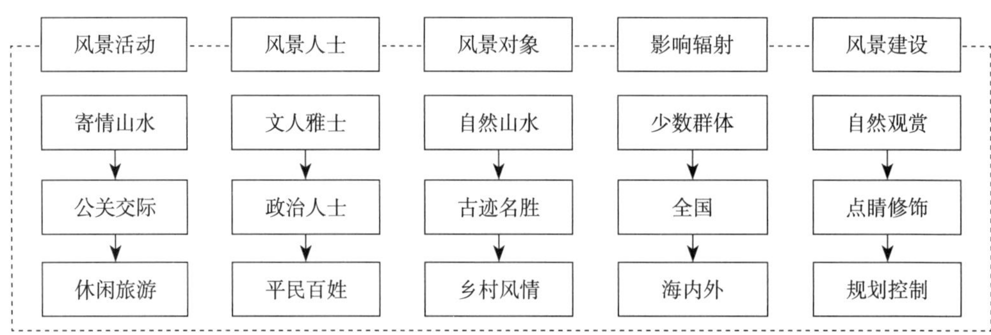

图4-2-3 桂林风景网络的拓展及内容

① 李炳东，弋德华. 广西农业经济史稿［M］. 南宁：广西人民出版社，1985，12. 大事记.

② 郭建琳. 桂林城市历史文化特色与保护探索［D］. 广州：华南理工大学，2004，6.

三、时间样本一：明清时期桂林乡村景观面对的影响及作用过程

大的历史变迁过程下，桂林内部的环境有着普遍的周期性变化。明清时期，是古代至近现代的过渡期。作为一个时间切片，这一时期的资料数据相对完善，能够比较整体地提供历史过程中一个周期性的变动。同时，作为传统农业文明下乡村社会的发展末期，此时桂林乡村地区已经形成了与外部更广泛的交流。这里以“明清”时期作为时间样本进行具体讨论，更清晰地了解两类影响因素的相互关系与作用过程。

（一）明代乡村景观影响因素的相互关联

地区内外的“交流”已非常大地影响着单纯经验积累下的居住生活与发展突破。随着对区域开发经营管理上的技术成熟，当地居民与政府已经形成了针对区域开发问题相对完备的政治、社会、技术文化策略积累。明清时期，桂林成为广西政治、文化、交通的中心，区域外对内部的开发介入已有着比较清晰的逻辑。

以明代为例，这一时期的战争与民族冲突持续不断。桂林地区伴随着军事活动的发生，内部社会人口构成形成了一定变化。而在局势相对稳定后，作为外部对于区域内部的干预，政府结合区划进行土地资源的整合、行政任免加强中央统治[①]，形成对于区域民族融合、开发拓展的推进。一方面，政府通过土地、税收政策对于军屯、民屯进行开发鼓励，以技术、材料推进生产力；通过人口组织、人力教育投入，推动地区的开发与建设的深化。另一方面，宗教、科举教育、艺文则作为普及知识、资源调整、平衡协调社会矛盾的媒介，推进地区内部的技术推广、民族融合。相应的，区域内的聚居格局及景观的形式发生变化。

政治局势的变动作为某一时期变革的起点，形成对于社会人口、科技文化的推进。和平年代到来后，这一过程同时作用于内部的景观。基础设施、城镇、圩村贸易、风景营造都在这个过程中形成一定的变动。乡村景观既在前一因素下展开内部调整，亦在后一类环境影响下形成角色及结构变动。（图4-2-4）

（二）清代乡村景观影响因素变迁的时间节奏

历代的政权更替，区域聚居环境的发展过程呈现出非连续的间断。地方的开发与精进，表现为螺旋式的递进。这里以清代为例，就过程中影响因素随着时代变迁呈现出的时间节奏进行说明，了解在一定的社会阶段中影响因素变动的基本规律。（图4-2-5）

作为广西道（省）治与通岭北之交通要隘，桂林地区在明末清初的朝代变更中南明政府与清政府在顺治（永历）年间的对抗，以及康熙年间吴三桂对清政府的反清战争给

① 明洪武五年（1372年），桂林由静江府更名桂林府。1394年，全州改归桂林府，正式纳入广西行中书省。而朱元璋委派侄孙朱守谦来桂林为藩王。

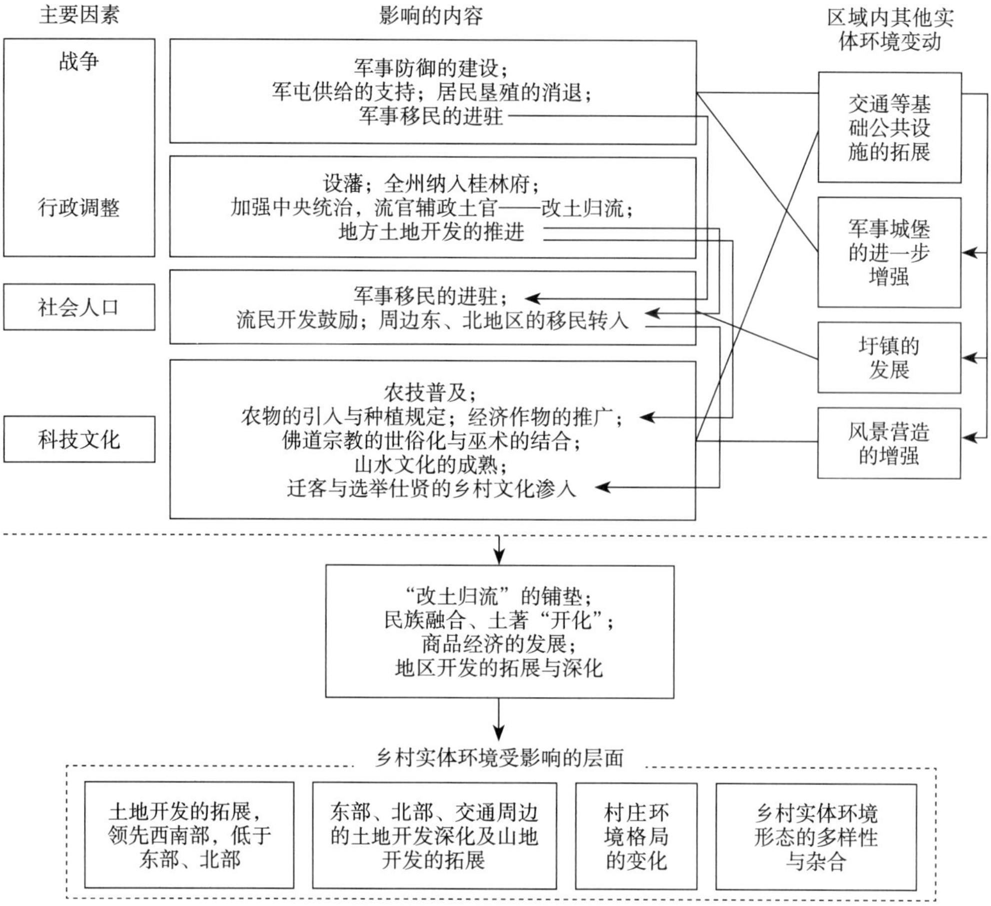

主要因素
影响的内容
区域内其他实体环境变动
战争
行政调整
社会人口
科技文化
军事防御的建设；
军屯供给的支持；居民垦殖的消退；
军事移民的进驻
设藩；全州纳入桂林府；
加强中央统治，流官辅政土官——改土归流；
地方土地开发的推进
军事移民的进驻；
流民开发鼓励；周边东、北地区的移民转入
农技普及；
农物的引入与种植规定；经济作物的推广；
佛道宗教的世俗化与巫术的结合；
山水文化的成熟；
迁客与选举仕贤的乡村文化渗入
交通等基础公共设施的拓展
军事城堡的进一步增强
圩镇的发展
风景营造的增强
“改土归流”的铺垫；
民族融合、土著“开化”；
商品经济的发展；
地区开发的拓展与深化
乡村实体环境受影响的层面
土地开发的拓展，领先西南部，低于东部、北部
东部、北部、交通周边的土地开发深化及山地开发的拓展
村庄环境格局的变化
乡村实体环境形态的多样性与杂合

图4-2-4　桂林明代不同因素对于与乡村聚居环境的影响概况图

乡村情况
政治时局
社会人口
科技文化
明末清初的萧条破败
南明与清政府的对抗；
吴三桂的反清对抗
军事移民；
地方人口消耗
土著农技的限制
清初至清中期的恢复
改土归流；
摊丁入亩
东部、北部移民的进入；
本地人口复苏
外来农技的输入
清中后期的繁荣
采矿业发展；
田亩升科
商贸与手工艺人的进入；
本地人口的膨胀
外来作物物种输入
清末的衰退与矛盾激增
天地会、太平天国起义
山地移民的转移；
区域人口的迁出，
人口下滑
近现代工业技术及西方风尚的引入

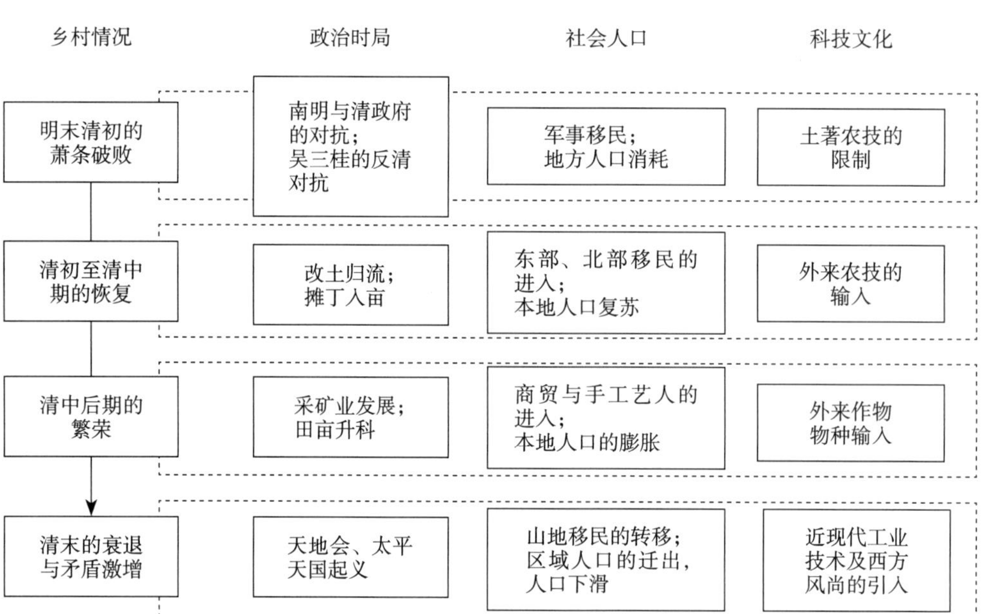

图4-2-5　清代乡村受到的社会因素影响的变化节奏

当地的影响巨大①。桂林作为广西主要的农业产区，耕地也伴随着人口耗损发生大量抛荒②。连年征战后，清初政府主要从几个方面进行拓展，减免税收③、组织土地开垦④⑤。这有效地促进了外来移民和土地开垦资源的整合，于是清早期，桂林地区地广人稀，占山、占地现象时有出现。有些地主由于山地太大，主要依赖外地移民进行垦种，内地剩余人口大量移入广西。清雍正年间实行"改土归流"后，移民规模增大。桂林府与平乐府⑥借由湘、桂水系，清初有着大量的邻省移民，其中湖南为最，广东次之。地区开发与移民通道的关系，形成了乡村地区的恢复差异。湘江或资水作为自北向南、自东向西，联系省内外的关键移民要道。桂林东北部平原较多的全州、兴安一带在清初至清中期土地发展与恢复较快。如清康熙后期，全州"今耕作既久，林翳渐尽，山原旷图遍布垦种。民餍山泽之利，结庐保守，远近相望，无复昔日枭獍之虑"⑦。而灌阳与恭城交界山区，瑶族村寨仍然"屋舍星散、不成村落"⑧。康熙八年（1669年），平乐知县陈光龙编修的《平乐县志》中记录，"每行数十程始得一村，村复萧然，无多户，民与猺獞相杂，诛茅编竹，罯蔽风雨，而无闉阇之可观……"旧志记载，民村125，瑶村71，壮族村104。经过康熙时期的休养生息，平乐至光绪十年（1884年），"村落凡七百有奇，数加倍"。平乐县内"村之星罗棋布，于六里间，固周且密……"⑨。

顺治—康熙—雍正年间，人口与土地开垦政策下，区域粮食生产逐渐增加。清中期广西地区的生产力开始恢复，米粮已有富余。桂林、平乐，是当时广西地区的水稻主产地之一⑩⑪。清中期，桂林地区乡村经济已重新振兴，村庄建设也有了大力的拓展。在人口的增长下，新的土地需求下至乾隆年间开始鼓励新的垦殖与经济拓展。清中期主要依赖偏远地区开放垦殖，采矿制造业、手工业来缓解生计压力与人口闲置。乾隆年间，

① 广西壮族自治区地方志编纂委员会．广西通志·大事记［M］．南宁：广西人民出版社，1998，11：69-73.

② 顺治十八年（1661年），广西人口115722人，广西全省耕地由明代的10万顷减至5.4万顷。

③ 结合《广西通志》大事记，顺治十年至十三年，康熙十八年、三十三年、四十三年，由于地方人少地贫，政府常连续蠲免当地钱粮税收。除了战乱，桂林、平乐当地地震、水灾、冰雹不断，地区内饥荒严重。除了减免粮税，康熙十八年，清廷命从湖广调米入广西进行救济。

④ 广西壮族自治区地方志编纂委员会．广西通志·大事记［M］．南宁：广西人民出版社，1998，11：69-73. 顺治十三年，清廷令广西各府州县招商民开垦荒田、荒地，商民愿意承垦而缺乏资力的，官府给予牛具。

⑤ 而康熙在位期间，"滋生人口，永不加赋"的政策使得广西当地的乡村得到了非常好的恢复。

⑥ 资料上，雍正年县志记载，平乐地区便往往招广东阳山种植。

⑦ 郑维款．清代广西生态环境变迁研究［A］//历史·环境与边疆——2010年中国历史地理国际学术研讨会论文集［C］．桂林：广西师范大学出版社，2012.6：257-258，255.

⑧ 郑维款．清代广西生态环境变迁研究［A］//历史·环境与边疆——2010年中国历史地理国际学术研讨会论文集［C］．桂林：广西师范大学出版社，2012.6：257-258，255.

⑨ 全文炳，修；伍嘉犹，等，纂．平乐县志（光绪十年刊本）［M］．台北：成文出版社，1967：卷一、十二、十三.

⑩ 广西壮族自治区地方志编纂委员会编．广西通志·大事记［M］．南宁：广西人民出版社，1998.
乾隆三年（1738年），清廷议准两广总督马尔泰动支广东藩库余银，采买广西谷米。其中梧州、桂林、平乐、得州、南宁5府谷米专供广东采买。

⑪［清］屈大均撰《广东新语》卷十四 食语·谷："东粤固多谷之地也，然不能仰资西粤。"

田亩升科使得旱地开垦得到鼓励①。乾隆至道光年间，龙胜地区主要出租给湖南移民垦殖。这些租地种植的外来移民，对于当地乡村经济有着一定的刺激作用。但同时，外部开发型移民随着广西西部土司地区的开垦限制放宽后，逐渐向桂林西部转移。

清中后期，采矿业的发展在东部有了较大推进。恭城、临桂、永福地区的铜矿开采，使区域劳动力得到转移②。清代末年，随着人口的变化，区域内的人地矛盾逐渐加剧。由于局部地区天灾的发生，桂林地区的土地开发与环境建设呈现出消减态势。在清末规模农民起义的爆发下，桂林地区的社会之前开垦的田地被大面积抛荒，部分“农业生态环境发生了退化，次生性植被复萌”③。

综合来讲，清代桂林面对的各种影响因素，在时间轴上呈现出不同的分布变化。其中，政治局势的变动影响，贯穿整个历史阶段。其他因素也由于各种政策及社会局势，产生连锁的反应。整个过程中，影响因素的变动是在与内部环境的互动中产生的变化。这种影响因素的调整过程，自上而下、自外及内，反映了中央统治管理阶层、外部地区人口进行桂林乡村干预的调整过程。它与乡村内部的自我调整同时存在，并伴随着乡村环境中人地矛盾的规律性变动形成规律性的干预节奏。

（三）明清对于后续发展的铺垫及影响

作为一个时间样本，明清时期乡村景观影响因素的相互作用关系及时间节奏，与景观本身一样，存在历史的延续与持续影响。一是，明清时期的桂林社会变动后的结果是近代区域发展的基点；二是明清时期影响因素的作用过程及变化逻辑，亦是后世区域开发的经验策略（图4-2-6）。

明清桂林的发展，是在自身作为西南政治文化中心的区位下展开的。一方面，地区内中央控制逐步深化，形成了区域内完备的传统军事防御体系、民族管理政策，民族间的关系在桂林得到了进一步融合。伴随着土地制度、人口制度、技术文化的拓展，区域土地开发有着更大的扩张与均衡发展。清晚期的桂林乡村景观发展，在传统演进的框架下展开。盛世之后的衰退，传统政府管理与土地生产力的极限下，乡村人地及社会间的矛盾逐渐激烈。鸦片战争的爆发，海外势力成为直接与间接对桂林施加压力的来源。这

---

① 广西壮族自治区地方志编纂委员会. 广西通志·大事记［M］. 南宁：广西人民出版社，1998：77.
乾隆六年（1741年），清廷拟定广西开垦田亩升科办法。“地属平原，田成片段，水田1亩以上、旱田3亩以上，照例升科，1亩、3亩以下，永不升科；民间开垦水田五亩以上，旱田10亩以上，照例升科，5亩，10亩以下，永免升科。”其中对比平原，鼓励民间因生计的小规模的家庭垦殖，鼓励旱地。

② 广西壮族自治区地方志编纂委员会. 广西通志·大事记［M］. 南宁：广西人民出版社，1998.11：77-78.
雍正六年广西报准开禁采矿后，乾隆二年恭城商人开采回头山、上陡岗等地铜矿，历时30年，年产10多万斤。乾隆七年，清廷议准广西于桂林文昌门外设广源局，扩大广西鼓铸，开炉10座，允许试采临桂、永福等处铜矿，采买别省之铜斤等鼓铸原料。是年清廷议准采炼广西桂林等府州县铁矿54座。乾隆十一年（1746年），商人李鸿等在阳朔开采石灰窑铜矿。是年即产铜38680斤。

③ 郑维款. 清代广西生态环境变迁研究［A］//历史·环境与边疆——2010年中国历史地理国际学术研讨会论文集［C］. 桂林：广西师范大学出版社，2012，6：257-258，262.

图4-2-6 作为一个时间样本，明清时期的铺垫与影响

是近代桂林地区社会及乡村景观变革的背景。

另一方面，明清时期的桂林地区乡村变动，是在这两方面的影响下展开的。它们是政治局势、社会、科技文化的社会因素，与基础设施、城镇、圩村、风景等乡村外部环境。两方面的因素本身存在着内部的互动关系。这种关系在近现代的社会及环境实体变动中仍然保留了下来。同时，演进的过程中，两类影响因素作为外部干预力量，仍然是以乡村景观为对象进行调整的。虽然各朝各代在空间管理的策略及方法上存在差异，但是在各时期人地矛盾的缓解与应对过程中，各影响因素与区域土地资源开发、利用、建设的节奏是相互关联的。

第三节

桂林地区乡村景观的形态调整活动

乡村景观的开发建设调整，是对于既有形态呈现及形态变化过程内在因果关系的讨论。它们也反映了桂林地区进行乡村管理、建设的思路特点，有助于明确未来桂林地区乡村建设的方式路径。

桂林地区乡村形态的调整活动，包括了土地占有、土地垦殖、聚落营建、既有的土地与景观的经营。各种影响因素下，桂林地区的本地乡民或乡村社区对景观展开了不同的调整活动。为了深入理解不同影响因素与乡村景观形态变动的关系，本节选取1840～1949年的百年作为时间样本进行分析，深入理解桂林地区的变化过程。

一、乡村聚居格局的变动方式

在各种影响因素下，乡村聚居格局会发生变动。其中，桂林地区的土地占有模式及相应的村庄建设，包括了基础生存的土地开垦、贸易交流的集聚、城镇堡垒的衰退淘汰、暴力占有既有村庄或置换居民。

（一）土地开垦

土地开垦是传统社会，村庄由无到有、由小到大的重要开发建设活动。它作为人们改造自然环境的基本活动，是人类定居的关键，也是以土地农业经济为生的传统乡村社会获取生存繁衍的基础支撑。桂林地区自远古时期便有人类踪迹，从桂林新石器时期的晓锦遗址中已发现，当时的古人类已经开始饮食稻谷、进行种植活动的迹象①。而正如葛剑雄先生提及的，"土地开垦在传统社会为人们提供了占有与自由支配土地资源的可能"②。桂林地区，无论是本地的原住民，还是外部进驻的移民，多是以土地开垦作为奠定村庄聚居的基础。

综合来说，以土地开垦为初衷展开村庄建设的路径，包括五类：本地原住民的生存开垦、战事驻军的开垦、政府移民的开荒、民间开发移民的开垦、避难移民的开垦。（表4-3-1）

迁移定居原因与桂林村庄对照表　　表4-3-1

迁移、定居的原因	桂林地区村庄
更新居所（区域内部由城镇或其周边迁入现址）	阳朔兴坪镇渔村（明）、临桂南边乡南边村秦姓家族（清）、全州石塘镇沛田村唐姓家族（明）
少数民族土地开垦（山地、靠近迁徙线路、远离早期开发地）	恭城莲花镇朗山村周姓瑶家从湖南迁入（唐）、龙胜银水寨吴氏侗家迁入开寨（唐）、龙胜平安乡壮寨北壮世居（清至民国）、龙胜泗水乡白面寨红瑶世居（清）
驻军（交通节点、关隘）	兴安溴川乡榜上村朱守谦卫士陈俊驻守溴川古道后定居（明），荔浦马岭镇小青山村狄青平乱驻军留守（宋），荔浦新坪寨背李氏客家奉命荔浦剿抚上、中、下三峒后定居（明）
避战乱	阳朔高田镇郎梓覃氏家族战败官员避世（清）、灵川大圩毛村黄氏客家躲避战乱逃至茅莔州后更名毛村（宋）

（来源：笔者绘制，依据《桂林古民居》、《桂林客家》、《阳朔县志》（1986–2003）、《阳朔黎姓族谱》等制表）

原住居民，随着人口的迁移，更多是一个对应于某一阶段的外来移民概念。但各地的原住居民开垦，在早期定居点的基础上，结合周边资源进行土地开垦，建立村庄。

战争驻军的屯垦，以军事据点为辐射进行垦殖。其周边则往往作为屯田区，供给军需。伴随着军事活动的消隐，城池周边屯田区逐渐成为当地新的聚居点。秦汉以来的朝代更替时期都是以此进行土地开垦，土地占有形成外来移民的村庄定居。它们伴随着军

① 广西壮族自治区文物工作队资源县文物管理所．广西资源县晓锦新石器时代遗址发掘简报［J］．考古，2004，3（总199）．晓锦遗址第二期发现较多的细长粒炭化稻米、炭化果核、石器工具以及柱洞遗迹等，说明当时人们依然居住着半干栏式房子，经济生活除采集和狩猎外，已开始农业耕作并掌握种植水稻的方法，所生产粮食比较富足且略有剩余。

② 葛剑雄，曹树基，吴松弟．简明中国移民史［M］．福州：福建人民出版社，1993，12.

事活动发生，在政治局势影响下进行社会人口的变动，通过区域基础交通拓展获取人口迁移，进行驻军营城，展开相应的周边土地军事屯垦，村庄环境获得建设。这类土地开垦由秦开始，至明清仍有保留，如兴安漠川乡榜上村、荔浦小青山。

桂林地区政府移民的开荒也发生得比较早。结合人口迁移，形成以建制城镇为中心的周边土地或山林边缘荒地的开发，移民聚而成村。由政府组织的往往规模大，对于区域变化影响较快。如清中后期，江门地区的“广东西路土客斗案”历时12年，为了缓解官府调节，“劝谕客众他迁，发给资费，大口八两，小口四两，派勇士途中保护往……荔浦、修仁等县觅地居住耕种”[①]。这使得清末，桂林地区的客家人口在南部迅速增长。

传统农业社会下，人地冲突的激增往往驱动着区域内以及区域间形成自由流动的开发移民。开发较早，但开发程度较低的桂林在这样的背景下，也成为人们合理交通代价下的迁移目的地。这种主动迁徙，人们以交通便利的荒地为开发对象。明清时期的此类开发较多，从空间上，桂林地区的湘赣移民分布广，广东移民以桂林南部为主。

同时，受到战事或政治事件影响的以避难为目的战乱移民，也是地区内进行土地开垦，村庄营造的人口类型之一。桂林在六朝、两宋等时期，远离中心战区，外来人口有着大量的进入，并以相对边缘的地方进行定居，如阳朔高田镇郎梓、灵川大圩毛村。

（二）贸易交流的集聚

圩村，主要依赖地区内的交换产生。随着各地农业的发展，从事商贸活动的人口逐渐积聚，形成物资交流的圩村。这些村庄位于交通沿线，如河流或古道。村民在时间或人口的分配上，一部分从事商贸活动，另一部分则在周边地区进行开垦，形成复合功能的村庄。其中，广西地区明清时期的开发，商贸在明中后期得到拓展。单纯的商人、手工艺会以便利交通枢纽的地段形成圩市。桂林交通网络的影响，使得较近的潇湘地区人口进入桂林，分布在东部、中部各地。而不相邻的东、南广府文化、客家文化则以南部为主，部分分布在水路沿线。如平乐县的榕津村，于榕津河与沙江河交汇处，于明代成圩。而灵川的熊村位于湘桂古商道旁、长岗岭依赖三月岭古道经商。此外，还有灵川迪塘村、灌阳的江口村、平乐的沙子村等。这些村庄一部分随着交通线路的衰退，在后期逐步转变为以土地种植为主的聚落；一部分则随着交通线路的繁荣，成为乡镇，土地种植逐渐消退。贸易交流形成的村落，通常在形态上呈现出线状的格局，平行或垂直于交通要道（水系）。（图4–3–1）

① 王建周. 桂林客家［M］. 桂林：广西师范大学出版社，2011，11：11.

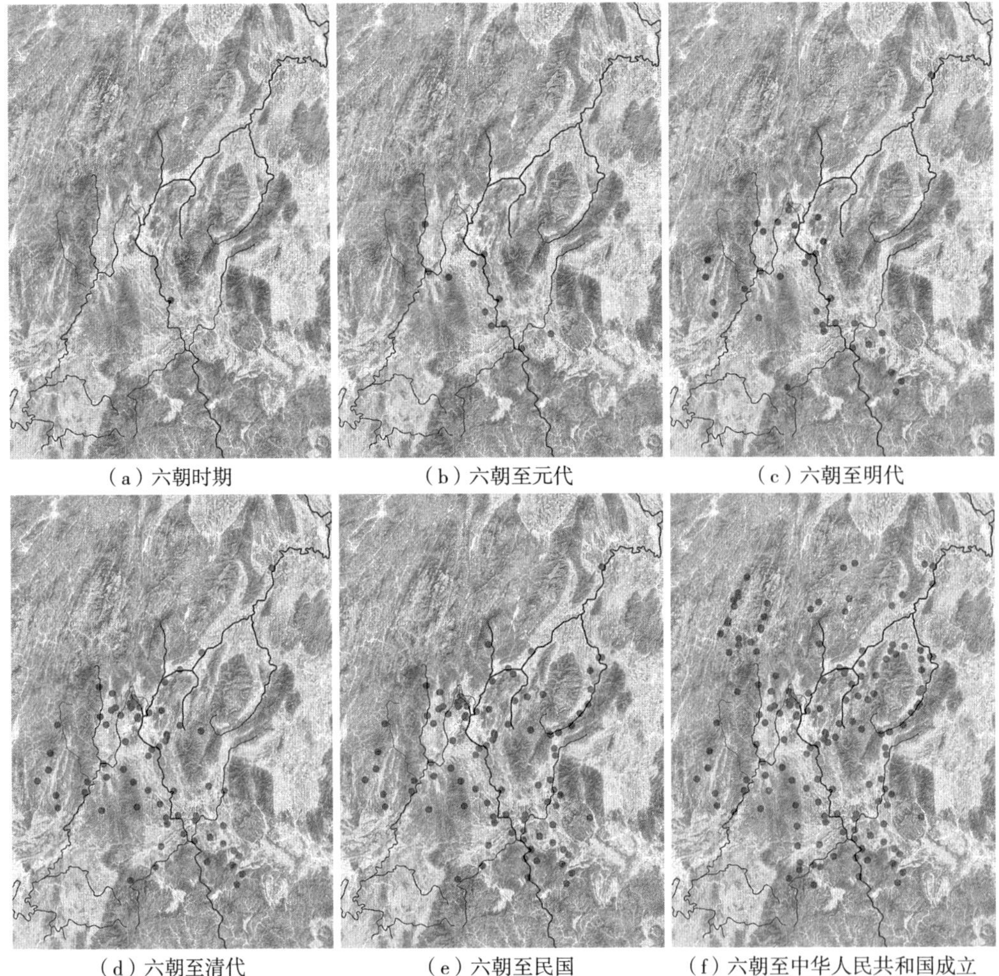

图4-3-1 桂林地区圩村历史变化图
（来源：笔者根据各县县志资料汇总数据进行绘制）

（三）城镇堡的衰退

桂林地区，各时期城镇建设并不相同。伴随着桂林地区逐渐进入中央辖制，为了加强对于地方的管理。各朝各代会通过行政据点与军事驻守结合，稳定地方。然而随着朝代更迭，会进行废置或迁移，早期的城镇转变为村庄。其中，岭南地区在唐武德四年（621年）后相继创建都督府，统管八十七州[①]。中央对于地区的行政控制力被进一步加强，临桂、恭城、永福、归义都是于621年[②]建立。这些是在李靖稳定地方少数民族起

① 艾冲．论唐代“岭南五府”建制的创置与演替——兼论唐后期岭南地域节度使司建制［A］//周长山，林强．历史·环境与边疆——2010年中国历史地理国际学术研讨会论文集［C］．桂林：广西师范大学出版社，2012，6：17-32.

② 根据《桂林市志》(第一版）大事记：“大业十四年（618年）社会动荡，始安郡丞李袭志募兵3000人，守卫郡城。皇泰二年、梁鸣凤三年（619年）萧铣攻占始安郡；李袭志投降，升任桂州总管。武德四年、梁鸣凤五年（621年）十月二十一日（11月10日）唐军俘获萧铣，李袭志留任桂州总管府总管。唐军占桂州，次年岭南首领冯盎、李光度、宁长真等归附。”

义后，确定的行政建制。但其中归义县在627年便废除，成为周边居民的村庄生产与聚居地。阳朔旧县村便是由此得名，并保留了当时的夯土城址。现城中已更替为农地，种植柑橘。（图4-3-2）

另一类是军事防守的需要，在桂林各关隘、险峻设置军事堡垒。而军事功能的“堡”也常在交通要道节点、水口、山涧位置分布。如平乐的华头堡、华山堡、曲斗堡、象矶堡；恭城的龙虎关、凤凰堡。但随着后期军事变动以及近现代军事对早期军防的冲击，军事功能退化转变为以农业生产为主的村庄。现在桂林境内的此类村庄聚居人口规模较小，建筑零散，未形成明显的集聚（图4-3-3）。

图4-3-2 桂林市阳朔县旧县村 归义古城

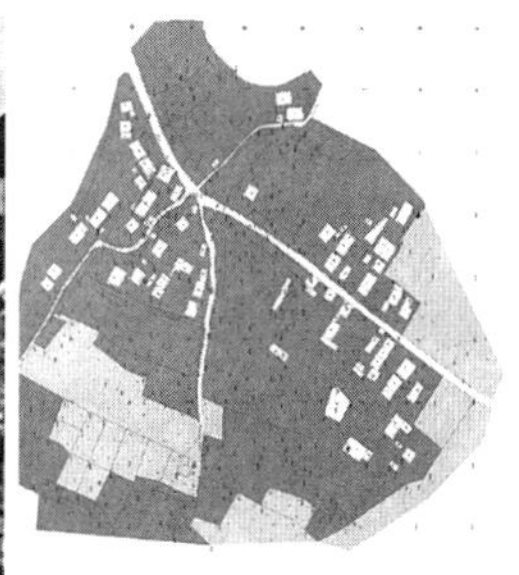

图4-3-3 桂林市阳朔县白沙堡 现状照片与平面图
（来源：阳朔县测绘大队提供）

（四）暴力占有或置换

此外，桂林地区的村庄存在一种方式，是通过暴力手段占有已建成的村庄或通过其他手段占有村庄。由于桂林地区民族众多，早期的族群相互之间冲击不断。一些族群通过掠夺其他族群已有的建设成果获得本族的生存。根据明代记述，獞人会侵占他族居处，“攻村则闻风而遁，占其田庐，徙老弱而居焉。”[①]其他族群相对弱势或者游踪不定。大良，有户口版籍，但多为“獞人占杀，散处城郭，为人灌园”[②]。而中华人民共和国成立后，由于土地政策的调整，分房分田给予弱势乡农或是少数民族，村庄居民也发生置换。其中，阳朔龙潭村现有居住的苗族便是在这种背景下进驻的。

综合来讲，桂林地区在不同影响因素下形成了不同的土地占有方式及相应的村庄建立。由于迁移的组织方式不同，地区内的村庄增长程度有所不同。由于影响因素在时间轴分布的情况不同，不同的迁居土地开垦方式在时间上的分布也不同。由于受到的影响因素不同，在分布的地点上有所差异。而外来移民则由于进入的目的和方式不同，分布不一，形态不一。这些影响因素及相应村庄建立的差异，也形成了地区乡村聚居环境在历史过程中空间格局的变动、村庄布点结构的形成、村庄内部格局的类型差异、村庄内部聚落形态的差异。

二、本地居民对景观的调整

然而，在外来影响下的土地占有与村庄建设，并不能算是桂林地区景观的演进。这里需要更深入地针对本地居民的建设调整展开分析。

（一）结合自然环境差异，形成空间占有的势力划分

桂林地区乡村聚居格局的形成是本地居民与外来移民相互作用下产生的。随着内部社会群体的变动对抗的产生，群体间形成空间占有的势力分化。其中，山地与平原两地的环境差异，正是在这样的背景下产生的。

在面对外来势力的强势进驻中，本地居民更多地结合山林险要形成防守与庇护之所。

先秦时期的考古发现，存在着桂林东北与南部地区的两地差异。而湘江沿线考古遗址自先秦便已发现与北部楚地相近。南部出土文物表现出楚越的双重特征。所以当时的桂林并不能完全属于越的范围。作为边界地区的桂林，“楚国及越之交……自荔浦以北为楚、以南为越”[③]，其内部存在着起码两种社会势力。但是随着秦汉外来开拓下，中原移民由湘江深入桂林区域，设置军事防御工事进行屯垦等等活动。作为先于其所在的楚越居住者，必然存在与中原移民间的冲撞。堡垒的设置本身也表明这一冲撞的存在。就既有的资料来看，当时作为防御保守的“城堡”，是这种外来移民引入的新营建类型。而本地靠近楚地的全州地区“零陵下湿，编木为城”[④]，这反映了当时防御工事营建上本

①（明）邝露《赤雅》卷上：“攻掠……”

②（明）邝露《赤雅》卷上：“大良……”

③《桂林通史》概述。

④（宋）司马光《资治通鉴》卷第五十五：“其中零陵郡，武帝置。宋白曰：郡古理在今全州清湘县南七十八里，古城存焉。”

地势力与外来军事力量存在悬殊。在秦军与越人的斗争中，也记述了“……而越人皆入丛薄之中与禽兽处，莫肯为秦虏……”[①]。这反映了当时本地势力在对抗中，依赖山林的复杂环境，求得庇护形成对于外来者的防范过程。同时，从秦汉时期遗留城址来看，夯土高台的规模城堡，需要依赖相对较大平坦地区进行建设。进而，相应的军事力量差异，人口营建技术下建筑类型的差异，以及人口对于本地自然环境熟悉、适应力的差异，地区内部形了在空间势力上的划分。

后来桂林地区外来移民，也在既有的空间格局下进驻居住。但从移民来源地与迁入地的关系来说，湖南地区的汉地居民仍以桂林地区的汉地居住区为主。早期的空间格局，是后期移民进行内部空间选择的关键。地缘关系的限制使得人们的迁移进一步增强空间上的势力划分。

而相似的自然环境，形成相似的空间定居选择。民族的定居地选择，受限于自身的生产、营造技能，形成固定的景观形式。原有的山地居民仍选择山地环境进行定居。如，西北部龙胜地区的居民来源，一部分来自北部的山地区域，另一部分来自东部越城岭、海洋山的山地区域。东南部恭城地区的山地居民则来自沿东线都庞岭、大瑶山。当然需要注意到在瑶族、苗族的定居地，清末至民国时期常写到临时性的居所，棚屋或A字屋。这种居住方式表明，势力划分下的空间仍然随着人的流动发生变化。进驻的移民并非明确定居目的地、营造技术也可通过后期的学习形成适应当地的建筑环境。然而也正因为如此，可以更进一步了解到自身生产、营造技术对于民族选择其定居地的影响。在清末，周边湖南地区开发型移民的进驻。但桂林平原地区开垦趋于阶段性饱和，外来移民进入山林地区。然而由于对于山林土地垦殖技术的不成熟，这类移民会造成毁林与水土流失现象严重[②]。从中可以看到移民及本地居民间的冲突。不同人群由于在土地改造技术与逻辑的差异，使得空间使用存在不同。在没有进行民族融合及交流的条件下，区域内部的空间也因此形成空间占有的势力分化。

因此，不同的自然环境及不同的空间势力占有者，在不同的营造逻辑下形成了对于地区内部空间环境改造与营造上的分化。

（二）平原地区战事频繁与乡间防御堡寨的兴建

两类不同自然环境的占有，其在面对的外来冲击的干扰会有所差别，村庄环境的演进节奏也有所不同。

平原河谷地区，有着便利的水运交通、相对开阔的耕种水田，是早期外来移民的集

①《淮南子·人间训》：“……三年不解甲驰弩，使临禄无以转饷。又以卒凿渠而通粮道，以与越人战，杀西瓯君译吁宋。而越人皆入丛薄中，与禽兽处，莫肯为秦虏。相置桀骏以为将，而夜攻秦人，大破之。杀尉屠睢，伏尸流血数十万，乃发谪戍以备之。”

②《清代广西生态变迁》258页：嘉庆四年（1799年），恭城县下西乡瑶民邓明全等控告八角岩村虞光成等冒充山主，于嘉庆二年（1797年）将瑶民耕种的瑶山土岭“私批与异省人……等开挖耕种杂粮，而伊等不顾一乡粮田，竟将树木尽行砍伐，伤坏水源，有关国赋。”

聚地。然而，这些地区也是行军及规模作战的主要地区。桂林地区战争频繁，湘漓沿线及永福至桂林沿线是桂林区域内受到战争冲击最主要的地区。与之不同的山林地区，由于相对疏远于战场，复杂的自然环境受外部的战争影响比较小。两类不同的空间形成了不一致的变化节奏。平原地区表现出相对精良的开垦条件，频繁的人口更替，受到更多的外部物资文化技术的提携。而山地区域表现出较低的开发程度，较缓慢的人口更替，外部影响较少。平原地区相应的乡村聚居环境表现出更为快速的更替；山地地区相应的乡村聚居环境表现出较为稳定的形态发展。

为了获得相对稳定的发展条件，追求乡村定居条件的最优。人们一方面在村庄选择上靠近资源较好的地区，另一方面加强防御建设获得安全保障。平原地区的城镇、交通线路周边的村庄是极易受到外部冲击抢掠的地区，因而居民会开展相应的城堡防御建设。特有的喀斯特地貌的石山岩穴作为各地村庄重要的防御空间常用以躲避战乱。而至明末清初开始，这些平原的乡村地区也多建碉堡。

清代之前，营堡在桂林平乐当地的修建主要由政府驻兵等作为军事防御进行建设。但明末清初所谓的“民族进化”推动下，堡寨的民间修建成为当地乡里普遍的现象。当时除却城池防御屡受冲击，而沿线（平乐—桂林；柳州—桂林）乡村居民也面对非常大的生存危急。为了保命，当时的乡村地区民间防御堡寨的修筑大大扩张。

在民国《阳朔县志》中记录了它的转变：“阳朔在明时只有獞贼廖金滥之乱前后，亘数十年人民之流离失所者不可以计数。因县境多山岩，每遇变乱居民扶老携幼相率登山入居岩洞中以避其锋及，乱事平息，始由山岩出居村市，尚无筑碉堡秀宅山之举。”[①]早年的阳朔地区，村庄居民主要依赖自然山体避难求生[②]，在康熙年间开始转变。“父老传闻，谓之走乱山头，因其无一定住所也。当明清异代之时，凡聚族而居者，每多迁移他乡，兵焚后，宗谱散失。虽同一宗支往往于战乱后，而失其统系，系康熙年间民族进化。知识略有进步，则以其时清初定鼎未久总兵马承荫联结藩王吴三桂由柳州出兵桂林修荔平朔天为振动县民，是时于村落附近遍筑寨堡为避乱守卫之计。吾朔寨山之多堡垒之固，迄今两百年遗址依然如故，询之文老皆谓当时走马家兵所致是亦民族保种自卫之一策也”。[③]

至今阳朔地区，位于县城东8公里的福利圩东鹦鹉山之福安园，旧称十八门楼寨山，为清朝初年福利圩居民避乱所建，民国十八年重修。“寨四周筑石墙，寨内面积约1平方公里，从山麓之寨门有石阶440级，半山有石门，门额刻‘福安园’三字。有一大

① 张岳灵，修；黎启动，纂. 阳朔县志（民国二十五年）[M]. 台北：成文出版有限公司，1975：614.

② 另据《桂林市志（第一版）》大事记：“顺治十年、永历七年（1653年）正月（2月）广西提督线国安拉夫纠集300余人乘虚入城。二月初十日（3月9日），清兵下乡劫掠，民众躲藏于山野岩洞。”

③ 张岳灵，修；黎启动，纂. 阳朔县志（民国二十五年）[M]. 台北：成文出版有限公司，1975：614-615.

一小两岩洞，可容百余人”[①]。阳朔地区乡村内部进行堡寨的建设，在后世民国时期也成为地方居民捍卫家园保存生命的重要举措。

从中可以了解到，由于自然环境的差异面对着各种积极或消极因素，平原地区居民在求得生产与生存的最优过程中，结合防御空间的改造形成对于乡村景观的演进。

（三）民族融合与交流下景观形式的杂合

历史过程中，山地、平原地区的聚居之间存在开发互动。随着平原地区开发的趋于饱和及民族融合，早期由于土地改造、营建技艺的差异，形成的不同族群势力空间划分逐渐打破。在整体的乡村聚居环境上，一方面，在平原地区的居民向丘陵、山地拓展，山地居民向平原拓展；另一方面，在村庄环境的特质上，随着民族融合，杂居交流下，景观的形式出现少数民族的汉化与汉族的瑶化或壮化。

这种融合由于早期羁縻政策，从宋代的文献中看到的比较少，民族间的文化界定比较清晰。但在明清时期，从相关的土地来看已经有壮瑶山地的统计。而在相关学者的研究中，壮族、瑶族也比较多地进行与汉族的交流，相互影响[②]，其方式包括了通婚、功名教育等。其中，瑶壮入学、武学[③]在桂林地区都是广西最早设立的。在民国时期的瑶民调研中提到，瑶族人民除谷柴外多需外部圩市购买，贸易最多为中坪、思旺、三江（修仁辖）三处[④]。汉族人多居住山中各瑶族村落从事小型贸易。瑶族人的木器多为圩市中汉族人代造。在房屋的建造上，风水师多为汉族人[⑤]，屋瓦也多请汉族工匠完成。

文化的交融，瑶壮两族也学习汉族以地居形式营造屋舍。民国时期记录，瑶族模仿汉式地居，但“穿一深穴大与室等，以居牛羊。”[⑥]而结合现状的调研中，从恭城朗山村来看，可以了解到当时桂林地区的瑶、汉两族的融合程度已经相当高了。朗山村位于恭城莲花镇，背靠朗山得名。村内有周、陈、赵、唐诸姓，以周为大，瑶族世居村寨[⑦]。从建筑的形制上已经与桂林中部的汉族民居一致。而位于阳朔朗梓的壮族村寨，也在形式上表现出完全的汉化。另一方面，在龙胜、灵川地区的汉族、瑶族、壮族都表现出相近的木楼形象。如灵川兰田瑶族乡的两合村为汉族聚落与大境乡的瑶族聚落，形式相

---

① 阳朔县地方志编纂委员会. 阳朔县志（1986-2003）[M]. 北京：方志出版社，2007，9：97.

② 刘祥学对于地区复杂民族组成下的文化特征表现及民族交融进行了较深入的研究。如《明清时期桂东北地区回族的分布、迁徙及与其它各族的相互影响》《明清时期桂东北地区的瑶族及其与其它民族的相互影响》《论壮族“汉化”与汉族“壮化”过程中的人地关系因素》等。

③（明）彭泽修，等. 广西通志（明万历二十七年刊印）[M]//民国方志选（六、七）. 台北：台湾学生书局，1986. 武学“正统九年广西总兵……罢软官七十八负俱以幼年承袭失于读书……弘治年间桂林始建武学”。

④ 庞新民. 两广猺山调查[M]. 北京：中华书局，1935. 概述中对于广西部分的调研集中在1928至1935年间，虽然已进入民国，但是其中圩市、乡村风俗的形成还是可以被认为有部分代表了清代的状况，特此引用。

⑤ 庞新民. 两广猺山调查[M]. 北京：中华书局，1935：104.“凡造屋者 先由堪舆家（多系汉人）判定方位，复由星命家择定各种日期，用红纸书就贴于神龛之上。”

⑥ 刘锡蕃. 岭表纪蛮[M]. 北京：商务印书馆，1935：47-49.

⑦ 唐旭，谢迪辉，等. 桂林古民居[M]. 桂林：广西师范大学出版社，2009，8：157.

近。（图4-3-4）而龙胜的瑶族村寨与壮族村寨在整体风貌与建筑形制上保持一致。

虽然民族间交流形成了相近的建筑形制，但建筑环境的演进则表现在融合了两族特质形成的新建筑特点。如恭城地区大量的瑶族世居聚落，建筑形制上使用了汉地地居的“三大空”形制，然而内部的心间划分并没有形成通高的心间空间，两侧的屋室中将一侧作为火塘间使用。在恭城石头村中，人们一方面在村头设置功名的幡杆夹，另一方面在村口设置凉亭结合地方信仰供奉神明。在桂林中部以汉族居住的传统民居中，人们也广泛在梁架中使用用材更为节省的穿斗式。（图4-3-5）

民族融合的大背景下，景观的形式及其技艺成为重要的交流对象。人们通过形式的更替、杂糅，获得与本地居住环境的适应以及文化身份的认同。而在具体的更新过程中，人们结合住居习惯、营造条件，形成对于建筑环境及聚落的演进推动。

图4-3-4 灵川兰田乡汉族“木楼”与灵川大境乡瑶族“木楼”

（a）永福崇山村

（b）临桂东山村

图4-3-5 永福、临桂地区汉族村庄中的民居，以穿斗式为木构梁架，局部结合装修做出改良

（四）山水的意义赋予与村庄景观的经营

桂林山水闻名全国，自六朝起逐渐拓展，发展成为桂林地区文化内涵的重要组成部分。然而，早期作为文人骚客的诵咏对象，在桂林乡村景观上造成的影响颇小。

古代的乡村中，山水更多地作为功能性的使用。如明代徐霞客的记述，山顶或山岩中多作为庙庵村学之用，部分土人村庄作为防守之地；水则作为更主要的交通联系。人们会借由山水的意义赋予，获得对景观的经营。将山水作为风水中的具体参照物，引导村庄空间的秩序。由于桂林地区多山，当地建筑讲究大门风水朝向，面山凹、避山峰。这种出于环境心理学的位置经营，在当地村民的说法中被转换为山峰似剑刃、山凹似宝盆。而在阳朔旧县村中，一处山势陡峭，日照较短的环山地段。村民名之为老虎口，警示村民地段危险。该处无人建房，夜间也少有人进入。此外，大部分的村庄中或靠山或案山，被命名为凤冠山、凤凰山、笔架山。这些山体，多山势平缓低矮，山脚适宜筑台建房，并形成对于聚落的围护。它们被作为寓意繁盛的吉祥之物，与风水林一同，被保护起来，禁止砍伐林木与山上兴建。可以说，乡村地区村民以另一种方式对山水实体赋予意义，并形成相应于聚落营造指导的参照物，推进村庄内部营建的合理化。

山水文化在近现代得到拓展，民国至改革开放前，桂林“山水”文化及风景建设，在政治需求下成为区域甚至国家民族文化代言。这种身份的赋予，使得“山水”文化及其风景建设成为区域建设重点。相应时期内，这种对于山水及风景建设的偏重，使得地区及乡村景观受到山水风景建设的控制影响。但限于时局影响，民国时期的一些建设思想并没有真正落实。

中华人民共和国成立后由于桂林失去省会身份，城市定位并未明确，顺应全国进行工业发展的思路，桂林作为生产型城市进行发展。地区内兴建工厂，大部分未进行“三废”处理，导致生态环境受到了很大的影响，“……漓江下游的水质已明显变坏，污染长达30公里……”“……两千多亩农田失收或减产。……不仅破坏山水风景，而且影响人民健康。”[①]但同时，20世纪50～60年代桂林山水观光显得比较特殊，以国家公费接待的苏联、波兰、越南等社会主义国家的外宾为主[②]。1951年桂林被确立为风景区，在20世纪55～70年代末一直持续地进行风景营造及规划[③]。1970年，桂林开始确定了自身对于建设社会主义风景城市的定位，相关规划进行调整、修建大小观光风景点、旅游线路、服务设施。由于对于山水的重视，其周边的乡村景观开始受到风景规划营造的具体影响。于是，漓江阳朔段两岸全长124.8公里，在后续的几十年中开始种竹木绿化。在这样的风景建设下，桂林地区漓江沿岸，村庄与河流之间进行了绿化，形成了水—竹—田园—居—山的格局。同时，由于喀斯特地貌的石山是重要的水泥石灰原材料，近代鼓

① 桂林市革命委员会. 桂林市总体规划说明书［Z］. 1973，3.

② 桂林市地方志编委会. 桂林市志（上、中、下册）［M］. 北京：中华书局，1997：旅游志，第二章旅游者。

③ 其中，1955年至1960年间，桂林地区陆续展开了各项风景规划，包括1956年的桂林市风景规划方案和近期建设规划方案，1957的城市绿化规划方案，1959年的桂林—阳朔漓江风景区初步规划、龙胜花坪林区利用规划，兴安秦堤、阳朔、兴坪风景小区规划等。其中，在延续旧有对于景点改造与新修的过程中，更重要的是对漓江沿岸地区展开的流域景观整治，广植竹林、保护石山。1964年，桂林列为第二批对外开放城市。当年对桂林展开了新的规划编制。其中，定位桂林为“中国式的风景游览城市”，规划以桂林为中心，包括北到兴安，南至阳朔，西至龙胜，东至海洋的大桂林风景游览区。完成了《城市规划基础资料》《桂林市风景绿化规划》《桂林市政工程规划》，编绘了《桂林市工程管线综合规划图》《全市河湖系统规划图》《桂林市公共建筑分布图》《桂林市风景点绿化规划图》《阳朔规划图》等规划编制。按规划修建了芦笛公园及桃花江游览路线等。

励作为繁荣地方经济进行开采。为了保护桂林自然山水，桂林地区自中华人民共和国成立后便明确了石山开采限制，保证了乡村地区连续的山水景致。虽然改革开放前，桂林地区的山水建设相对有限，与乡村影响较小。但是伴随着当地对于山水环境的偏重，风景建设下桂林乡村的整体风貌得到了保护与控制，形成了村庄山水的精致化路径。

三、时间样本二：近代桂林乡村景观的演进（1840～1949年）

近代是所谓传统社会转变的重要时期，是明清传统农业社会进入近现代产业转型的一个阶段。这里以近代（1840～1949年）约百年的时间样本，进行具体桂林的乡村景观建设调整分析（表4-3-2）。

1840～1949年桂林地区的乡村局势与建设应对一览　　表4-3-2

	乡村面对的冲击		相应近代建设	
		内容		内容
军事安全	海外	日本侵略下，屡遭袭击	环境	防空系统的健全，空袭后的居所与城市修复
	国内	农民起义受到攻击	军事	防御，加强军队建设
		北伐期间作为西南据点		
	省内	桂系军阀内部的脚力		
	地区	匪患对于乡村地区的抢掠	环境	防御，堡寨建设，河岸旁竹林的清理
产业经济	海外	英法开埠，外来产品入境销售	科技	鼓励特色物产生产，对外进行原料输出；建设工厂发展工业
	国内	繁盛地区滞销品内销影响		
	省内	广西南部及口岸地区的近代产业发展对于桂林经济发展的影响	科技	桂林以地区物产进行手工业、工业发展
	城市地区	城市奢靡生活对于地区物价水平的拉高	政策	整顿商业，健全墟市商贸管理
	乡村内部	农业经济受到灾害影响严重，地权制度的对生产力的影响	人口 政策 技术 环境	发展工业转移人口；增设义仓、加强救助；建设农林垦区、试验田；发展农职教育，提升生产技术；发展公共水利设施如水坝、水车
文化教育	海外	宗教团体对于桂林地区的传教	环境	宗教团体进行乡村宗教建筑营造、购置农田工厂进行生产支持
	国内	文化团体频繁在桂林活动	政策 文化	推动山水旅游，发展乡村地区风景建设
	省内	较好的教育文化地位	人口 文化 政策 环境	委派留学生出国学习，进行各类教育机构的建设
	地区	少数民族的弱势		进行特种教育；宗教团体对当地进行扶持
	乡村内部	文化水平低、生产技术的贫瘠		普及国民教育
实体环境	区外	地区与外部之间交通、通讯联系的缺乏	环境	海路空的交通建设。县道、乡道对于地区与乡村建立其联系；邮电、电话、电报的设置
	地区	城市建设拓展		
	乡村内部	过度砍伐，文物破坏，卫生环境差	环境	保护环境，文物登记与修缮，卫生医疗的建设

1840年至1949年间，桂林地区的乡村面对着巨大的冲击。而面对着外来的消极影响，桂林乡村建设在政府及民众层面也展开了相应的调整。其中，1840年正值清末，当地的乡村土地人口矛盾加剧。桂林在大的局势下进入周期性调整。农民起义频发使得政权面临新的更替。海外侵略势力的进驻，使得中国各地都面对巨大的冲击。相应的，这一时期桂林地区乡村面对的冲击包括四个方面，政治局势的变动、社会人口的消长、外来科技文化的进入、外来经济势力对传统农村经济的冲击。在这些冲击下，相应的桂林乡村社会及其环境也在发生变化，乡村环境的建设调整则结合新的局势进行应对，乡村景观的形态发生变化。这主要包括了以下三个方面：

（一）乡村求生保命的防御空间建设

近代桂林乡村，清末农民武装袭击、抗战时日军空袭、持续猖獗的匪乱是当地乡村加强防御空间建设的主要原因。除了1912～1936年间省会迁移南宁，桂林一直是广西的政治、文化中心。这一地位在内忧外患的近代，给桂林乡村招来了大小匪乱、叛军、外敌的侵扰。其中，清末太平天国起义对于当地影响较深。而民国时期的匪乱比起义军对于乡村居民生活的干扰来得更多。当时入桂传教的外国人眼里，广西的抢劫无处不在。桂林地区沿河的往来过客大部分都经历过抢劫[①]。1936年广西省会迁回桂林，繁荣再次降临。1937年抗日战争爆发后，基于务工、求学、逃难等原因，大量外来人口迁徙入桂。桂林在集聚了各方政治、文化、经济力量的同时，也受到了来自日军的袭击。1937～1945年期间，桂林受到日本空袭及抢掠，城市及乡村受损严重。1944年桂林城沦陷，桂林东北的兴安、全州县都受到日军相当程度的破坏。

这样的背景下，桂林乡村进行了一定的防御改造，主要集中在汉族为主的湘漓桂流域乡村。

1. 堡寨或碉堡等防御工事的建设

这包括了当地村民兴建的堡寨、政府建设的营堡等。民国二十年（1931年）《平乐县志》记载，除传统关隘碉堡外，民间堡寨45处，11营下辖70堡。民间堡寨的修建始于清初，而清末咸丰年间多有兴建并在民国进行修缮。孙中山由南入桂时，途径阳朔渔村进行探望，还曾登临天水寨[②]。在阳朔县，现有的民间堡寨中，天作寨、天水寨都是咸丰年间兴建的。外来传教士对于这种堡寨防御及地区内的防御体系亦有描述[③]，乡村地区的人们在村子周边建设围墙，树立瞭望塔防范外来袭击。由于城镇的军事力量与乡村之间有一定距离。为了给救援军队争取时间，多数地方从山的顶点到村庄之间都围以土

① W.H.Oldfield. Pioneering in Kwangsi–The Story of Alliance Missions in South hina［M］. Harrisburg，Pa，1936：22.

② 阳朔县地方志编纂委员会. 阳朔县志（1986–2003）［M］. 北京：方志出版社，2007：94.

③ W.H.Oldfield. Pioneering in Kwangsi–The Story of Alliance Missions in South China［M］. Harrisburg，Pa，1936：35.

墙、建设避难堡寨。其中，有的村庄围墙并不高大，但为了震慑匪徒、拖延时间仍然被维持建设着。而这些堡寨在政府对抗农民武装中也发挥着作用。此外，根据中华人民共和国成立前的村寨调研，少数民族聚落也多有相似的防御设置，村寨设有石墙、荆棘维护；村口有门楼、闸门、寨门；壮族设有炮楼。（图4-3-6）

图4-3-6　桂林地区现存山顶石寨与自然山体岩洞

2. 山水环境也在此时的求生保命需求下被进行改造与防御利用

为了防御空袭，桂林市区、郊区及乡村出现有大量的防空空间。闻名遐迩的风景名山，其喀斯特地貌形成的石山溶洞则被作为当地居民重要的避难场所。据统计，民国二十九年（1940年）桂林设有160多个防空岩洞；至民国三十一年（1942年）又新增、修整94处。风景名山七星岩、虞山周边的芙蓉山等亦在其中。此外，为了防范匪患，漓江周边乡村沿河山岭树木也被政府进行了一定程度的清理。由桂—漓江自梧州经平乐入桂林，是民国时期最主要的水运线路。透过民间游记可了解到，“过黄牛后，两岸山岭，全无树木，形状呆板，绝无景致可言。”①这些沿岸被毁的山林，正是为了防止匪类藏匿，政府采取的极端手段。

（二）民族融合与城镇人口的膨胀下进行的聚居格局调整

近代桂林地区内部的人口迁移是比较小的，不同民族间进一步融合。从具体的文献资料来看，随着历代移民，至清末桂林已经形成了不同民族、民系间的共同聚居结构。桂林地区内的杂居程度进一步增强。不同民族间，汉与壮瑶苗壮的杂居。其中，少数民族的文献记述大部分与前期相近。清道光二十六年（1846年）编撰的《龙胜厅志》中这样写道：“獞与猺杂处，风俗略同。”②同时，光绪十年（1884年）《平乐县志》记载，该县素称“民蛮杂居”，蛮即瑶人和壮人。“按该县旧志所载，全县汉村125，瑶村71，壮

---

① 崔龙文. 粤北纪行·桂林游记合编［M］. 广州：广州澄怀书屋. 1935：25.

② 周诚之. 龙胜厅志（道光二十六年刊本）［M］. 台北：成文出版社，1967：102.

村104，共300村，壮村占1/3。”不同民系间，湘赣、广府、客家、福佬人口在桂林地区相互融合。清末，广东西路的土客斗，政府“劝谕客众他迁，发给资费，大口八两，小口四两，派勇士途中保护往……及广西贺县、贵县、容县、武宣、平南、马平、柳城、荔浦、修仁等县觅地居住谋耕”[①]。据《阳朔县志》记载，“汉族在隋唐以前已来自山东、山西、河南等省……猺内汉书已有盘谷，其人来居甚古，若猺人之姓赵、姓李、姓邓者。询之由明代来自湖南、广东。此外，客籍则多来自湖南、广东、江西、福建诸省者……”。[②]另一方面，由于局势的变动，桂林地区躲避战乱的移民逐渐迁入。民国中后期，大量外来人口进驻桂林并集聚于城镇，城镇环境压力增大。当时桂林市区人口比例较高（此处指，城或县城与农村人口比例），城乡人口约在1：4。与之比较，其他县区大部分在1：10，部分区域在1：50，整体区域比例在1：12。可以看到，这一时期桂林市区的人口规模远远大于其他地区。

相应的背景下，桂林地区的聚落环境及整体乡村聚居格局产生一定的变化。

1. 民族融合的协作营建与杂糅的形式呈现

除了乡民自主的营造，外籍匠师的进入使得建筑营造比较直接的在形式上呈现出外来影响。如民国时期资料记载，桂林北部与中部的建设工匠以湖南为主。根据民国资料记载，如全县志中写道，“木工、石工、冶工则土著几无人，作室制器必籍来自永宝等彪之流寓者……”[③]“工，如木、石、陶、冶等匠，俱自邻省而来……土著所有者惟泥水匠而已，即俗所谓砌匠。”[④]近代的乡村聚居环境已经是广泛移民交流下的多元文化产物。

一方面，少数民族汉化。“诸夷种类亦多染华风，大变其鸠舌鸮音之陋，将旧所谓猺村、獞村者，今无几……”[⑤]这里所谓的无几，实际上是由于汉化后在外部特征上已经难于区分民族差异。不同民族生活对于空间的使用逐渐同化，形式差异不断减少。另一方面，民族间进行协作营建，建筑材料及其工艺呈现出多样化。建造上各民族协作，物资上各民族互换互利[⑥]。恭城朗山，是清晚期少数民族修建的村庄，形式已与汉地民居相似度高（图4-3-7）。龙胜地区，瑶族、壮族、侗族杂居，一些清末民国时期的建筑实存，在外部形象并没有太多的差异。

① 王建周. 桂林客家［M］. 桂林：广西师范大学出版社，2011：11.

② 张岳灵，修；黎启动，纂. 阳朔县志（民国二十五年）［M］. 台北：成文出版社，1975：卷一三十.

③ 黄昆山，等，修；康载生，等，纂. 全县志（民国二十四年）［M］. 台北：成文出版社，1975：164.

④ 黄昆山，等，修；康载生，等，纂. 全县志（民国二十四年）［M］. 台北：成文出版社，1975：174.

⑤ 黄旭初，监修；张智林，纂. 平乐县志（民国二十九年）［M］. 台北：成文出版社，1967. 卷一十三.

⑥ 庞新民. 两广猺山调查［M］. 上海：中华书局，1935：104.“凡造屋者，先由堪舆家（多系汉人）判定方位，复由星命家择定各种日期，用红纸书就，贴于神龛之上。”

图4-3-7 恭城朗山民居

2. 城镇建设的拓展

桂林城的扩张在民国后才逐渐展开。1931～1936年，桂林恢复省会身份之前，城市建设有一系列调整。1932年在之前广西省建设厅的基础上，市政公务局的设立拉开了桂林城市近代化的序幕。城市环境改善的需求与战争的破坏影响下，国民政府颁布了一系列相关规定。这包括了1932年《广西建设纲领》，1940年《建筑法》《广西建筑通则》《桂林市建筑规则》《临时搭盖房屋办法》《桂林新市区计划》《城南郊新市区计划》。1945年，《大桂林三民主义试验市计划》《桂林新市政建设计划》则成为之后主要的指导文件。其中，桂林城墙在1933年后被陆续拆除，道路被拓宽。现代城市规划理论下，近代桂林卫星城的规划构思则试图将传统城乡空间关系引入新的方向。

（三）近代新技术与文化理念带来的环境要素构成与形式的变动

清嘉庆年以后，道光皇帝虽然有着一些革新的想法。但是，觊觎中国市场已久的西方国家，无法从与中国的正常贸易中获得利益。随着1840年的中英鸦片战争爆发，海外势力与国内势力间的矛盾加剧。军事力量下的较量，海外势力更进一步以新的技术、文化理念对中国社会的传统进行冲击。鸦片战争后，桂林作为广西省府，省政府也开始陆续进行调整；新政之后，改革的步伐加速，新的技术与文化建设陆续展开；民国新桂系时期，桂林在重新恢复省府地位后，区域内的近代科技、西化的社会管理、环境规划设计理念下进行调整。乡村地区的景观也在这一过程中进行转变。

1. 新物种与新产业的引入

为了推动乡村土地生产力，当地一方面鼓励开荒，另一方面推进农业生产技术，进行农技人才培养与设置试验场。清末，政府“推行新政，奖励实业”，1907年黄锡铨在临桂县东乡同和村开办省城农事试验场，附设农林讲习所。1908年，桂林开办农林试验场并准许放垦官荒。1911年，张鸣枝在桂林城郊办牧场。近代，国家也较重视提高农业技术，积极发展农场、农业技术院校，推进新技术及农业品种的乡村推广。民国时期的乡村建设亦非常注重传统乡村水利设施的维修兴建，包括水坝、围堰、水车等。部分县

志中还详细记录了相关水利设施的营建方法与要点。（图4-3-8～图4-3-12）

新兴产业则是当时扶持乡村与地区经济的主要策略之一。1888年马丕瑶在桂林成立官蚕局，1890年桂林之父黄济仁、临桂张棠荫设立桂林机坊。清朝末年，这些大力地促进了地区蚕丝业的发展，而桑蚕业也作为乡村地区重要的副业开始深入居民生活。1907年，全州人蒋宝英邀集林炳华、赵炳灵、赵炳麟等集资在桂林创办广西富强工艺民局，从事织布、煎熬樟脑、种植农林等。1912年民国成立，桂林广西实业协会大力鼓励发展工农交通各业。结合广西经济及各地物产，民国早期全省对相关非粮食作物的种植进行了少许调整①。受到桂林政治、经济环境限制，初年的垦荒活动并没有集中在该区。新桂系治理时期，全省分为六个区域进行农业促进。桂林作为第一区，其包括临桂、全县、资源、兴安、灵川、临桂、富川、钟山、贺县等20个县的县办农场归并。1940年调整作为第一区农场，主要业务为水稻、小麦、棉花的技术改良工作及优良果树的繁殖推

图4-3-8　近代桂林乡村山水格局下的田园景象
（来源：林哲 提供）

图4-3-9　近代桂林传统水田耕种
（来源：林哲 提供）

图4-3-10　近代桂林市农业苗圃
（来源：摘引自《广西一览》）

① 民国成立时，广西共设垦牧公司23个，从事开垦荒地、种植红薯、木薯、甘蔗、花生、桐树、八角等经济作物。1913年政府公布《新订开垦章程》《奖励种植八角肉桂简章》。

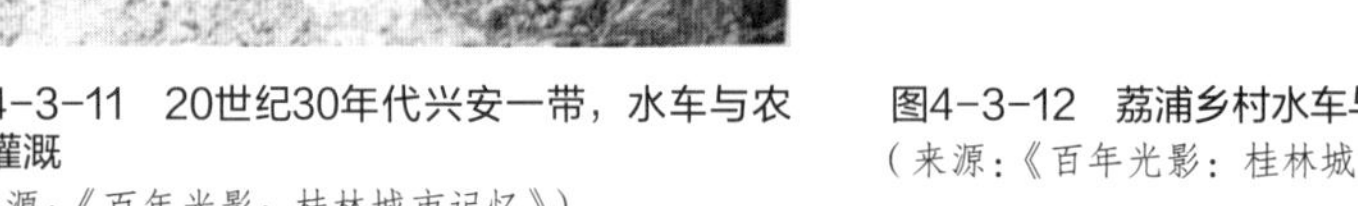

图4-3-11　20世纪30年代兴安一带，水车与农田灌溉
（来源：《百年光影：桂林城市记忆》）

图4-3-12　荔浦乡村水车与围堰
（来源：《百年光影：桂林城市记忆》）

广。1941年5月省立药用植物场并入。中华人民共和国成立前，第一区农场范围荒地240亩、旱地73亩、水田447亩。而针对樵工增多、森林资源受损严重的情况，民国中后期政府结合已有山林建立起林场，鼓励经济林的营建。桂林辖下县内设置苗圃，进行新种苗木培植，为周边乡村农民经济林生产提供苗种。这些新作物的推广在迎合外来市场的同时，则开始逐渐取代传统粮作物成为乡村生产景观新的主角。

2. 公共基础建设的乡村介入与建筑形式的西化

公共设施、教育建筑，亦是近代政府在乡村地区的主要兴建对象。“凉亭”作为小的构筑物，在乡村通常建设并不多。但其建设，对于乡村或区域交通而言具有“公益”性。随着城乡交通的发展，近代政府或民众在乡村有着较大数量凉亭建设。其中，1940年统计平乐县内32座凉亭中21座为近代建设。桂林作为广西文化中心，在教育及文化方面具有带头作用。清末，桂林开始以新的形式建设公共学堂或专类学堂，培养国家近代化建设人才。民国期间，为了促进国家发展，提高国民素质，新桂系上台，展开了系统的教育政策改革。其中，普遍民众的国民基础教育及少数民族居民的特种教育，影响了桂林周边的乡村居民文化及生活。针对“三自三寓”的建设理论，乡村基础教育则结合生产、文化、防御军事进行普及。由于推广有力，国民基础教育基本已经覆盖全省乡村[①]，小学建设也进入到乡村。（图4-3-13）

① 广西地情网。

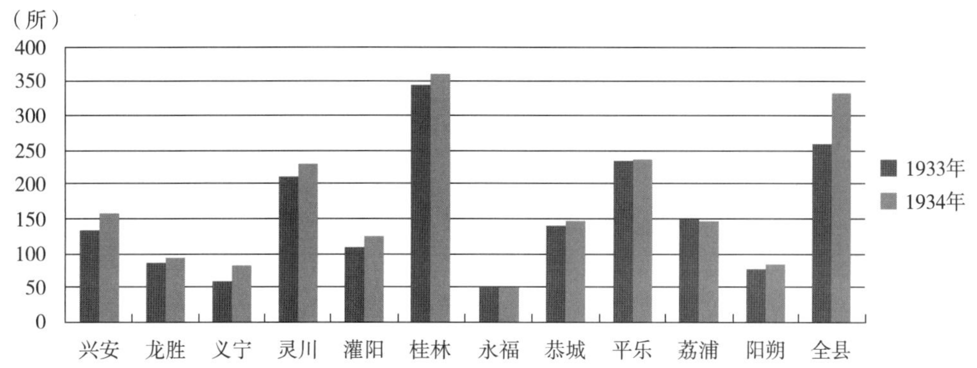

图4-3-13　1933年、1934年桂林辖区县内初等中学数量
（来源：根据《广西年鉴》1936年，制图）

贫苦的乡村生活，建筑的营建可以说是相当奢侈，但住宅又是居住的必需品。民国时期，桂林当地农民住宅绝大多数仍然保持着传统建造方式。材料以当地自然资源为依托，木、土、石为主。在经济技术的发展、文化融合、资源政策的限制下，桂林乡村地区的建筑更新调整多为富裕家庭。随着清末民国的海外影响，在地居建筑上也呈现出西洋化的“新式”转变。从临桂李宗仁故居来看，建筑平面形制与空间尺度都发生了变化，装饰图案上也受到了外来因素的影响。此外，一些影像中可以看到当时混合了外来传教的乡村建筑形象。此外，由于受到外来匪患影响，部分富庶的地区新建筑以炮楼、碉楼为主。近代农业传教对于乡村生活及空间改造有着一定影响[①]。传教士的建筑建设给乡村带来了西方宗教建筑。这些乡村建筑在材料上仍使用中国的传统砖木，但形式上结合新的功能及西洋造型艺术，形成了当时特有的乡村宗教建筑。与此同时，桂林地区近代化过程中建设的一批学堂、工厂，也多少在形式上融入了一些西洋建筑特色。（图4-3-14～图4-3-16）

（a）　（b）　（c）

图4-3-14　近代桂林乡间传统地居建筑
［来源：（a）－（b）林哲 提供；（c）摘引自《广西一览》］

① 广西地情网。近代农业传教对于乡村生活及空间改造有着一定影响。外国侵略者在军事、经济侵略的同时，基督教、天主教也由西南口岸深入广西。1949年之前，基督教已由浸信会、圣公会、内地会传入桂林各下属地区。桂林各县，甚至少数民族地区都受到传教影响。基督教也在1895年由浸信会传入临桂地区。

（a）临桂榔头李宗仁故居

（b）恭城乐湾陈氏宗祠

图4-3-15　近代桂林乡间受西方影响的建筑

图4-3-16　1947年桂林郊区一座中西合璧的乡村建筑
（来源：《百年光影：桂林城市记忆》）

3. 浪漫的山水风景建设意向

政治、军事上的变故，使“桂林文化城”的建设成为20世纪初的地区发展契机。“山水”的角色也在此时承担起更复杂多样的角色。传统山水咏诵的基础上，清末外国传教士的记录开始建立起了一些新的传播路径。民国时期，当地山水传播迎来了一系列拓展。这主要包括三方面：旅游业的推动、文化名人的山水创作、政治外交的山水媒体。三者之间有所重叠、相互联系，共同推动着地区的风景改造。

民国时期桂林恢复省会地位后，文化活动变得日渐频繁。桂林山水可以说是当时联系文化、政治人士来桂的主要空间媒介。独秀峰、七星岩、兴坪画山、雁山名园、阳朔山水都是当时主要的参观对象。一些风景建设也在这种背景下展开，乡村地域的山水环境作为文化活动的重要“布景”，成为桂林地区的代言与风景发展的对象。同时，作为民族特色的代表，桂林山水成为海外宣传的重要对象。它由纸媒向全国、海外传递桂林乡野独有风土人情。然而，由于民国时期政治局势的影响，桂林的山水建设受到比较多的限制。抗战爆发时，名山名水也只能在日本空袭下屈从于防空、避难的功能。1940年后，政府有意打造“广西公园”，自兴安沿漓江至阳朔西岸，进行美化与旅游设施建设。但由于时间短暂、资源有限，具体的风景建设并没有开展。

这些近代的山水营造，对于桂林乡村的环境改造影响不大。但却在文化传播过程中，形成了对于桂林自然山水、乡村地区的模式化形象：以滩、船、渔、田、村、水车、山、水为主要元素。乡村隐匿山水之中，极具乡土气息的农居生活与自然环境组成了最具特色的中国乡土景观。（图3–4–17、图3–4–18）

近代桂林地区的乡村建设及其景观变化中，“内忧外患”是带来改变的起点，也是影响乡村建设的关键。百年纷扰的政治局势下，桂林乡村面对着种种冲击，环境建设曲折艰辛。然而，具体近代乡村环境的建设调整与景观本身，亦作为这一时期地方物质资源、技术与文化革新的具体呈现，成为中华人民共和国成立后桂林地区建设的基础。

图4–3–17　漓江日落
（来源：《中华景象》1934年）

图4–3–18　山水风光影像中的主要要素

第四节

桂林地区乡村景观的演进特点

结合桂林地区乡村景观的演进分析，这里首先对应于桂林地区乡村景观的形态演变进行因果关系的梳理。然后，针对本地乡民在景观的空间结构与形态上的调整策略进行总结，归纳出改革开放以前，桂林地区乡村景观的演进逻辑。

桂林地区乡村景观的形态演变，一方面是由于各种非实体因素以及其他聚居类型的空间形态变动带来的；另一方面是基于本地乡民直接的开发建设活动展开的。

其中，在区域尺度下桂林乡村开发的变动，很大程度上基于政治局势与社会人口的变动。由于历史过程中，桂林地区呈现出“边缘据点”—“边州”—“西南中心”—“普通地方城市”的区位波动。这一过程中，桂林地区的中央统治带来的影响在力度上与空间分布上存在差异。早期以东北部为主，兴安是重要的驻点。随着行政建制的变动，中南部逐步成为桂林开发的重点。其他山地区域，受限于自然环境，中央政府管理与开发难于深入。因此，乡村范域的扩张与土地开发的深化过程呈现多个方向的转移，即“由边缘向中心地带扩张”到“中后期开始由中心地带向边缘地带扩张与深化”，在流域上由“湘—桂流域的并行扩张”到“湘—漓—桂的渐进扩张”。具体表现为五个发展阶段：即先秦时期，桂林地区的东部，湘江流域、恭城等地，已形成一定规模的聚居据点；秦汉时期，桂林地区以湘江流域为主的东北部乡村建设；六朝至宋元，桂林地区湘—漓流域的进一步乡村拓展、聚居类型的多样化；元明清，中、南地区沿江河地带的开发转移、中部地区趋于均衡；民国以来，湘—漓—桂沿线的保持着中心地位的区域大开发，整体村庄分布趋于均衡；在空间上的变化。（图4-4-1）

村庄尺度下桂林地区乡村景观的变动，则比较综合地受到多类因素的影响。而本地乡民的建设调整，也更多地以村庄尺度为基点，形成对于区域乡村整体环境的改变。其

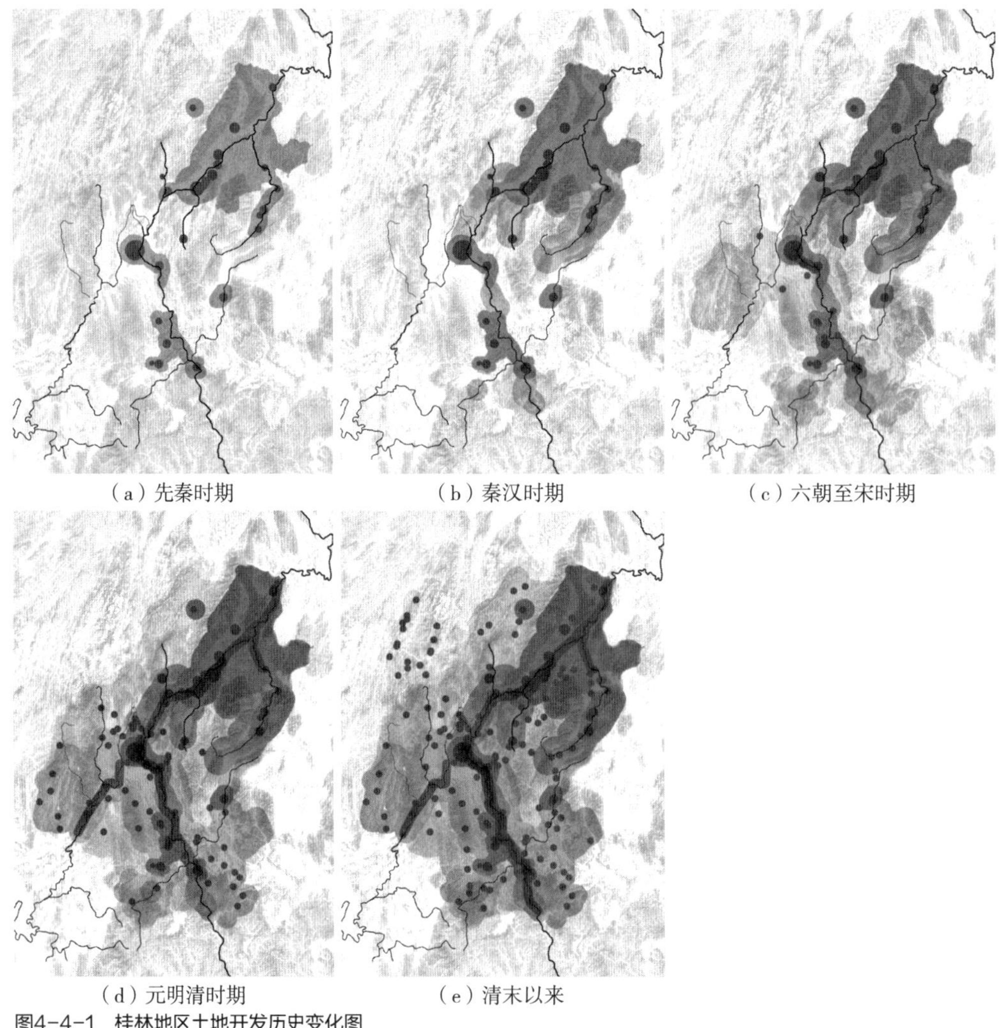
（a）先秦时期　（b）秦汉时期　（c）六朝至宋时期

（d）元明清时期　（e）清末以来

图4-4-1　桂林地区土地开发历史变化图

（红色表示历史遗址；橙色表示圩市节点；绿色表示风景名胜；黄色表示根据文献推测的土地开发领域）

（来源：笔者根据各县县志、史料、考古资料汇总数据进行绘制）

中桂林地区乡村风貌的两类分化，是在政治局势的带动下区域人口变动后产生的。面对外来势力的强势进驻，本地居民更多地结合山林险要形成防守与庇护之所。而不同的土地资源利用方式，人们的空间占有形成了与自然环境关联的势力划分。后期的外来移民，则在既有的基础上进一步拓展。因而，桂林地区乡村景观的两种风貌类型，被一直延续着。但随着平原地区开发的趋于饱和及民族融合，不同族群势力的空间划分逐渐打破。在村庄环境的特质上，随着民族融合、杂居交流，景观的形式出现少数民族的汉化与汉族的瑶化或壮化。这一方面解释了人工环境在历史过程中形式间的转变，另一方面也解释了桂林自然环境相近地区，不同民族间村庄风貌的相近。此外，桂林地区村庄环境中自然山水的主导地位，一方面由于桂林地区本身的乡村建设强度比较有限；另一方面由于地区内特有的山水文化与传统的风水理念。

而结合形态现状、演进分析，这里可以更理性地评判桂林地区乡村景观的形态演变特点，表现为尊崇自然环境的主导地位，强调自卫自强的内部功能建设，建筑形式上的质朴杂合。

结合不同的影响与建设活动在时间轴上的分布，桂林地区乡村景观的演进过程，则呈现为螺旋式递进的发展趋势，其具体表现为：自远古以来持续的生存为基础的开垦及求生防御建设；自六朝时期伴随着地区土地开垦的积累，地区开始规模的生产环境拓展；自明清时期民族逐步融合，乡村地区通过杂居获得进一步的土地开垦与对建筑环境形式进行交流、杂合获得住居质量的提升与本地适应性；中华人民共和国成立以来，地区借由风景建设形成对于乡村地区整体环境的精致化推进。其中，各时间节点更多地作为形态转变的爆发期。各调整逐步叠加，在各时间节点之后成为村庄环境的建设偏重。（图4-4-2）

作为演进的基点，远古时期的桂林有着交界上的自然地理区位，是相对独立却滞后于中原地区的古人类据点。之后，伴随着政治局势、社会人口、科技文化以及地区内其他聚居环境类型的变动，桂林地区的乡村景观在本地乡民或乡村社区的推动下进行演进。各种影响因素下，桂林地区乡村的土地占有呈现出不同的模式。而随着时间变化，桂林地区乡村景观面对的影响因素逐步增多、影响力逐步增强。其中，政治局势下的战争、行政管理的调整，是关键因素，并带来其他因素的变动。由于历史过程中，桂林地区呈现出“边缘据点”—“边州”—“西南中心”—“普通地方城市”的区位波动。其他影响因素及桂林地区乡村景观的形态也呈现出相应的变动。桂林地区从宏观尺度下表现为区域开发的过渡性节点，在各影响介入时，影响时间持续较短、影响强度比较有限、影响发生的过程不连续。相应的景观中，桂林地区乡村土地的开发虽然一直增长，但在土地的精进程度、人工环境的精致化程度存在局限。

桂林地区乡村形态的变动更多地基于本地乡民与乡村社区展开。他们结合自身对于环境的熟悉程度、营建技艺、与既有周边居民的社会关系等，在自然基地上进行村庄建设开发活动的调整。在社会群体间的占有对抗中，形成了相应势力分化、防御建设。随

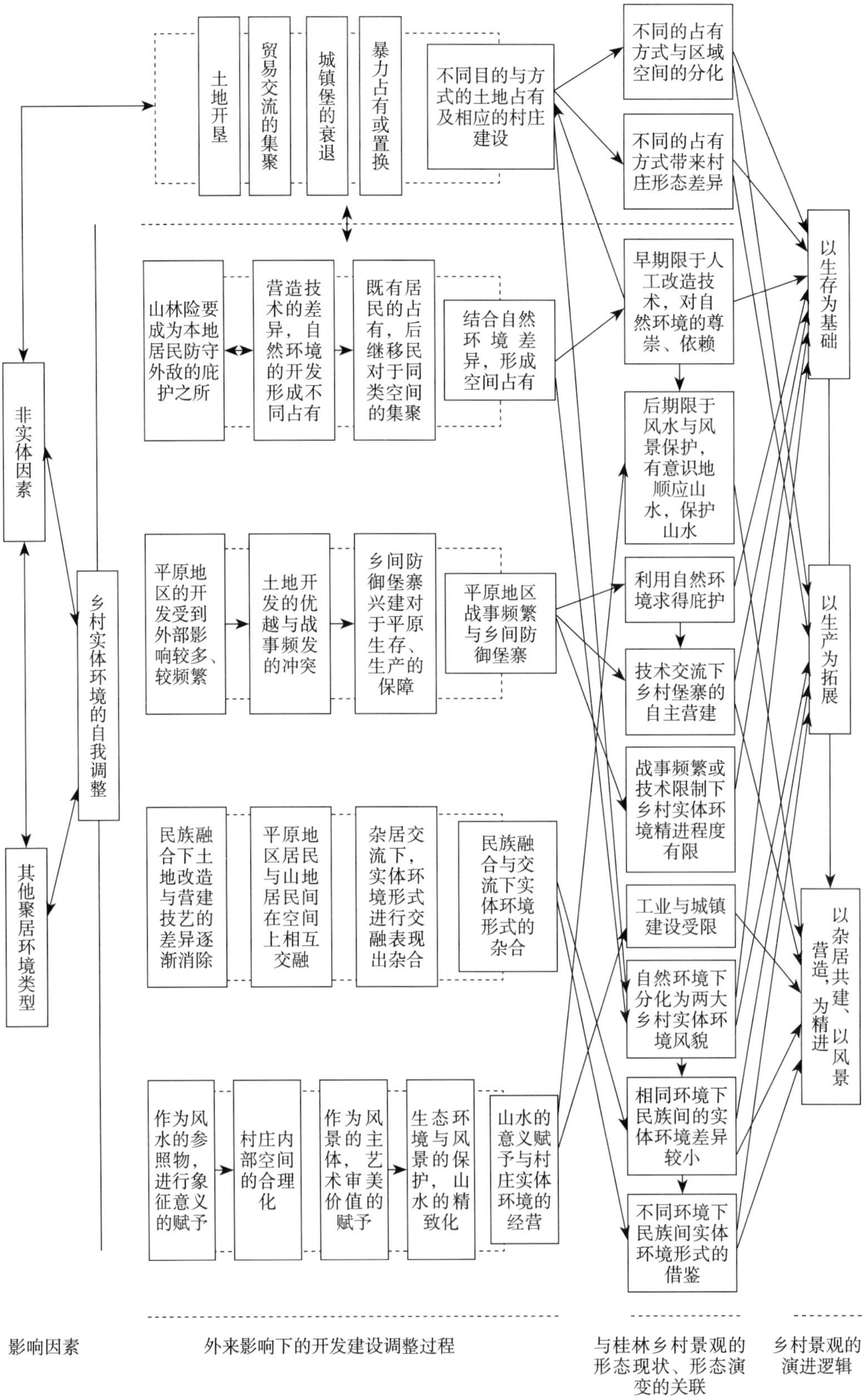

非实体因素

其他聚居环境类型

乡村实体环境的自我调整

土地开垦

贸易交流的集聚

城镇堡的衰退

暴力占有或置换

不同目的与方式的土地占有及相应的村庄建设

山林险要成为本地居民防守外敌的庇护之所

营造技术的差异，自然环境的开发形成不同占有

既有居民的占有，后继移民对于同类空间的集聚

结合自然环境差异，形成空间占有

平原地区的开发受到外部影响较多、较频繁

土地开发的优越与战事频发的冲突

乡间防御堡寨兴建对于平原生存、生产的保障

平原地区战事频繁与乡间防御堡寨

民族融合下土地改造与营建技艺的差异逐渐消除

平原地区居民与山地居民间在空间上相互交融

杂居交流下，实体环境形式进行交融表现出杂合

民族融合与交流下实体环境形式的杂合

作为风水的参照物，进行象征意义的赋予

村庄内部空间的合理化

作为风景的主体，艺术审美价值的赋予

生态环境与风景的保护，山水的精致化

山水的意义赋予与村庄实体环境的经营

不同的占有方式与区域空间的分化

不同的占有方式带来村庄形态差异

早期限于人工改造技术，对自然环境的尊崇、依赖

后期限于风水与风景保护，有意识地顺应山水，保护山水

利用自然环境求得庇护

技术交流下乡村堡寨的自主营建

战事频繁或技术限制下乡村实体环境精进程度有限

工业与城镇建设受限

自然环境下分化为两大乡村实体环境风貌

相同环境下民族间的实体环境差异较小

不同环境下民族间实体环境形式的借鉴

以生存为基础

以生产为拓展

以杂居共建、以风景营造，为精进

影响因素

外来影响下的开发建设调整过程

与桂林乡村景观的形态现状、形态演变的关联

乡村景观的演进逻辑

图4-4-2　桂林地区乡村景观演进的特点

着地区开发的深化，乡村景观由土地占有进入更精细的经营维续阶段。乡民通过杂居、风景建设，形成对于环境品质及效率的提高，获得对于景观的精进。由于地区间村庄调整的差异，在桂林区域整体的乡村环境中，资源差异下平原与山地区域的演进节奏不同步；而城、乡、交通道路周边有集中防御建设且民族交融程度高；乡村地区的山水得到较多的保护。其中，对本地特色山水资源的开发与风景营造是桂林地区的区域环境中比较有特色的，而它也在近代之后成为影响桂林地区村庄格局得以延续的关键因素。

整体而言，数千年的历史中，桂林乡村景观的演进表现为：以来生存为基础，以来生产为拓展，以杂居共建、风景营造为精进的发展过程。

第五章

回到现在：改革开放以后桂林乡村景观的演进及其趋势（1978 ~ 2014 年）

在对漫长历史的梳理之后，我们重新看回现在的桂林乡村景观。1978年以来的桂林乡村是在之前千年的景观积累与营建经验下展开的。1978～2014年短暂的几十年中，会变成千年的一瞬，但它却真切地改变着此时此刻的我们。这个章节，我们针对改革开放后，桂林乡村景观面对的影响因素以及相应的村庄环境调整过程进行讨论。其中，当地乡村社区的景观调整是主要的分析内容。通过文献档案、实地调研、口述史、图像图纸数据收集，结合人类学、社会学方法，对改革开放后空间尺度上的村庄环境要素、村庄格局以及乡村整体聚居环境的变动调整进行讨论，厘清桂林地区乡村景观现状形态背后的内涵，把握桂林地区乡村景观变化的趋向。

第一节

当代桂林地区乡村景观演进的基点

一、1970年末桂林乡村景观的状况

1949年以后，桂林进入和平时期。但是在整体的政治局势与自然灾害的影响下，1950～1980年的乡村建设存在间断，并不持续。同时，自1950年后省会迁址南宁，桂林原有的西南中心地位消减，资源区位上成为普通的“三线”城市。区域内的外部建设投入比较有限，更主要依赖自身资源的开发。而中华人民共和国成立后的桂林经历了“田园城市—工业城市—风景优美的现代化工业城市—风景游览城市”的数次定位调整①。区域内部的资源分配，并未形成稳定的建设重点。乡村内部农业生产优先、集体建设优先。在生产环境上形成了比较大的拓展，住居环境上则更多地以公共建筑的投入为主，人工环境形式与材料技艺上仍然保留着传统特质。

至20世纪70年代末，桂林地区的乡村景观，表现为三个方面：

（一）形成了相对均衡的区域聚居格局与村庄布点

20世纪70年代末，乡村的整体分布、规模及与其他聚居环境类型（如城、镇等）的空间结构关系比较稳定。中华人民共和国成立后，桂林区域变动主要集中在三个方面：首先，区域内的村庄以行政调整为主。根据统计资料，各阶段的村庄变化主要为称谓变

① 郭建琳. 桂林城市历史文化特色与保护探索［D］. 广州：华南理工大学，2004，6.

化[①]，村庄分布相对稳定。少数民族的村庄建设仍然保持着之前的分布特点。如龙胜各族自治区作为多民族地区，瑶族、苗族、侗族、壮族、汉族仍然以旧有据点分布。其次，由于生产的调整、政治的偏向，主要的变动集中在旧有民国农林场基础上，进行集体农场、林场的发展。其中，桂林市郊的良丰农场、平乐的源头农场、全州的桂北农场是桂林地区比较重要的农垦单位。它们各自拥有一定数量的生产队。1959～1961年，良丰农场附近2.68万人曾并入农场。此外，城乡间的人口有些许变动，如自1953年广西开始知识青年上山下乡，20世纪60年代中后期地区城镇人口以更大量的态势进入农场、林场劳动，地区内的农村人口有所增长。其中，全州桂北农场是由广西农院桂北分院和咸水农场合并，前者是1954年成立的劳改农场。而在定位的“工业城市”背景下，桂林城市及其周边工业建设也在吸收着周边一部分农村人口。总体而言，在全国以“乡村城市化和城市乡村化”控制下，20世纪70年代中期的桂林地区乡村聚居环境均衡发展，各地村庄趋于均匀分布。

（二）农业生产用地有着大规模的扩充，小部分土地开始出现用地形式与作物的调整

中华人民共和国成立后，政治局势稳定、较少的外来经济影响，区域内的生产、生活得到恢复。在逻辑上，这一过程仍然有着传统策略的延续，包括了开垦拓荒、兴修水利、提升农技等。但土地改革，是推进乡村劳动力的关键。乡村土地拓展在1958年达到中华人民共和国成立初期的高峰。之后由于政局偏向，区域开拓有所回落。

其中，20世纪50年代初垦荒使得地区内的耕地有着一定程度的增长。但各地在1958年前达到耕地的高峰，尤其是在人口规模相对较少时，人均土地面积较高，之后逐年下降。1970年农业学大寨“开田造地”，荔浦、恭城、灌阳等地的耕地总面积有所回升。各地发展林业生产，造林运动快速发展。1958年，各地的生产转向大炼钢铁与水利，农地有所荒废。各地兴修水库，成为主要的水利改造，各地耕地面积受到影响。20世纪60年代，耕地消长量比较平衡。1958年至20世纪70年代，砍伐竹木，毁坏山林的现象比较严重。如全州地区1958年砍伐森林16.07万亩[②]。且由于自留地或山被收归集体，使得地区造林大幅下降。“文化大革命”时期，大量池塘被毁，兴建山塘、水库作为支援粮食种植的水利进行开发。

20世纪60年代后强调“以粮为纲”，区域内水稻、玉米等一直作为主要作物，其他经济作物或副业受到一定的控制。如阳朔地区原有大量苎麻生产，由1956年1.1万亩下降到1962年3766亩。

至1978年后，各地林场才得到比较好的恢复。20世纪70年代后，政策对于副业的支

---

① 乡、村、大队、公社等，在基本的规模和组织上，在20世纪70年末改为“行政村”。

② 全州县志编纂委员会. 全州县志［M］. 南宁：广西人民出版社，1998. 第七卷林业，第一章森林资源，第一节面积与蓄积.

持，使得塘地养鱼得以快速增长。一种是以传统池塘养鱼结合村中水网系统进行组织，另一种是结合近代陂塘、山塘水库进行养殖。这一时期，经济生产限制较少，各地开始调整种植一些经济作物。其中，“柑橘”是最主要的经济作物。桂林的三个主要农场都在1970年后广泛种植，并成为广西农场鲜果生产领头者。桂北农场，还种植有规模的茶园（原咸水农场片区）①。1970年后各地林场中，杉木、马尾松、毛竹是主要的造林树种，也是当地主要的建筑木材。

综合来讲，20世纪70年代末，桂林地区的生产环境，水利、交通等基础建设有了较大的改造。地区内的生产土地开垦达到阶段性的峰值，农场、林场、水库是主要的自然改造对象与物资生产来源。各地开始调整种植结构，非粮食作物和副业活动逐渐开始发生。相应的土地形式也开始进行调整。

（三）建筑环境表现为公共建筑的更新以及小部分片区的个人建筑的更新

20世纪70年代末，桂林大部分公共建筑仍然是在传统建设的基础上展开的。

一方面，传统景观更新力度不大。中华人民共和国成立初期，土地改革使得乡村土地与房屋进行了新的分配与管理调整。无房的农民在土地改革中分得了房屋②。早期土地、房屋分配对于地区居住条件有所改善，但非常多地被延续使用③④。产权的调整，早期并没有直接为村庄环境带来较多改变，更主要的是居住使用的变化，其反映在内部空间分配与分隔中。中华人民共和国成立后的三十年内，乡村经济还未复苏。1958年与三年自然灾害期间，1966年后“文化大革命”期间，私人建设受到限制。1964年“农业学大寨”的全国号召下，桂林有着一定程度的响应。20世纪70年代当地开展了一些环境建设。早期“先治坡后治窝”的口号下，桂林各地农村建房受到限制。⑤因而，截至1970年，桂林地区的乡村建筑更新非常有限，仍以之前的住房为基本。

---

① 桂林市地方志编委会. 桂林市志（上、中、下册）[M]. 北京：中华书局，1997. 种植业志，第一章耕地、劳力、区划，第一节耕地。

② 全州县志编纂委员会. 全州县志[M]. 南宁：广西人民出版社，1998. 记载土地改革时，“全县共没收、征收房屋184840平方米，分给贫、下中农164970平方米”，一定程度解决了贫苦农户的住房问题。其中《龙水乡志》调查：1950年土改前，全乡5385户，20536人，有砖木结构住宅面积153050平方米，人均7.45平方米。其中地主、富农507户，2152人，住宅面积47880平方米，人均22.24平方米；贫农、中农4878户，18204人，住宅面积105170平方米，人均5.77平方米。

③ 灌阳县城乡建设委员会. 灌阳县建设建筑志[M]. 南宁：广西人民出版社，1996. 第十篇城建环保，第四节乡村建设：相当部分仍为草房、泥墙房。20世纪70年代前，农民收入低，大多数无力建造新房。20世纪70年代初，黄关、新街、红旗等经济条件较好的乡村陆续新建和维修住宅，仍多为泥墙（小砌墙）和木结构房屋。

④ 灵川县地方志编纂委员会编. 灵川县志[M]. 南宁：广西人民出版社，1997. 第十篇城建环保，第二章乡（镇）村建设，第四节乡村建设：中华人民共和国成立后，土地改革没收地主房产分给贫苦农民，但建新房不多。

⑤ 永福县志编纂委员会. 永福县志[M]. 北京：新华出版社，1996. 第七篇乡镇企业，第三章运输业建筑业，第三节农村住房建设：20世纪70年代在农业学大寨运动中，提出了“先治坡后治窝”的口号，农村建房受到限制。

另一方面，1950年至20世纪70年代中期的有限建设中，大部分新建设的农房仍为传统形制[①②]。在相对稳定的乡村建设时期（1957年前、1962~1965年、1976年后），农房多为传统形制的独栋或合院[③④]。传统的住居形式，也被应用于中华人民共和国成立初期增加的公共建筑中。由于功能需求的差异，建筑的平面空间布局会有变化。而在住居方面，知青住房[⑤]给乡村引入了新的住居形式。如“农业学大寨”的号召下，兴安的溶江、严关、湘漓、界首等公社有7个大队的8个生产队，建设大寨式农房。[⑥]总体来说，桂林地区这一时期的新建筑，主要为新功能的引入，在形式上的变化不大，仍沿用了传统材料、工艺与部分形式。

如中国的大多数乡村相似，20世纪70年代末桂林在经历了中华人民共和国成立后的三十年调整，经济逐步复苏，垦殖扩张已经达到了一个峰值，区域乡村聚居环境趋于均衡。虽然以粮为主的生产环境有了比较大的扩充，但村庄内部格局仍大量保留着传统的空间格局与建成环境。在20世纪70年代末，生产环境与住居环境开始有个体或村庄进行调整。（图5-1-1）

人口得到恢复； 集体化的开发	土地开发加大； 对公共基础网络进行建设	除行政权属调整外乡村聚居格局趋于稳定； 村庄布点趋于均衡	自然山水进行保护开始旅游开发； 生产环境开始市场化； 聚落环境迎来更新热潮

图5-1-1 桂林20世纪70年代乡村居住信息

① 兴安县地方志编纂委员会. 兴安县志［M］. 南宁：广西人民出版社，2002. 第四篇经济，第三十六章城乡建设，第三节乡村建设，房屋建筑：中华人民共和国成立后，20世纪50~70年代中期，农房建筑多沿用传统式样结构。

② 兴安县地方志编纂委员会. 兴安县志［M］. 南宁：广西人民出版社，2002. 第四篇经济，第三十六章城乡建设，第三节乡村建设，房屋建筑：中华人民共和国成立后，20世纪50~70年代中期，农房建筑多沿用传统式样结构。

③ 兴安县地方志编纂委员会. 兴安县志［M］. 南宁：广西人民出版社，2002. 第四篇经济，第三十六章城乡建设，第三节乡村建设，房屋建筑：20世纪70年代前农房均为砖木结构，式样一般为传统的三开间一明两暗的穿斗式，俗称3柱（或5柱）2层楼。屋顶做脊，脊端出翘，形似凤凰昂首。有的在3柱或5柱式房前5米左右砌一堵墙，称为“照墙”，两边与正房砌围墙，形成房前小院，在小院两边设小门出入，小院两边设披房，中间为空地，称为“天井”。

④ 荔浦县地方志编纂委员会. 荔浦县志［M］. 北京：生活·读书·新知三联书店，1996. 第四节建筑，手工艺。

⑤ 兴安县地方志编纂委员会. 兴安县志［M］. 南宁：广西人民出版社，2002. 第四篇经济，第三十六章城乡建设，第三节乡村建设：中华人民共和国成立后，20世纪50~70年代，学校及大队部、医疗室和生产队的会议室等建筑仍为石木、砖木结构；式样为多开单间式，即前后或四面开窗，以抬梁式形成屋架，四周用砖石砌墙；天面盖青瓦，为两坡顶或四坡顶，多在前檐设走廊。学校和部分大队部以多开单间式布局为四合院。

⑥ 兴安县地方志编纂委员会. 兴安县志［M］. 南宁：广西人民出版社，2002. 20世纪70年代的1976~1977年，溶江、严关、湘漓、界首等公社有7个大队的8个生产队，建设“大寨式社会主义新农村”二层楼房，其式样为套间式的多套排列型（像街道一样），均为砖石木、砖木结构，总面积达7244平方米。20世纪70年代末期，出现多开单间式（一间为一房，前后开窗）的一层平房或两层楼房，即平面布局多为开间（两间以上），摆法为几间平行排列或纵横相接成“7”字形；有石木结构、砖木结构、砖混结构等；具有采光通风好的特点。

二、1978年后的乡村景观发展语境

1978年后，桂林乡村景观在既有的景观遗留基础上，已经形成了一定的营建经验和区域内部人地关系的运动规律。后者是既有景观面对的各种非实体基础，如风俗习惯、文化传统等。

在改革开放后的桂林乡村景观的建设中，包括了以下三个层面的基本语境：

（一）人工维续下的乡村景观

从时间轴的观察来看，桂林乡村景观在原有的自然环境基础上逐步拓展。经过长期的人与自然磨合、共生的努力，现有乡村景观都已是在比较大的人力维持下存在、延续的。

人居环境的生存与维续，由远古简单的采集、改造、制造，逐渐发展为由人类社会及其产物进行共同支撑，如政治、经济、文化、科技等。改革开放后乡村景观的维续与发展，更是如此。结合历史，乡村景观的形态变化及演进，都在不断地挣脱自然环境的束缚。区域乡村范域的不断扩张、深化，反映着人们对于自然环境的利用与改造力的拓展。桂林地区的乡村布点中，早期自然山水环境形成的地区空间格局及物资分布框架在逐渐被打破。一方面，原有独立疏远的村庄逐渐联系起来，形成更复杂的聚居整体；另一方面，区域间的聚居分布差异在逐渐消减，趋于均衡。村庄尺度，桂林乡村景观的内部结构仍然保持着与自然环境的友善关系，但无论是住居环境、生产环境，还是看上去保持了原生态的山、水、树林等，它们的形式、营造活动及营造逻辑本身都已经是在历代的人工干预下进行的选择、维续与改造。而乡村景观的演进节奏，也更多地受到社会因素影响。

因而，就改革开放后的乡村景观的演进来说，更应注意到“乡村景观”作为人居环境的重要类型组成，已在系统的人工干预下生存与维续。即便乡村景观中，某些要素在形式上并不表现为纯人工化，但其生产、保护已多是人工作用下的产物。风景如画的自然山水，郁郁葱葱的山野丛林，都已不是原始自然环境。

（二）民族融合下的乡村共建

当代的乡村景观及其营建已不是独立的个体，它是区域内外影响或共同建设下获得实现的。

从桂林乡村景观的演进中可以看到，人口的迁移流动是带动区域变化的具体动力。外来的战争、政治行政管理、商业贸易、文化交流都在影响着区域内的景观形态。桂林的定居地，在新石器时期便已表现出多元文化的特质。之后，在交界区位下，随着人口的迁移、通婚、交易交流，桂林形成了更为复杂的民族结构。这一方面表现为，差异自然环境下多民族的多样营建；另一方面表现为，多民族间逐渐融合，形成了明清时期的

杂居聚落、杂糅的景观形式。随着中华人民共和国成立后，民族政策的调整，桂林地区的民族间更为融合，相互协作经营与建设乡村景观。

此外，先秦及至近现代的历史而言，桂林一直是政权主流文化的输入地。桂林的环境建设，是在外部政权势力与内部地方居民的共同作用下展开的。由于近代特殊的政治文化地位，中华人民共和国成立后桂林作为早期的旅游开放城市，地方建设上有着更多的外来科技文化支撑。

至改革开放后，桂林地区的民族融合继续加深、地区开放进一步拓展，乡村景观的建设有着更为多元的社会协作。

（三）有限资源的乡村环境优化与精致化

桂林经历了中华人民共和国成立后政局的波动期，改革开放后稳定的社会局势下，乡村景观进入了阶段性深化。同时，由于中华人民共和国成立后桂林在政治经济地位上已经不再是区域中心，外部资源地输入减少，区域土地开发深度受限，城镇化、工业化程度较低。

第三章与第四章中提及，区域的土化地开发中包括了土地占有扩张及土地利用深化。民国至1970年间，桂林的乡村土地开垦已经基本完成一个阶段性的扩张。在20世纪70年代后，桂林乡村地区已经开始转向土地开发的深化。深化本身表现为两个方面，一是景观在营造效率或形式的优化；二是对于既有景观资源的经营，尤其是功能价值的提升。

然而，由于早期相应的建设投入较少，桂林地区的深化开发，仅就本地的传统农业、工业资本，难于展开。改革开放后的桂林，乡村地区的土地深化与精致化过程，则更主要地集中于本地乡村景观的物产引进、技术优化、形式精致化，以及外来旅游投资的引入。

综合来讲，改革开放后的40年发展是历史过程中的一个阶段。它在发展的基点上，有着历代积累的经验支持、历史传统的局限、历史遗留的问题。改革开放后，桂林在此背景下展开新的建设，形成了如第二章描述的现状景观形态。

第二节

1978年后桂林地区乡村景观面对的影响

1978年之后，桂林进入了新的建设阶段。根据大部分的县志记录，中共十一届三中全会后，地方的村庄建设进入了新的阶段，迎接着新的问题。

一、非物质影响因素的变动

1979年，中共中央、国务院规定桂林市的城市性质为“社会主义风景游览城市”①。

改革开放后，桂林地区乡村景观的变动仍然是在政治局势、社会人口、科技文化的变动下展开的。由于城镇化建设需要，大量外来人口进驻桂林并集聚于城镇，城镇环境压力增大。与此同时，由于现代的规划设计对于乡村建设的介入，乡村景观开始接受新的综合管理。

（一）时局变化与人口流动

1978年改革开放，中华人民共和国成立初期相对封闭的政治、经济、文化局势被打开。全球化开始从文化、经济等各个方面深入影响地区发展。同时，自19世纪末以来的工业化建设，至这一时期已经形成了较好的基础。改革开放后，伴随着全球化与我国快速的工业化、城镇化，桂林在乡村地区的政策管理、社会人口、文化科技等方面受到影响，并展开了新的调整。

1978年后，桂林地区展开了乡村经济制度的调整，区域内的生产力也在20世纪80年代得到进一步解放。乡村生活得到改善，文化建设逐步渗入乡村，乡村人口快速增长。同一时期，桂林也在进行着工业化、城镇化的建设。然而，由于区位资源、环境保护等方面的限制，桂林地区的建设虽有成就但进展相对其他地区较为缓慢。

至20世纪80年代中后期，农业经济逐步衰退，工业生产的消费品进一步渗入乡村。现当代的乡村面对着较近代农村更为严峻的经济危机。由于我国工业化与城镇化已经有所成效，乡村地区的剩余劳动力开始大量转移，形成农村经济危机的短暂消解。但桂林地区的工业化与城镇化水平有限，本地人口主要转向南方大的城镇（如南宁、广东珠三角地区）。1990后的十年间，城镇建设与工业化的高速发展，桂林乡村地区的劳动力转移与商品化过程加快。1998年，全国的城市地区住房商品化。早期工业化较快的城市，城市建设加速，大量乡村劳动力进一步向城市转移。而同一时期，桂林市县合并，原桂林市与桂林地区进行统一行政管理。城镇建设的扩展与产业调整，在大桂林的范围内展开。

全球化影响下，我国工业化、城镇化快速发展。而同一阶段，旅游产业化在桂林地区带来新的影响。由于发达地区在休闲时间上的剩余，相应的旅游消费活动日渐兴起。桂林在早先的山水外交基础上，改革开放后被确立为“风景园林城市”的性质，并作为最早的一批旅游城市对外开放。大量的外来旅游人口进入桂林。桂林自20世纪80年代以来，为了保护地方山水环境，地区的工业化受到限制。相应的同期无法转移到工业活动的农业人口，开始转向旅游服务业及手工艺品生产。

① 桂林市建设规划局．桂林市规划建筑志［M］．桂林：漓江出版社，1998.

1990年后，城市工业化快速发展，人口增多，城市人口的剩余劳动时间开始转向休闲旅游。截至1999年，我国公布了“黄金周”带薪休假。桂林作为最受欢迎的目的地之一，旅游业发展迅猛。大量的本地人口进一步转向旅游服务业，在相应的城镇枢纽、景区从业。其中，随着景区、景点的拓展，部分乡村地区转换为观光目的地，农业人口在本地实现剩余劳动力的转移。

（二）人口流动与技艺、生活作息、审美的变化

改革开放后的三十年，乡村地区的科技、文化更新主要依赖政府或民间的宣传推广、教育培训以及传统的经验习得。

当代的桂林乡村，古代所谓的农畜、新物种、农机的推广与少数民族的“开化”差异，已经基本不存在了。伴随着种苗、农机的商品化与专业化，农业生产层面的技术主要借由销售机构及各地推广部门进行普及。随着民族政策的变化，各地少数民族风俗及文化较少受到外来歧视与干预，部分亦成为特色进行鼓励。与之相较的，营造技术的更新依赖建材更新以及农村人口在城镇建设工作中的经验积累。

同时，城市文化与现代城市生活，也带来了乡村地区文化风俗的变化。随着农村人口的流动、城市生活消费品的进入，乡村地区的生活方式逐步发生变化。

其中，由于农业人口的大量进城务工或从事与外来人口相关的旅游服务业，传统农业生活下的时间规律发生了改变。传统的节奏，即村民主要依照农历与节气进行全年时间安排。水稻作为大部分家庭种植对象，其栽种与收获时间，决定了农忙与农闲的时间分配。主业与副业在乡村的时间安排也多在这个过程中被确定下来。副业除了一些村中作业，非常大比例的村民是进入周边城镇打工。传统乡镇用工与村中作业时间相互关联，活动类型以农闲时的加工业为主。而随着旅游及其他产业对于农业人口的转移，现代国际标准时间则随着劳动力的商品化，成为人们安排乡村生活、生产、营建活动的重要影响因素。

桂林的乡村地区比较特殊的文化转变，来自旅游业的发展。大量的外来游客，除了进行消费活动，同时比较广泛地与乡民进行交流，部分外来游客选择定居乡村，并逐步影响乡民对传统环境的价值认知。而桂林地区山水文化及旅游业的发展迅速，手工艺品也成为当地乡村产品。行销山水画、树皮画、画扇等相关绘画艺术的活动，使得乡民们在学习与从业中，逐步形成对于家乡山水环境的新认知与审美偏向。

（三）现代规划设计的引入

伴随着地区与全国发展进程的逐步统一，20世纪80年代后桂林村镇的规划与建筑设计管理进入专业化。政府的相关政策（政治、经济、人口、公共服务等），被系统整合入乡村景观的规划建设管理。早期的规划设计，集中于土地资源与公共设施。伴随着乡村建设问题的变化与相关技术的调整更新，当下规划设计的重点逐渐转换为对于村庄空

间资源及环境质量的综合管理。

自中华人民共和国成立以来，桂林地区的规划设计团队不断扩大、业务不断增多、体系管理不断健全与制度化、设计品质逐渐提升。其中村镇的建设工作也随着区域乡村生活的变化逐渐展开与深化。20世纪80年代，桂林村镇科隶属市规划局，主要负责郊区、两县村镇规划。而在1998年后，桂林市区与桂林地区合并，市区外的村镇与城郊地区村镇分开管理。村镇科负责市区以外的集镇与乡村规划管理。2002年，地区形成了村镇管理科—县建设局村镇股—村镇建设管理站的多级村镇建设规划管理体系。伴随着乡村建设的深入，桂林当地的机构除了规划管理与设计咨询外，还负责两个方面的重要工作：乡建工作总结与交流活动①的组织和机构管理组织效率的提升。前者是在经验积累的基础上，提高相关规划建设工作的质量；后者则在于提升组织管理的效率。伴随着规划设计单位的转型，而作为产品的相应规划设计咨询服务也进入了更复杂的评判标准与商业运作中。（图5-2-1）

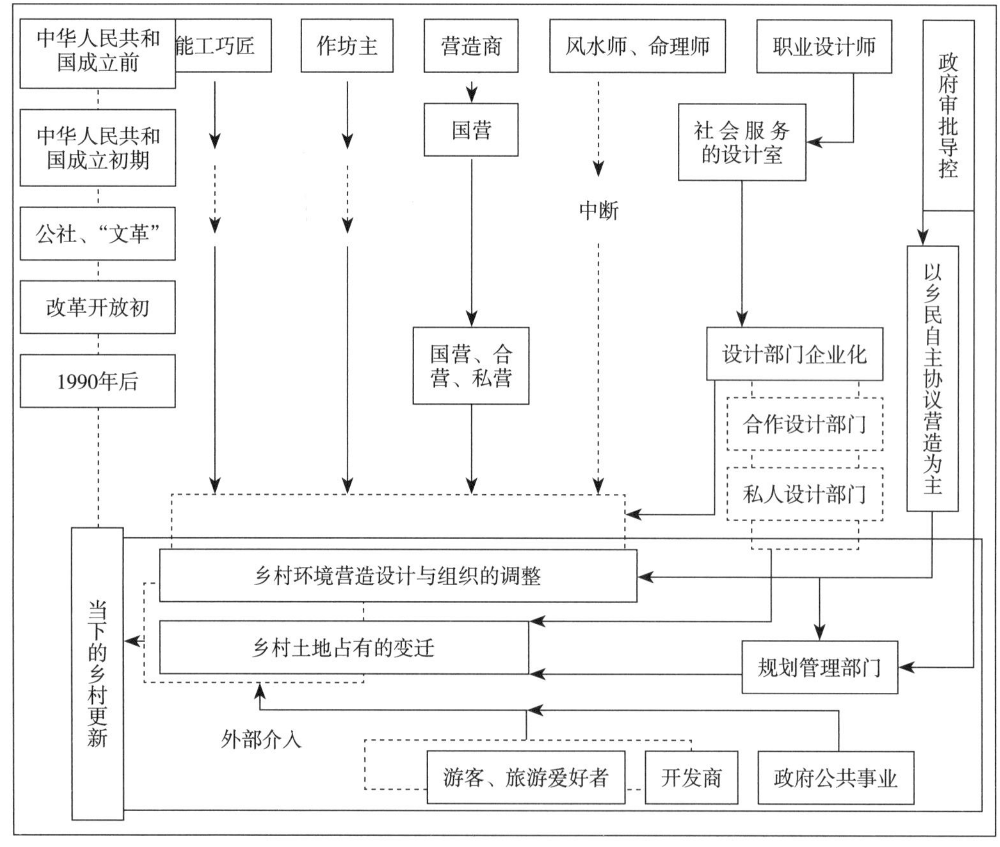

图5-2-1　桂林乡村地区相关的规划建设支撑变化
（来源：笔者根据《桂林市规划建设志》整理绘制）

① 这两方面的工作，其主要的拓展方式实则来自上层次管理的适地调整、与外部交流、外部合作中进行的。20世纪80年代开始，英美专家、相关高校机构、外地专家被广泛邀请与相关建设部门参与本地规划编制与建设讨论。

随着各时期建设需求，相应的规划设计工作形成了不同的重点。

20世纪70年代末，整体建设的政局与经济体制的改革，乡村地区变化迅猛。20世纪70年代末与20世纪80年代，村庄建设面对的矛盾突出，建设用地需求增大。桂林地区开始对乡村地区进行建设介入及景观优化与控制。而伴随着之后城镇建设的需求增大，相关的建设引导从村庄地区转移。根据《桂林市规划建筑志》大事记，1988年之后开始以城市规划建设、产业开发区、风景建设为主要工作内容。一方面，村庄建设与管理与其他地区相较，呈现消退现象。伴随着工业化与城镇化的积累，1998年后城镇建设在拓展的同时，开始更多地反哺乡村。十六届三中全会后，政府展开了更进一步的社会主义新农村建设。相应的规划建设资源开始大量向区域乡村地区投入。这一阶段性的过程，使得不同聚居环境间在变化节奏上发生差异。另一方面，在区域内乡村建设存在着不同步，尤其在村镇建设初期。在具体的规划建设工作上，桂林地区于1980～1990年的村镇规划由市郊展开①，在较多经验积累后通过相关专业人员培训②展开粗线条的规划。而在陆续完成的粗线条规划③后，结合桂林形象进行具体的村庄深化与实施。风景区与主干交通，成为深化选点的重要影响因素④。此过程中可以看到，市郊、建设资源优胜的村庄取得了更多的规划建设投入。2003～2006年，桂林发动市、县、乡三级政府及乡民与社会的捐助，进行新农村建设。其中，首批启动的包括阳朔古板村、恭城北洞源村、临桂大雄村等131个三级试点，完成千余个新村的基础改造。

二、区域整体聚居环境的变动

（一）公共基础建设进一步现代化

随着近现代化的过程，公共基础建设已经深入桂林乡村地区。改革开放后，公共基础设施的建设已成为现代公共管理服务的重要支撑。

作为政府的公共建设，1980年初的相关规划便涵盖了“统筹兼顾地布置村镇各项设施，不断改善居住、交通、文教、卫生条件”。随着地方经济的快速发展，乡村居民对生活品质提升有着普遍需求，地方上也开始进一步加大乡村建设。专业的建筑规划设计开始比较系统地进行城市规划，完善乡村基础设施。在“能源”方面，城镇电网或小范围的水电系统的建立至近三十年已经比较完善。1970年后期桂林地区乡村开始发展沼气

① 桂林市建设规划局. 桂林市规划建筑志［M］. 桂林：漓江出版社，1998：199. 1981年市规划局组织，对市近郊8个农村人民公社的村镇建设和农民建房状况进行详细调查。

② 桂林市建设规划局. 桂林市规划建筑志［M］. 桂林：漓江出版社，1998：199. 1982年10月市规划局举办村镇规划培训班。随后，市郊各公社村镇规划工作全面铺开。

③ 桂林市建设规划局. 桂林市规划建筑志［M］. 桂林：漓江出版社，1998：199. 1984年6月，阳朔已完成900个村镇粗线条规划，占总村镇数的93.7%。1986年12月，临桂县已完成1300个村镇粗线条规划，占总村镇数的92.8%。

④ 桂林市建设规划局. 桂林市规划建筑志［M］. 桂林：漓江出版社，1998：199. 1987年，市规划局将市区风景区旁、漓江边、市主干道两侧的43个村庄的粗线条规划深化并调整完善，经批准付诸实施。

能源，经过技术革新、政府辅助配套，至20世纪80年代中期得到逐步推广①。

1990年后的二十年间，政府及乡民协作对既有的公共基础进行优化、完善。透过政府报告可以直接了解，传统公共基础建设中的水利、交通、文教设施建设，已经在地区内有了比较均衡的布置，硬件质量上有了较大改善②。小学设置、村村交通已达到90%以上的覆盖。

但改革开放后，桂林城镇化、工业化一直处于缓慢的发展状态。在1990年末，随着产业调整的大趋势，一方面，市县合并，公共基础设施进一步拓展，成为实现区域协作的支撑；另一方面，桂林地区旅游产业在这一时期快速发展，相应的公共基础建设面对着更大的服务需求。交通、网络通信在这一时期成为重要的建设，各城镇作为交通、贸易、旅游服务的枢纽，成为更新的重要对象。现代通信网络的发展，在早年电话、广播普及的基础上，2000年后移动通信、电视在桂林乡村获得普及③。

近三十多年的建设中，公共基础建设已经成为乡村发展、区域共建的重要支撑。它伴随着科技的发展与持续地投入，使得区域间的联系更为紧密。桂林地区近十年的发展中，城市与乡镇也因此形成了更强的协作，且相较于乡村地区拥有着更多的公共资源。

（二）城镇化由市区向县镇拓展

一直以来，桂林的城市建设相对缓慢，包括了资源与城市定位两个层面的影响。改革开放后，风景游览城市的定位使得城市建设扩张与工业化还是受到了一些限制。1998年后的县市合并以及2000以后的市区产业调整“退二进三”，使得这个局面有所改变。

1998年之前，桂林地区分为桂林市（包括市区、阳朔、临桂）与桂林地区（灵川、全州、兴安、永福、灌阳、龙胜、平乐、荔浦、恭城）。1998年之后，工业区向周边转移。伴随着桂林第二产业从市区退出发展第三产业，周边各地大力开展招商引资、拓展开发区。临近市区的北部灵川、西部临桂成为重要的工业与城镇建设区。桂林主城区与周边的县镇的交通联系也快速发展。城镇化进程，伴随着桂林市区周边的县区及交通拓

① 阳朔县志编纂委员会. 阳朔县志［M］. 南宁：广西人民出版社，1988. 第三篇经济，第二十七章城乡建设，环境保护，第二节村镇建设：1972年，县科委和卫生防疫站在城关乡凤鸣二队刘桥生家建筑12立方米池容的阳朔县第一口沼气池。但早期难于推广，1979年，县成立沼气办公室，配备工作人员3人。每年拨给建池补助费和活动经费，建“圆、小、浅”池，加强技术培训，加强管理和维修。至1985年，由原来双桥村一个点300多口池，发展到10个乡镇。

② 桂林市地方志编委会. 桂林市志（1991–2005）［M］. 北京：方志出版社，2010，12：54–62：阳朔，全县乡镇全部通沥青公路，行政村通车率90%；全县学校122所，适龄儿童入学率99.5%；龙胜，全县乡镇通油路，112村通公路占94.9%；2005年中学15所，初中13所，小学99.7%；永福，境内铁路一条，公路国道两条，省道一条，县干道2条，县道5条，乡道5条，乡村简易公路36条，全县行政村通车率84%；荔浦，2005 年乡道75条，全县行政村实现100%通车；全县中小学152所；灵川，漓江、湘桂铁路、国道322线穿县；2003年241个自然村基本实现修通机耕路；资源，2005年，全县100%乡镇通柏油路，行政村通车100%；全州，全县通油路或水泥路；恭城，2005年全县乡乡通油路，村村通汽车；中小学135所；灌阳，2005年全县乡镇通油路率达89%，行政村通车率达99.3%；平乐，2005年全县国道、省道、县道公路8条，10个乡镇均通车，全县125个行政村通汽车，水运同行有平乐、大发两个乡镇。

③ 根据《桂林市志（1991–2005）》54–62页：阳朔：广播电视覆盖达97%，有线电视入户48%；永福：2005全县广播电视综合覆盖率95.04%；灵川，全县广播电视覆盖率91.3%；恭城，电视人口覆盖96.8%广播人口覆盖率95.7%；全州，电话用户64100户，互联网用户4000户，移动电话14万余户。

展，形成对于乡村地区的介入。其中，临桂地区变化最为突出。2013年撤销临桂县，设立桂林临桂区。临桂区通过紧密的交通联系，突破原有金山、巾山的分割，成为对于桂林市区发展的拓展区。市区与桂林区之间的交通沿线被快速置换为城镇建设用地。村庄中的聚落往往保存或被更新，而农地成为主要的城镇化建设新建用地，转变为城市形态。（图5-2-2～图5-2-4）

图5-2-2　临桂县规划图
临桂的区中心（县城）成为桂林市区城市建设的主要拓展区
（来源：桂林市规划局官网）

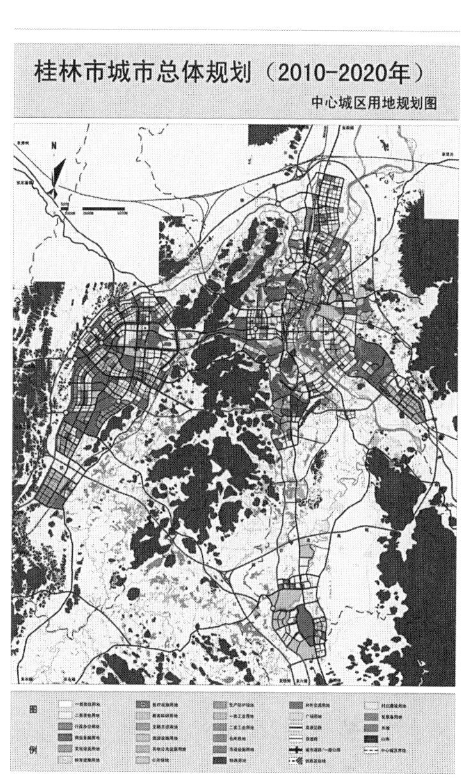

图5-2-3　桂林市城市中心城区用地规划图
临桂的区中心（县城）成为桂林市区城市建设的主要拓展区
（来源：桂林市规划局官网）

图5-2-4　2011～2013年临桂区中心的建设扩张的比对图
（来源：Google Earth）

（三）圩市与城镇、交通的协作增强

改革开放后，圩集作为贸易节点得到了恢复与健康发展。它们重新组织起旧有的乡村物资交流网络，并在公共基础建设下与城镇联姻进一步成为城乡的枢纽。

20世纪70年代末，各地恢复圩集，它们重新成为区域贸易的节点。改革开放后的圩镇已经更多地与现代公共基础网络联系在一起，对应于行政区划上的乡镇驻地。圩集的作用上仍然延续着早期的两种基本功能：一是作为乡间物资交换的场所，提供乡村地区的综合物资需求；二是作为乡村与外部交换的场所，成为乡村特产大宗输出的集散地、城镇或外来资源的输入地。

然而，在现代的社会发展中，"圩市"作为交换地的功能，随着与城镇的融合，成为城乡生活进行置换的节点。

一方面，圩集是城镇工业产品输入乡村的枢纽点。由于社会分工的加剧，乡民们的生产、生活更多地依赖于圩市中的采购获取。改革开放后，大量的工业产品向农村转移，圩集更成为城镇产品与文化的输出地。其中，城镇建筑材料及其相应的技术，成为城市输入乡村，带动乡间景观形态变化的直接因素。而城市生活方式，则借由城镇消费品渗入乡民生活。由圩集作为枢纽，乡村地区的景观营造、形制、价值，逐步脱离本地资源与劳动力的依赖。

另一方面，城镇圩市是地方特色农业、工业产品的输出节点，关联到周边乡村生产。改革开放后，农业生产价值亟待提高。经济体制的调整下，桂林进一步展开特色农业发展。同时，随着乡镇地区的工业化发展，当地圩市也成为重要的工业产品交换地。各县区不同的特色物产，在就近的乡镇圩市进行交换。圩市、城镇、交通的进一步协作，三者形成更为紧密的联系与更现代化的景观建设。而相应的农产品生产地，也随着特色农业及交通之便形成景观的更新，工业生产地则转换为乡镇企业进行工厂建设。

综合来说，圩市与城镇建设的共同发展，使得圩集进一步成为乡村聚居环境的重要节点。在产业与城镇化的调整中，圩市成为区域乡村生产生活不可或缺的组成部分。而随着产业化对于物资生产技术的集聚，圩市与城镇、交通的协作增强。乡村地区的村庄内部环境，以及地区的村庄类型也随着城镇化、工业化、农产品的特色化发生改变。

（四）风景建设的增长投入

桂林特有的风景资源，自改革开放后快速得到整合与发展。山水、名城在初期是主要的游览对象，同时亦是相应资源及规划设计的焦点。

首先，桂林地区的风景地被不断挖掘、建设与拓展。改革开放后，桂林山水旅游从旅游接待向平民化旅游转换。由于大量外来游客的进入，桂林地区的旅游开发逐渐增多。其包括了早先传统风景名胜的修复、保护，也包括了各地新的自然瀑布、岩石山洞、湖泊江河的开发。而乡村地区的古迹民居、田园农家乐也成为重要的观光对象。

其包括湘漓沿线保存较好的明清传统聚落；龙胜地区的梯田壮瑶村寨；山水、古迹、特色景观的村庄，如灵川大桐木湾村、阳朔周边等；主题景点，如桃花源、愚自乐园（表5-2-1）。

这些观光地在吸引外来游客观光消费的同时，也成为公共基础建设、商业服务投资的焦点。它们形成了自己的外来资源占有以及相应的风景建设与村庄改造。这些环境建设与改造，由政府、外来开发商、本地乡民展开。其中，借由公共基础建设在城镇、交通上的便利，城镇地区成了重要的枢纽。而景点及其周边的风景建设成为其他建设的制衡力量。20世纪60年代开始，桂林便早已就城市规划、建筑设计如何适合风景和发扬民族风格进行了讨论。桂林当地在规划细化的乡村整治选点和建筑形象控制上，都表现出自身对于风景营造的重视。桂阳公路两侧、漓江两旁各50米范围内的风景区、公园规划范围内不能批地建房[①]。20世纪80年代的首批方案细化也主要以该范围内的43个村庄展开。而在农村住宅形象上，20世纪80年代已经明确地表示“民居建筑保持地方民族风格，以小青瓦、坡屋顶、白粉墙为基调，层数控制在2~3层。力求布局合理，使用功能齐全，造型小巧玲珑，色彩淡雅，与周边山水环境和自然景观相协调。”随着外来旅游消费的偏好，乡民们也积极地进行村庄内部的功能与建设形式调整，吸引游客。

桂林地区各县区部分旅游景区、景点　　表5-2-1

地点	景区、景点
阳朔	漓江及两岸山峰、遇龙河、龙颈河、莲花岩、黑岩（聚龙潭）、碧莲峰、月亮山、书童山、西朗山等；《印象·刘三姐》鉴山寺等一大批楼台亭阁和石刻等；遇龙河景区、兴坪风景区、月亮山风景区、世外桃源、蝴蝶泉、古石城等
临桂	雄森熊虎山庄、九滩瀑布、十二滩漂流、相思埭遗址、李宗仁故居、白崇禧故居、蝴蝶谷
灵川	青狮潭、大圩古镇、古东瀑布、定江莲花岩、江头古民居、长岗岭村古建筑群、江头洲村古民居
全州	天湖水库湖泊、炎井温泉度假区、湘山寺、燕窝楼、精忠祠、虹饮桥
兴安	古灵渠、猫儿山、世纪冰川大溶洞
永福	永宁州城、百寿岩石、窑田岭窑址、凤山石刻、山南悬崖墓葬、三北洲窑址、穿岩古道、凤山、登云山、板峡湖风景区、西江自然风景区、罗锦金钟山风景区
灌阳	黑岩、月岭古民居、文市石林、新圩阻击战主战场、红三军团指挥部、高草禅林寺、云台寺、米珠山农家乐景区
资源	河灯歌节、江山水画廊、八角寨国家地质公园、宝鼎瀑布、猫儿山国家森林公园、十里坪、天门山、百卉谷龙脊、福满园温泉休闲山庄、七月半河灯、漂资江、老山界红军路线
荔浦	丰鱼岩、银子岩、天河瀑布
龙胜	龙胜梯田
恭城	关公文化节、桃花节、月柿节

（来源：笔者根据《桂林市志（1991-2005）》第54-62页整理）

① 桂林市建设规划局. 桂林市规划建筑志［M］. 桂林：漓江出版社，1998：203.

第三节

村庄环境的建设调整

随着改革开放后，全球化、城镇化、工业化等一系列政策经济调控、科技文化变革，桂林乡村地区产业、社会人口、技术文化发生了较大变动。同时期，区域聚居格局的一系列调整，也在以不同路径干预到乡村的开发建设中。

其中，乡村地区的"商品化"影响逐步深化。农产品、农村劳动力不断商品化，桂林乡村休闲成为旅游产品已进入海外，城镇工业产品取代本地物资成为乡村生产、生活、营建的必需品。改革开放后，桂林地区乡村景观的开发建设，随之发生着一系列的变化。

一、生产环境的变动

在近现代有限的地形改造与耕地拓展下，生产环境的变化更多的来自于乡民们结合需求进行的"水田""旱地""林地""塘地"的形式转换与作物更替。随着市场经济的发展，商品化使得桂林地区的生产环境形成了不同的形式转变。

（一）劳动力的商品化与水田的变更

与建筑为主的聚落环境不同，生产环境在场地改造完成后，依赖着大量的时间与劳动力投入得以维续。传统农业社会，农业生产，尤其是粮食作物生产，是乡村最主要的时间分配对象，副业则是利用剩余时间展开的生产活动。伴随着粮食作物价值的消减，农村劳动力的转移，乡村地区的传统水稻种植发生更替。

水稻是桂林地区一直以来的主要粮食作物。水稻生长与相应田间作业的对应关系，使得传统农业生活中形成"农忙与农闲"的时间节奏。相对固定的时间占有与空闲，形成传统农业社会的节气、节庆活动。大部分的村民都会在农闲时间从事其他生产活动。早期对于乡间农事为主的时间分配，当地村民主要去周边城镇务工，以日记工，晨往暮返。

随着1990年后逐渐消减的粮食作物交换价值，外出务工成为乡村居民提高经济收入的主要选择。由于桂林本土工业化、城镇化水平有限，年轻人主要去往广西其他城市甚至广东珠三角一带务工。时间与交通成本使得大部分青壮年劳动力无法农忙返乡。这一冲突下，当地乡间水稻生产面对各种更替。家中仍有劳动力，但劳动力不足的家庭会考虑换种其他种植养护时间投入较少或种植季节灵活的种植作物，如果木、园艺苗木、蔬菜。而这种替换，由于需要一定的前期经济积累，所以在缺少资金与劳动力的情况下部分居民会进行土地租让。但当村庄内普遍外出务工，无人可租时，田地会减为一季稻或用以种草（图5-3-1）。第一种替换种植作物的方式，需要将原有的水田进行地形调整，更替为排水优良的小台地提供种植基础。更替为经济价值高于粮食的作物，是大部分乡民逐步转换更替的目标。

“米易果”，是村民们在劳动时间不足时带动的种植更替。天灾则促成了这一过程在近河低地广泛发生。果木种植的土地需求，使得沿河地区的肌理发生了改变。在权属与地形的分界下，形成了垂直河道的扇形肌理。“靠天吃饭”的传统农业经济本身，旱涝灾害仍然是其最大的威胁。因而水田替种果木、蔬菜的过程，在对灌溉困难或水患严重的片区来得更为普遍。如阳朔遇龙河周边村庄，地势由村后山体缓缓下降与遇龙河相接。河岸旁的农田多数引自遇龙河，进行灌溉。夏季水灾泛滥时，沿河田地则被淹没。水涝通常只有数日，但却能导致田中颗粒无收。这些沿河片区土地的田埂颇高，有的可高出周边地区1米多。然而这依然无法阻挡洪水对于水稻种植带来的影响。于是，近些年旧县村民们也开始调整这一片区的种植，橙、橘果木被普遍用以替换水稻。在村中外出务工，青壮年劳动力缺乏之时，这一过程越来越多地出现。由于旅游产业，旧县自然村①相对本地劳动力转移少。而与之相比，隔岸的大石寨沿河被换种果木的区域更为广阔。这既包括了该村出外打工者较多的因素，也包括了其资本积累对于果木三年挂果的成本支持。（图5-3-2）

图5-3-1　田中插着“此田种草”的标识
（来源：张潇潇 摄）

图5-3-2　替田种植果木

整体来说，传统生产环境形式及种植，在新的需求下进行变化。由于乡民个体资源与家庭劳动力分配的差异，产生了租赁、种草、“米易果”的转变与水田易旱地的改造。

（二）农产品商品化与旱地、山林地变动

桂林地区与其他地区一样，自改革开放以来逐步加强地区特色农业的发展。

① 居民253户，1285人，包括毛、黎、周、莫等姓，其中毛、黎为村中大姓。村民主要经济来源于农、粮、果及外出打工。

这种调整，从近代的农业调查中亦可发现，主要思路来自于对于本地土地资源及特色物产进行重点生产，通过城乡、本地与外地的果蔬贸易，提升本地农业收益。

中华人民共和国成立后，由于强调重粮生产，特色经济作物主要由集体林场、农场进行有组织的种植。改革开放后，土地承包与市场经济，乡民个体在自给的水稻种植外，开始将水田改挖鱼塘或利用旱地粮食作物换种果林，提升收益。1990年后，由于乡村生活消费不断增长，水稻种植的收益降低，桂林欠佳的工业发展，本土经济的发展转向特色农业的调整。桂林大部分地区开始进行规模的经济作物采集或种植，推动区域农业经济。种植业生产的大力发展，桂林地区也获得了广西壮族自治区产粮、产果、产菜第一。其中，果蔬生产，在“九五”“十五”计划中增长迅速①。

这样的背景下，乡民们结合土地资源、气候特点开始对原有种植作物进行规模换种。

水田转换为旱地，种植蔬菜、果木、苗木。自然山林则结合经济林生产，被替代为杉木、桉树、竹木、银杏等。其中，果木的替换，使得原有的水田景观被大面积替代。传统乡村田园景观发生了非常有规模的变化。如，兴安地区的葡萄种植，通过田垄、棚架形成大小划一行列，均匀地布局于地块中，比较大地改变了传统农田生产肌理与景观。而柑橘、沙田柚等果树种植，则结合旱地行列栽植。随着滴灌技术在应用，柑橘种植大规模的种植于山地。果树受滴灌水管布置的需求，呈现出与等高线垂直的阵列布置。

由于交通运输的需要，本地土地、气候的差异、市场垄断，桂林各地的农产品生产形成集聚现象。乡民们在种植作物结合当地圩集市场的收购倾向进行规模种植。如，桂林城市郊区普遍种植蔬菜、园林苗木，形成连片的菜畦与苗田；阳朔地区的沙田柚、金桔、夏橙、黄皮种植；恭城地区的月柿种植；兴安灵川溶江沿线的红提种植等。（表5-3-1、图5-3-3）

桂林各地特色作物 **表5-3-1**

地区	特色作物
阳朔	苎麻、沙田柚、金桔、板栗、柿子
兴安	白果、柑橘、毛竹、茶叶、香菇
市区	大河乡丰水梨
资源	红提
永福	罗汉果

① 桂林市地方志编委会. 桂林市志（1991−2005）[M]. 北京：方志出版社，2010：18−19. 1994年桂林推行农村股份合作制，2004年明确提出推进农业产业化经营，到2007年末，全市通过产业化纽带带动农户64万户。而这其中，桂林全国水果生产基地，2005年水果总产值166.6万吨，比“九五”计划期末增长92%，年均递增14%；蔬菜年均增长6.7%。

续表

地区	特色作物
荔浦	芋头
灵川	毛竹、松脂、白果、香菇、柑桔、茶叶、中草药、沙田柚、红黄麻、棕片、桐油、草席、土纸
资源	桐油、竹、茶叶、棕、药材
全州	大蒜、辣椒、晒烟、红瓜子、茶叶、蚕桑、柑橘
恭城	月柿、黄笋干、桔梗、厦竹、槟榔芋、沙田柚、柑橙、桐油、红瓜子、香菇、黄片糖、茶叶、苎麻、桑蚕
灌阳	长枣、雪梨、橙、蜜枣、红枣糯米酒、苎麻、红瓜子、山苍子、桐油、陶器
平乐	苎麻、甜柚、柿饼、黄片糖、柑橙、板栗、木薯淀粉、水盐菜、茨菇、石崖茶、山楂、大水李、鹅梨

（来源：笔者根据桂林各县县志整理而成）

图5-3-3　兴安溴川的葡萄长廊、阳朔白沙的橘山

然而，这种规模式特色农产品替种，并不是桂林最为普遍的。由于桂林地区，地形与地质复杂，真正适宜或可供规模生产的区域有限。因而，大部分地区的乡民结合家庭土地状况进行种植，结合市场进行相应的种植调整。以阳朔地区的旧县村某土地权属及土地利用现状调研。受20世纪80年代土地承包制的影响，村庄作为集体经济单元被分解，生产环境的肌理即在自然基地、集体经济、个体土地管理下形成的交错斑块。整个地块中分为山石地、旱地、水田、池塘河溪等片区。其中，旱地47片土地由24位村民分有。由于地质差异、拥有者经济水平不一，片区旱地呈现出多样的肌理。由于邻近地区的特产以金橘、夏橙、沙田柚为主，这些作物也便成为这里主要的种植对象。但受土壤限制，村民们也在结合市场，不断变换种植作物，如柿子、葡萄等。这种现象实际上是桂林最为普遍的。这主要由于桂林地区大部分地形复杂，土壤生产力有限，村庄中的生产环境难于支持大规模的作物换种。故而，桂林地区的村庄，多数表现为零散交错的换种肌理。（图5-3-4）

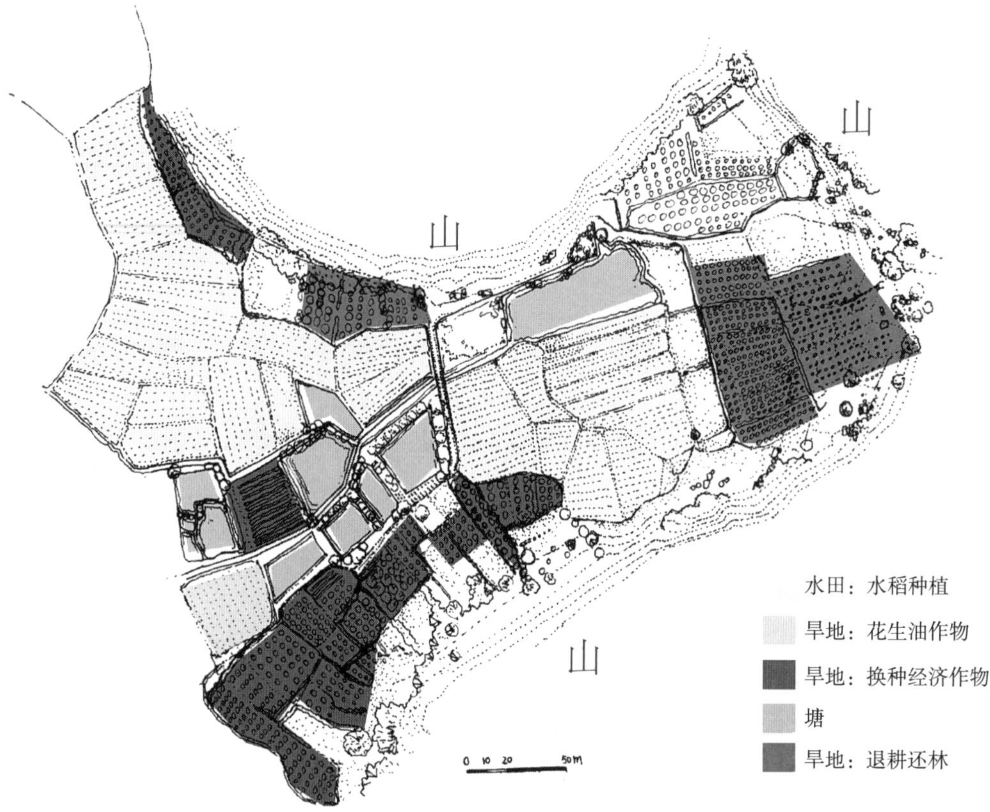

图5-3-4　桂林阳朔白沙镇旧县村某地块土地利用及肌理呈现（2009年）
（来源：笔者根据航拍图集调研测绘、访谈资料绘制）

（三）风景营造与种植景观的生产

随着旅游观光的发展，区域内的作物种植作为风景，相应的生产环境形式与作物被维续。

梯田景观作为桂林北部龙胜区域主要观光对象，水稻的种植被作为重要的农耕文化的代表进行展示。随着季相变化，在不同时节形成不同的风景。1996年龙胜龙脊开始景区旅游业的发展，2000年后成为桂林重要观光地。然而，历年的外来游客人口为当地水资源带来了较大压力，区域内进行水源控制。在调研过程中，政府已经开始对于区域内的水资源利用进行调控。同时，由于水资源的短缺，区域内的水田灌溉存在不足，出现大量撂荒、田块崩塌。从相关学者的调研中发现，2006年后龙脊梯田大部分出现崩塌，撂荒面积过半[①]。为了维续梯田景观，当地政府自2006年开始，结合灌溉系统进行整治，希望维续风景名胜区的重要观景对象。从早期的数据可以了解到，民国时期至20

① 邵晖，黄晶，左腾云. 桂林龙胜龙脊梯田整治水资源平衡分析［J］. 中国农学通报，2011，27（14）：227-232. 龙脊梯田景区内20平方米以上塌方多达409处，崩塌面积17.48公顷，撂荒梯田面积达11.13公顷。

世纪80年代末，龙胜地区的“水田：旱地”比值逐年下降。即，“旱地”的转换，是传统农业生产为目的下应对水资源不足的主要调整方式。然而，近二十年龙脊梯田面对的灌溉危机，水稻没有进行旱地作物的调整，则间接反映出当地对于梯田景观的风景维护。龙脊“梯田”的价值，更多的是风景价值而非农业生产价值。（图5-3-5、图5-3-6）

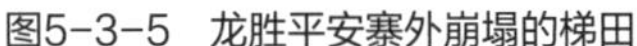

图5-3-5　龙胜平安寨外崩塌的梯田

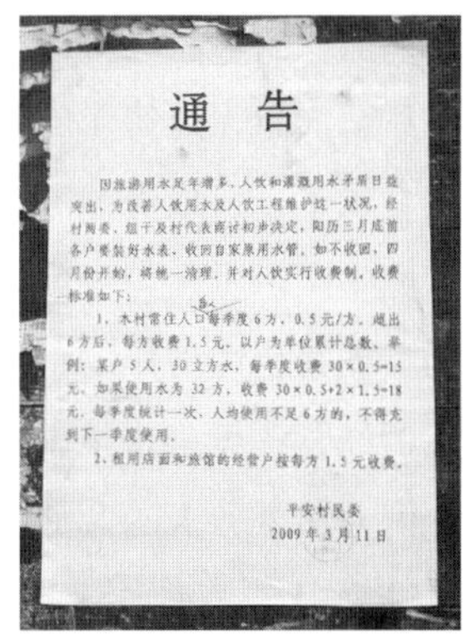

通　告

因旅游用水逐年增多，人饮和灌溉用水矛盾日益突出，为改善人饮用水及人饮工程维护这一状况，经村两委、组干及村代表商讨初步决定，阳历三月底前各户要装好水表，收回自家私用水管，如不收回，四月份开始，将统一清理，并对人饮实行收费制，收费标准如下：

1、本村常住人口每季度6方，0.5元/方，超出6方后，每方收费1.5元，以户为单位累计总数。举例：某户5人，30立方水，每季度收费30×0.5=15元，如果使用水为32方，收费30×0.5+2×1.5=18元。每季度统计一次，人均使用不足6方的，不得充到下一季度使用。

2、租用店面和旅馆的经营户按每方1.5元收费。

平安村民委

2009年3月11日

图5-3-6　平安寨内的用水调整

与此同时，需要注意到另一种作物在龙胜的种植，即“油菜”。早年龙胜地区，“油菜”为主要的种植作物。1953年前，地区内只有个别地方田中种植，1982年的统计，龙胜地区油菜种植只有171亩[①]。而在2000年后的旅游开发，乡民开始关注到田间油菜的种植对于初春龙胜梯田景观的改造。2013年开始，政府及投资商在龙脊梯田播种2000亩油菜，举行龙胜梯田油菜花节，促进当地旅游观光。当地村民无偿提供土地，由承包者进行种植。

作为桂林最富盛名的生产景观，龙胜梯田的维续与经营中，传统基于种植作物农业价值的生产，已经逐渐转换为景观产品的生产。

由于特色农业的推进，具有一定规模的特色作物景观也成为桂林城市居民与外地游客的观光地。其中，从既有的旅游开发项目中可以了解到，恭城的月柿节、兴安的葡萄、灵川的银杏，都成了桂林特色的旅游观光对象。这些特色种植形成的收获果实、固有的季相景观与当地民俗结合，成为旅游产品并得到推广，促进地区经济。

（四）不稳定的市场经济下，乡民以自给自足的种植调整获取生存的保障

桂林乡村，虽然基于特色生产展开了农业种植调整，然而以家庭为生产单元的农户往往受到市场经济带来的不稳定因素影响。无论是具有一定规模的农业生产还是小范

---

①《龙胜县志》编纂委员会. 龙胜县志［M］. 上海：汉语大词典出版社，1992. 经济篇，第一章农业，第三节水稻种植。

围的替种作物，村民的获益并不稳定。与此同时，位于产业链端头的村民，生产收益较低。以阳朔为例，在20世纪90年代末推行种植沙田柚。但随着广西地区沙田柚的广泛种植，经济收益下降。阳朔公路沿线，乡民堆满沙田柚售卖，往往亏本经营。2007年之后，当地乡民已经逐渐替种其他果木，春季不再给柚树点粉，而秋季挂果的柚树不再收获。部分村民砍掉柚树烧柴，原地替种其他果木。近些年，金桔作为白沙特产，在白沙广泛种植。然而，由于缺乏对市场信息的掌握，村民的果蔬种植往往供过于求。冬季的销售旺季过后，大量无处售卖的剩余金橘被村民倾倒田间。

这样的背景下，土地资源一般的乡民换种的规模比较有限，大多数仍以原有的种植结构进行家庭生产。水田与半亩旱地留作自家粮蔬油使用，种植水稻、蔬菜、花生。其余用地作为其他特色经济作物种植。其中，从水稻的种植调研中可以了解到，乡民们基于自给自足的经营考虑。这里以旧县村为例，村中大部分50~70岁之间的老年人，由于年纪大的原因，出外务工的劳动力价值下降，多留守家中看护孙辈。其主要的种植作物为水稻、花生。从经济利润上来讲，米收购价约100元/担，而成本约74元/担，利润微薄。乡民们这种对于传统种植结构的维持，更多的是基于留乡村民不计个体劳动投入下，缩减生活开销，保证饮食安全的考虑（表5-3-2）。从这一角度来看，桂林地区的生产环境，这种传统农业种植结构及农用土地分配下的肌理，其背后更多地反映为市场经济下的自我保护与无奈。

旧县村部分乡民土地所有及作物分配情况 表5-3-2

毛A 家庭成员5名（含女婿） 家中劳动力：夫妻二人 外出务工：女儿两位	4.3亩土地 水田1亩（分为三片0.4亩、04亩、0.2亩），花生0.3亩； 金橘1.2亩，鱼塘0.4亩，1.4亩租给他人
毛B 大婶朱某、儿子毛某、媳妇莫某，孩童两名。 毛大叔夫妇与儿子儿媳务农为主	15亩土地 3亩租给他人，自家5亩水田，0.3亩蔬菜、0.2亩花生留作家中食用； 6.5亩果林，则用以支撑其他日常消费
黎A 家庭成员5名：父母、夫妻、孩童 经营米粉铺、跑交通	4.2亩土地 3.5亩水田，其余则零星种植花生与果林

（来源：根据调研笔者绘制）

二、聚落环境的变动

由于政策、人口变动及相应的社会经济发展，桂林与全国其他地区表现出相似的聚居环境变动。20世纪70年代末，乡村迎来建房高峰。这一时期，人口、材料及其技术、文化与生活方式发生变化，地区内的乡村建筑及聚落也迎来了较激烈的变动。

（一）建材、劳动力的商品化与本地材料、技艺的更替

新建设中，农村住宅对于新材料的使用表现明显。竹木、石、土为主的传统建材使用在消减。砖、水泥、钢筋、玻璃在1990年后被广泛使用，成为乡村民居的主角。

20世纪70年代末期，住居环境的更新十分广泛。但由于青砖生产的缩减，地区内红砖还未普及。在材料的使用上，新居仍然保持着传统的建材使用逻辑，地居建材依旧以土、木为主。20世纪80年代中期，有条件的家庭开始结合砖、水泥、钢筋进行新居建设。但这种应用新材料的住居数量有限，多依赖于在乡镇建筑施工队工作过的乡民指导。部分暂缺的物资，如钢筋需要特殊的物资途径获取。从阳朔地区乡村民居调研中可以看到，旧县村中最早的一栋正式使用水泥、钢筋材料的建筑，是当地20世纪80年代最早的“平房”。由于新材料的稀缺，这栋建筑的侧墙以石材为主要砌体材料，转角与正面使用红砖，由黄泥、熟石灰、河沙混合为泥浆进行砌筑。楼板采用钢筋混凝土现浇，侧墙外挑的步级以及门窗则使用木材，正立面为石灰黏土砂浆抹面。

20世纪80年代中后期，随着政策变动、建材的工业化、城乡间的技术交流、建造时间成本的变化，本地材料与新材料的转换得到加速。乡村经济与物资供应的宽松，水泥、钢筋、红砖开始普及。在同一时期，土、石仍然作为桂林地居的主要墙体材料。但在1990年后，区域的新建筑普遍放弃了传统材料的使用。其一，土坯砖制作过程复杂、耗时、耗地[①]。随着国家农田保护政策调整，村民不允许取土建房。而石砌住房，以小冲崴为例，一栋住房需要凿石取材2～3年以上方能建房，时间成本较高。其二，传统建筑木材价格上涨。水泥与其他砌体材料的低成本，让当地村民逐渐舍弃传统木构建造方式。其三，村民加入进城打工队伍，男性多从事建造工作。挑梁、圈梁、地梁、构造柱的建造技术，使得宅地限制可通过新材料及其工艺实现竖向拓展。综合因素下，20世纪80年代延续的土坯砖砌体木构，在20世纪90年代得到快速更替。（表5-3-3、图5-3-7）

不同材料在不同建筑类型上的调整变化　　表5-3-3

龙胜和平乡传统木构干栏建筑	灵川大境乡主体建筑为木构地居，两翼为石木结构	阳朔白沙镇建筑为土坯砖木结构

① 根据调研，平均一栋土坯砖房需要约1万块砖，耗田约1亩。一般用工量下，每天制作约200块砖。

续表

龙胜和平乡砖砼化的传统形制的建筑	灵川大境乡主体建筑为木构地居，两翼为（红）砖木结构	阳朔白沙镇建筑为红砖木结构

图5-3-7　龙胜平安寨，依山而建的干栏、向地居转化的干栏居、更新为砖混围护的传统形制新宅，由右至左一字排开

（二）政策、生活变迁与地居建筑的楼化、干栏建筑的地居化

除了建筑材料营建技术的影响，桂林地区乡村建筑空间形式的变化更主要来自政策与生活的变迁。桂林传统建筑包括了两种类型，平原丘陵地区的砌体木构地居与北方山地的木构建筑。两种传统建筑类型在形式上的差异，主要包括三个层面：建筑形式对于不同场地地形的应对差异；建筑竖向空间上使用的划分差异；个体建筑对于场地空间利用的拓展逻辑不同。由于少数民族山地区域与其他片区在建房政策上存在差异，乡民对于生活方式的转变意向不同，两种传统建筑类型在空间上进行着不同的变化。

第一，由于改革开放后，乡村建房高峰下出现了各种占用耕地、建设无序等问题。人地矛盾的激增下，乡村地区的建筑用地面积受限。1990之后政府对于建设用地做出了明确的控制：农民建自住房，必须符合已批准的乡镇村规划要求，利用原有宅基地和村内空闲地、山荒地，严格控制使用耕地建房，每户用地不得超过60平方米[①]。在技术的允许下，平原地区住居普遍楼化。一种类型是拆旧建新。由于大部分乡民建房是基于组建新家庭，分户建设仅分得原有基地的二分之一。伴随着营建技术的允许，这些新建住房以竖向空间的拓展获得更充足的居住环境。另一种类型是择址新建，由于本身新基底面积受限，外加在置换土地过程中需要一定的资金消费，宅基地多数会被充分利用。新

① 桂林市建设规划局．桂林市规划建筑志［M］．桂林：漓江出版社，1998：204.

建筑，在竖向上增高的同时，二层平面也由于周边建筑限制较少形成多向的出挑。受到土地限制较为明显的平原丘陵地区，民宅由早期的平房造型转变为楼房。其造型的变化表现在三个主要方面：屋顶形式、建筑层高、立面开口。20世纪80年代，桂林地区仍然保留着坡屋顶的形象特质，但是平顶房屋已经开始大量建设。根据《平乐县志》记载，当时县城内的用瓦量锐减。各地县志记载，在20世纪90年代建筑屋顶以平屋顶为主①②③。至20世纪90年代后，农民住宅一般建设为楼房，层数多增加到2～3层。由于结构的变化，建筑立面的门窗开口不断增大。2000年后的房屋建设，以2～3层楼房为主，屋顶多为平屋顶，部分结合楼梯井或天台女儿墙建造披檐。与此同时，由于技术条件的成熟，在2000年后的大部分新建房屋均做了二层出挑。

第二，城市与现代生活的调整下，建筑的功能发生了变化，建筑内部的空间格局不断调整。以阳朔县旧县村为例，砌体混合结构的水泥平房在旧县村出现之初，其空间仍保持着传统的“三大空”格局。建筑空间及其功能上并无太大改变。然而，随着城市及现代生活的发展，村民们开始调整建筑形式及功能。原本独立的厕所、厨房辅助空间，逐渐与居住空间整合。电视、电脑等现代设施，带来了生活、娱乐方式的改变。村庄中乡民的建筑室内生活越加增多，室内的居住环境品质成为主要改善对象。新建筑的窗幅，逐渐增大，以提升采光；增设空调设备，改善室内微环境；室内装修也越来越被注重（图5-3-8）。北部的山地木楼建筑，在改革开放后伴随着现代生活方式的影响，以及土地改造技术的影响下，建筑也随着结构转为混凝土结构的过程逐步转换为地居形

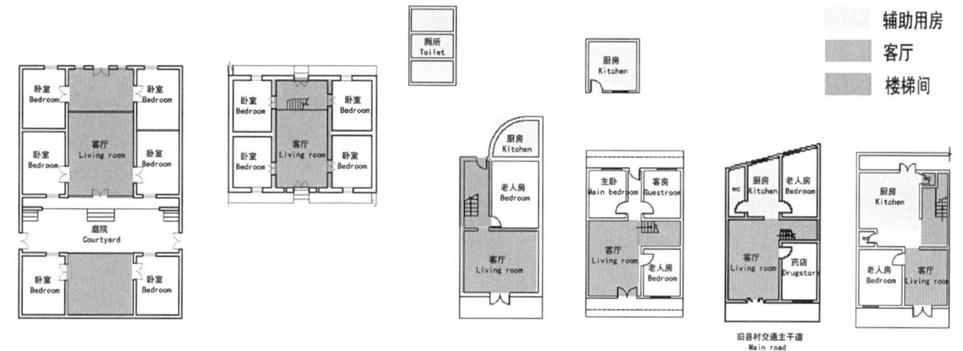

图5-3-8 旧县村建筑功能平面的变化
（来源：叶子藤、苏宜等 绘）

① 平乐县地方志编纂委员会. 平乐县志［M］. 北京：方志出版社，1995. 第二篇经济，第十五章城乡建设·环境保护，第三节乡村建设，农房建设：1980年后，多为两层砖木瓦房，砖混结构的平顶楼房也不断增多。篱笆茅草结构的房屋已极少。

② 兴安县地方志编纂委员会. 兴安县志［M］. 南宁：广西人民出版社，2002. 第四篇经济，第三十六章城乡建设，第三节乡村建设，农村建设：20世纪80年代后，钢筋水泥结构的平顶楼房也多起来。

③ 资源县志编纂委员会. 资源县志［M］. 南宁：广西人民出版社，1998. 经济篇，第三十八章城建环保，第二节乡村建设：20世纪80年代全县新建农房近1.6万座，建筑面积266万平方米，其中半数以上为钢筋、混凝土、砖、木混合结构的平顶平房或楼房，形式新颖，布局实用，农村面貌大大改观。

式。首层将原有的堂屋、火塘更改为客厅、厨房；二层更改为卧室。就灵川两合村而言，新寨中最早的建筑为1964年兴建的木楼，为中华人民共和国成立初期营造。建筑空间上为侧入二层经过望楼进入厅堂，底层架空为牲畜养殖。而20世纪80年代以后建设的木楼，则更替为地居木构建筑，居住层位于地面层，正入厅堂。

第三，桂林北部山区传统木楼建筑的更替，主要基于乡民心理上认为富庶地区的地居、砖混结构楼房是个人经济势力、生活水平进步的标志。个人兴建需要保持与时代的同步。与丘陵平原地区的传统住房相比，桂林北部的山地区域，木楼的杉木取自本地，营建快速。建材、劳动力的商品化影响是相对较小的，加上土地政策相对宽松，大部分的乡民仍可以较好地保持传统木构建筑的营造。根据《龙胜县志》记载，改革开放后大部分的乡民更替新楼。但1980～1987年，龙胜沿河一带已有农户卖木房建砖木结构或钢筋混凝土的新式住房。①在具体的调研中，近些年灵川地区传统木楼，也更替为砖房。访谈中了解到，当地中青年在城镇化生活、文化的影响下，普遍认为传统木楼形式过时，老套。两合村的木楼建筑中，最新的木楼也约有二十多年的楼龄。近二十年的木楼，多数为结合砖混结构进行建造（图5-3-9）。

（a）1964年建的旧式干栏木楼

（b）1990年后建的地居木楼

图5-3-9　灵川两合村木楼民居

（三）旅游业与地域特色建筑的营建、再利用

桂林对于风景的发展，当地政府与相关建设部门在早期便有意识地对乡村建筑造型做出了界定。20世纪80年代，就已经明确了白墙、黛瓦的基本形态。这种趋向，主要集中在政府管理下的风景区周边。乡村地区仍然保持着自己的建筑更新。2000年后，乡村旅游及社会审美对传统建筑的发展带来了转向，桂林地区的乡村开始注重历史建筑保护、地域风貌营造。这种调整，不仅基于对居住者个体地位、财富的表达，更在于吸引外来游客从而获得经济价值。乡民、政府皆有意识地进行诸类调整。

①《龙胜县志》经济篇，第十五章人民生活，第一节农民生活。

其中，政府与开发商等机构，在保护、开发建设模式上与他地区有着较多的相似性。桂林本地的乡村居民或外来定居者，则表现出强烈的多样性。这包括了两方面的活动：

一是，桂林地区的乡村聚落仍然保留了大量的历史传统建筑。人们结合不同的建筑类型，进行不同方式的再利用。其中，木楼建筑较多以迁建（异地重建）的方式进行保存、再利用。部分老宅由于村民外出务工后荒废或原宅基地新建房屋的需求，老的木构干栏建筑逐渐被淘汰。于是，部分山区村民将老的房屋进行转卖。桂林的一些外来定居者，由于自身在房屋建造（或改造）条件以及土地产权等问题上的限制，于是转由购买此类闲置老宅以获得建居机会。该类建筑特有的构造特点，使得其极方便迁建。购买者一般雇请原建筑匠师指导建筑的拆解、装车、重组以及改造。基址则以租赁的方式进行使用。而砌体木构地居的再利用，则更主要集中在内部空间的改造上，包括墙体修复，二层空间拓展，增设厕所、空调、地暖以及增强室内采光。当地居民以传统形制的老建筑为基础，维持原有立面及外形，结合现代生活及旅游观光需要进行改建。一些有旅游接待需求的建筑，则会相应的调整功能，形成客人用餐及厨房备餐空间。如阳朔旧县村的进士第、旧县村21号土坯砖房。而桂林地区的“木楼”建筑，有较好的材料、营造匠艺的传承。大部分山地区域的传统“木楼”建筑依旧保持着传统形制。但由于旅游观光的发展，乡民们也对传统形制进行调整，将地面层改为外来游客使用的餐厅、观景区。（表5-3-4）

桂林地区不同类型建筑改造前后 **表5-3-4**

改造前	改造前	迁建前

 2008年初后，旧建筑改造	2005年后，旧建筑改造翻新	2007年后，迁建的旧建筑

（来源：D.a.S.T.成员组织 提供）

二是，村民在新建筑中也开始注意沿袭传统建筑特色。乡民自主营造的新建筑，主要结合屋顶形式、立面开口及相应的装饰细节、外墙材质来体现地域特色。而不同的传统建筑类型，有着不同的调整方式（图5-3-10、图5-3-11）。其中，乡民对立面的处理包括了两类：一是对既有新民居进行外立面的调整。如利用青砖片或青灰色瓷砖贴面，部分村民使用水泥砂浆抹面，仿青砖勾缝；一些乡民在乡镇购买木质栏杆构件，对外立面增设木构装饰，增添地域特色。山地“木楼”建筑由于部分已经砖混化。但为了旅游的需要，乡民们以木板进行内部装修、外部装饰，形成与传统木楼相近的材料质感。二是结合新的构造方式，在建造时便考虑到外墙效果。如阳朔旧县村某宅的修建中，村民在综合考虑了结构、建筑用料、外墙装饰后，决定墙体首层为24墙，内红砖、外青砖；二层18墙，内红砖、外侧半块青砖。节省青砖用料的同时，最大限度发挥青砖的结构与装饰作用，达成与传统民居风貌的一致。

图5-3-10　村民修建的仿传统式建筑

图5-3-11　2005年当地乡村画家自行修建的宅院

（四）传统建筑空间转变的滞后

虽然政策、技术文化、材料等方面在不断影响着桂林地区的乡村住宅建设。但在三十年的过程中，传统建筑形式则表现出一种滞后的转变。

这种滞后反映在两个方面：

一是砌体木构地居的传统形制更新与材料及其技术不同步，新建筑一直遗留有传统空间格局的特征。在钢筋混凝土进入阳朔旧县村时，第一栋应用新材料的建筑，主要是改变了屋顶形式，住宅的平面形制没有发生变化。随着用地限制，乡民保留了主要的建筑空间，割舍了一侧房间，压缩厅堂后的过道获得一个多出来的小房间。然而，这一割舍，建筑立面正门的位置偏离中心，而后门的位置偏于一侧。于是，另一种调整中，将过道的位置与厅堂后的房间进行调换，还原了与原来传统建筑立面一致的关系。进一步的演进中，新的建造工艺使村民可以获得竖向空间的拓展。它的拓展是基于前一种建筑形式的竖向发展。然而，早期的二层布局仍保留了一层布局中作为中轴的过道，并将出挑的空间作为阳台。之后，随着建筑平面的逐步调整，乡民开始将两侧的房间结合挑梁提供的空间扩大，并将过道的位置取消。于是，早期中轴对称，由开间形成的纵向空

间逻辑，逐渐转换为以楼梯为中心的空间组织。传统建筑的平面逐步被消解。（表5-3-5、图5-3-12）

桂林阳朔地区地居建筑的转变　　表5-3-5

20世纪80年代初期，土坯砖木构，传统“三大空”	20世纪80年代中期，石、砖砌体，钢筋混凝土、三合土，传统“三大空”形制	20世纪80年代中后期，红砖砌体、钢筋混凝土，传统“三大空”

20世纪90年代初期，红砖砌体、钢筋混凝土，平面去除一空	2000年后，经过立面调整，传统立面布置的二层楼房（外廊）	2000年后，经过立面调整，传统立面布置，传统三大空，平面二层楼房（阳台）

2000年后，经过立面调整，新立面布置的二层楼房	2000年后，二层两向出挑，新立面布置三层楼房	2000年后，二层四向出挑，新立面布置二层楼房

二是，北部木楼干栏居，外来影响对于建筑及聚落风貌的冲击相对较小。由于政策及自身空间建构特点，“木楼”在形式上表现出较强的时代适应力。

木楼单体建筑在传统衍化过程中，已经形成了应对土地局限的适应力。由于平原地区受到礼制等限制，更多地以单体建筑的组合，实现在家庭扩张时的拓展。平原丘陵地区建房受土地政策限制①，也使得当地传统建筑及建筑拓展面对着调整。而基于耕地最大化

① 桂林市建设规划局. 桂林市规划建筑志［M］. 桂林：漓江出版社，1998：203. 1983年《桂林市人民政府关于加强村镇规划建设管理间绝制止农村建房侵占耕地的通告》规定农村建房应与改造旧村结合起来，在统一规划指导下进行。建房用地在现有宅基地和空地内调剂解决，不得占用耕地。

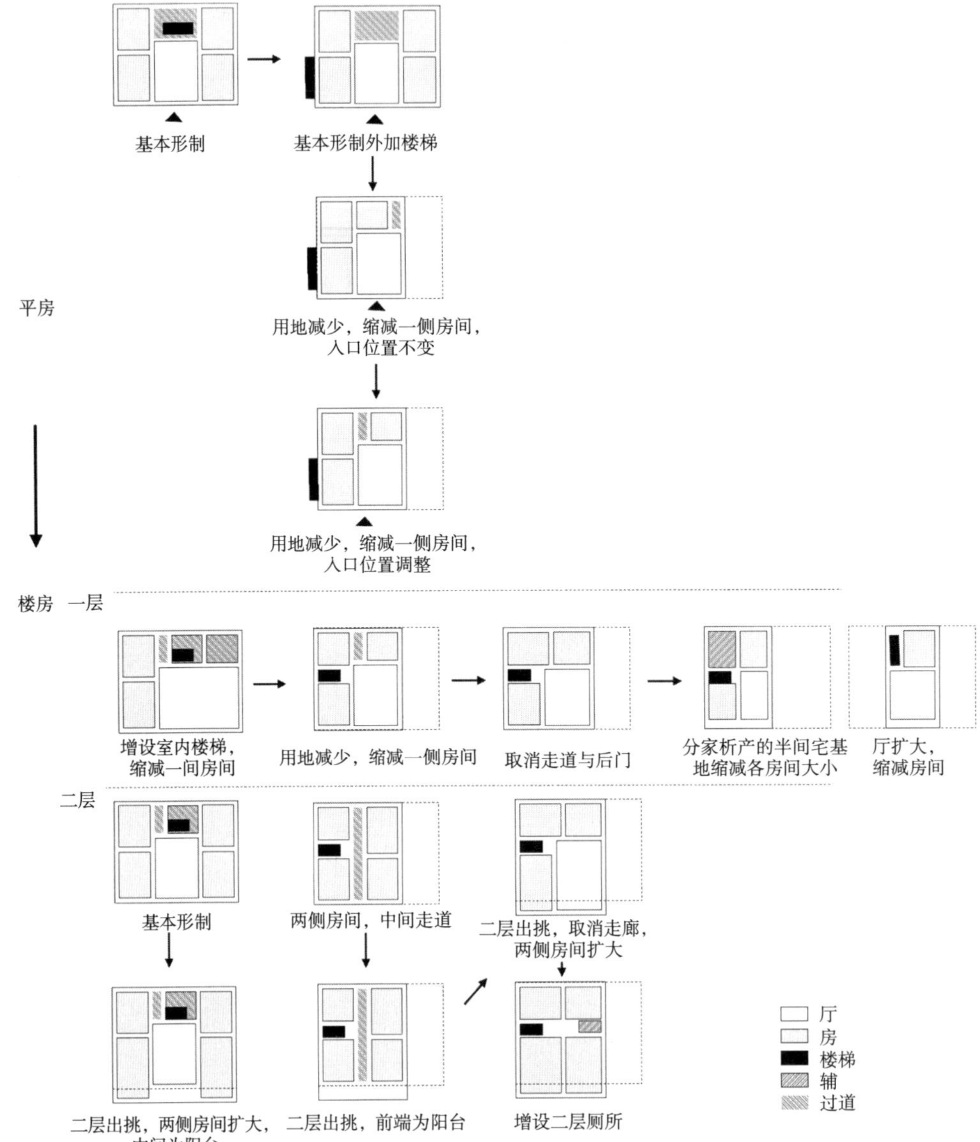

图5-3-12 桂林旧县村不同时期地居首层平面及相应的二层空间变化示意图

的逻辑，山地区域的传统“木楼”形制，在建筑择址及作为单体的空间拓展逻辑上，有着较“地居”建筑更机动的调整策略。通过控制排、柱间距使得一定格局下“木楼”可以有大小的伸缩。尤其在上层增设吊柱，建筑内部的使用空间能够突破一些宅基地面积。这种具有更大弹性的内部空间组织，使得对现有的一些建设限制并没有产生太大影响。（图5-3-13）

同时，山地区域的新建成建筑与旧有村寨环境并未形成太大冲突。山地地区的聚落整体环境，由于地形变化明显，建筑布局错落有致。新建的干栏居大部分高度上变化不大，少数结合山地在层数上略有增长，但大部分根据乡约，建筑层数控制在三层，屋

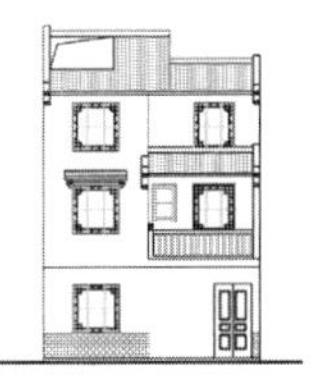

（a）龙胜平安寨新建筑　（b）阳朔旧县村新建筑　（c）阳朔地区建设部门提供的新民居参考

图5-3-13　新建筑空间格局
（来源：（a）（b）笔者拍摄，（c）阳朔建筑设计院）

顶形式仍保留传统坡屋顶。相对而言，建筑面阔普遍加大，达到7～8开间。由于存在用地限制，建筑二层空间的拓展，通过吊柱出挑形成对宅基地面积的突破。这种构造处理与传统“木楼”建筑保持一致，较大程度地延续了传统建筑风貌。相较之，平原丘陵地区的聚落整体风貌，由于新建筑在形式上与传统建筑有所差异，单体间的组合逻辑被改变，聚落新旧建筑风貌形成了比较大的冲突。

三、村庄格局的变动

（一）道路与聚落新建设的集聚

平原地区的对外交通，成为村庄建设的转移方向。中华人民共和国成立初期土地革命时，早期传统的建筑产权传承模式被打破。建筑被分为几个部分，由不同的人家居住使用。遗留下来的古建，由于产权复杂，少有维修且难于整体更新。在新村的建设中，村庄格局发生变化。以阳朔旧县村为例，从民国初年的地图中可以看到当时村内的一条过境交通，沿河由东南绕过山至西北方向穿越村庄（图5-3-14）。这条作为联系村内外的主路，根据口述可知该村1950年被拓展，村民开始沿道路建设。从沿路的一些清末墓地，可以了解道路早期开拓与传统要素布置存在冲突。而现有的建筑主要为1980年后的新建筑。居民由于紧挨着主干道，运输方便，建房省工（否则需要用板车托运材料），新宅便以此路为轴线进行建设。学校、村公所都沿该路建设。早先靠山、面田的旧县自然村、矮山、黄土自然村之间形成新的聚居群带。随着乡村对外交流的逐渐频繁，道路成为重要的内外连接，乡民沿街也开始经营小卖铺、小食店。这些商业点，也成为日常乡民赶圩的上客点。由于2000年后，旧县村作为阳朔周边自行车、徒步游节点。这条过境交通进一步成为新宅与旅游服务点的集聚线索。从时间轴来看，可以发现旧县村这条道路在民国、中华人民共和国成立后随着公共基础建设逐步渗入。在改革开放后，伴随着乡村营造对于外来工业化物资的运输依赖，商贸与旅游网络逐步渗透，村庄原有依靠自然山水格形成的空间格局重新被建构。（图5-3-15、图5-3-16）

图5-3-14　民国初年旧县村地区的地图（深色框为传统聚落分布地）
（来源：桂林市档案馆）

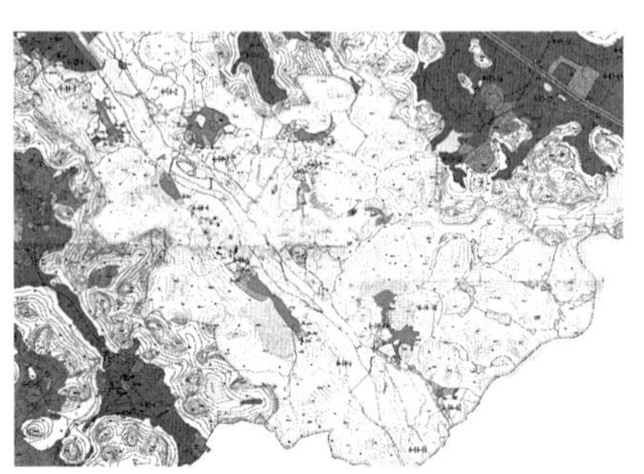

图5-3-15　2000年以后的土地利用图
（来源：阳朔县测绘大队，笔者进行了局部处理）

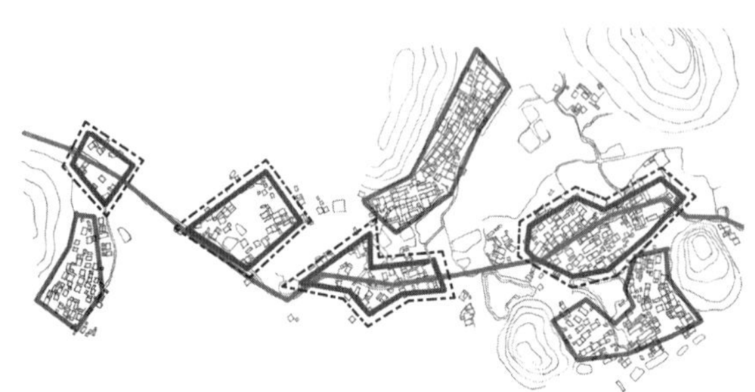

图5-3-16　2007年的旧县聚落图（双线框为新村）
（来源：阳朔县测绘大队，笔者进行了局部处理）

（二）山水、耕地、历史建筑的保护与缓慢的格局变动

自改革开放后，桂林地区便已经明确了自然环境的生态及风景保护重点。同时，为了保护耕地，对建设用地进行限制，不准侵占耕地，乱占乱建。在建设用地受到限制的同时，聚落内部的更新也因为政府对于历史建筑的保护意识逐渐增强，旧村的更新受到一定的约束。这些影响使得整体村庄环境建设，在保护的名义下，呈现出缓慢的格局变动。

然而，乡村景观作为一个动态的变化对象，其有着自我更新、形态变化的节奏。早期随着人们的改造活动，形成人工环境的空间扩张，在这样的限制下，逐渐转变为内部的改造、经营。而人工环境的内部要素，形态变动也受到控制。于是，桂林乡村地区的整体变动节奏放慢。具有历史名胜与特色山水的中部地区更是如此。

因此，在这些保护带来的限制以及其他影响因素的共同作用下，桂林地区的村庄更新程度较低，整体环境的形态变动速度比较缓慢。乡民对于村庄环境的可干预对象，也逐渐缩小到有限的范围。较低的外部资源，乡村环境要素逐步转变为以维续经营展开的更新。乡村景观在形态上的变化，进一步被放缓、缩减。

（三）村庄整体环境变动的类型

村庄内部的各种环境变动是相互关联的。各种影响下，村庄整体环境变动的类型包括了以下几种基本村庄类型（图5-3-17）：

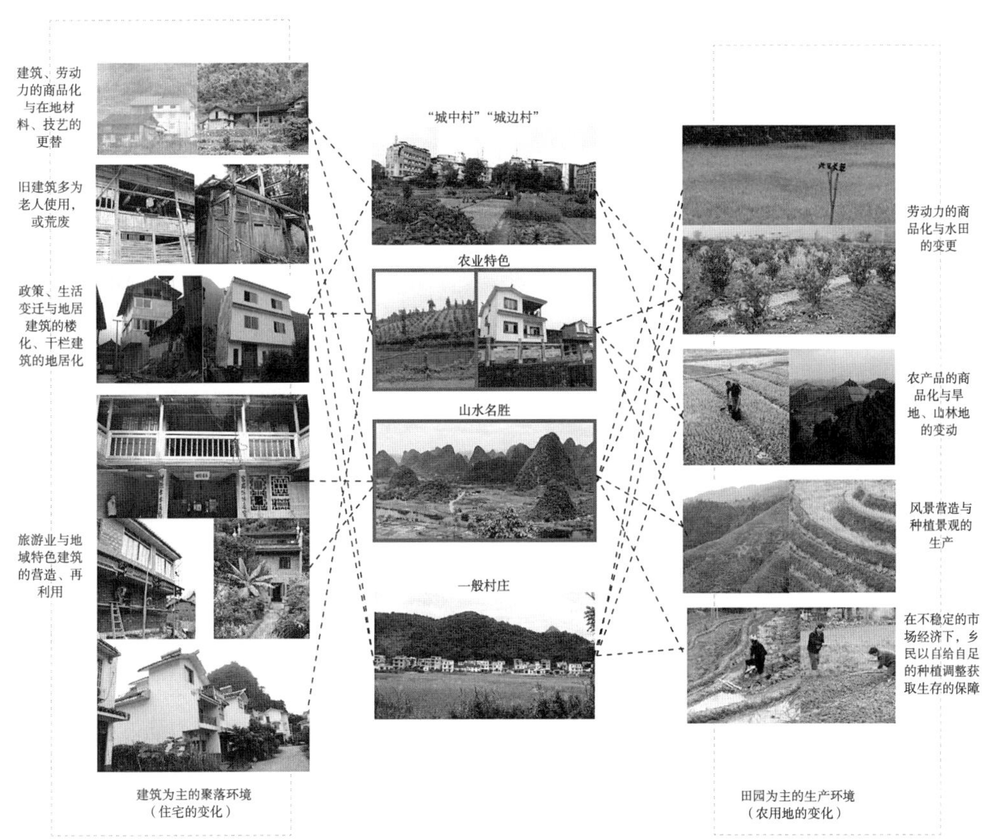

图5-3-17　桂林地区村庄内人工要素的不同变动，几者相互关联，表现出村庄环境转变的不同类型

1．一般村庄：这些地区本地资源有限，乡民以务农、外出务工相结合，老少妇孺留守。生产环境的更新规模有限，以水田的替种与自给自足为主。村中的传统建筑破败相对严重，新建筑量根据乡民外出打工规模形成差异，建筑多为新式房屋。整体格局变动较少，以与对外道路进行新建设集聚为主。

2．山水名胜村：该类村庄拥有较好的自然山水风光或者历史文化资源，旅游开发程度较高。乡民多数涉及旅游服务行业，既有的建筑环境传统建筑进行维持，新建筑注重地域特色与整体山水风貌的协调。旅游道路周边会形成相应的新建设集聚。生产环境的维持程度一般，替种现象包括了四种不同的基本变动。部分地区有着基于风景营造进行的种植景观生产。整体而言，村庄的传统格局保持较为完整。

3．农业特色村：该类村庄往往有着自己较特别的土地资源，土地开发程度较高，形成了具有一定规模的特色农业种植，水田水稻种植较少。乡民在地务农较多，经济收益相对丰厚，建筑环境更新较快，新式楼房比重较大。村庄基础建设相对较好，道路交通运输方便。部分地区也结合农业观光，进行季节性的对外旅游。

4. 城村（城边村、城中村）：该类村庄由于接近城镇，乡民以土地出租获取收益。由于土地出租形式差异，以房屋出租为主的形成连片新式楼房；以蔬菜苗圃农用为主的形成规模的特色种植；以厂房为主的形成工厂区。村庄格局与城镇肌理、道路相互关联，整体格局变化较大。

乡村景观的不同变动及形态呈现，结合自然地理差异、外来资源占有的差异形成相应的村庄变动类型，类型间也相互转变。如，一般村，向另外三类村庄进行转变；农业特色村则结合观光，逐步将乡村景观转换为旅游观光资源。同时，山水名胜村、农业特色村、城村（城中村、城边村），与桂林地区的城镇、风景名胜、交通网络相关联，形成区域乡村聚居格局的变动。

第四节

区域乡村聚居环境的变动

整体来说，各种因素的影响下，近三十年来桂林地区的乡村景观呈现出不同的变化。有限的资源下，桂林地区乡民为了获得时间与劳动力的最大价值，人工要素的形式、作物或材料是其最主要的调整。这种调整，或用以摆脱传统农时对于劳动力的束缚；或用以提升在地种植的经济价值；或用以保障基本粮食需求；或用以增加风景的附加值。而不同的用地与建筑形式，也在过程中表现出不同的建设调整。这一外来影响下的自我调整，呈现出聚落环境的低城镇化、生产环境的特色农业发展与整体环境的风景化。

“风景化”，这里指村庄针对内部景观要素展开的风景改造、风景经营等相关调整活动。桂林地区，在山水风景资源基础上，进一步将人工环境作为风景资源进行利用开发，已成为本地乡民或乡村社区比较低投入的更新方式。这种变化，主要集中在具有山水风景资源的周边。“风景化”是桂林地区比较特质的演进方式，相较于其他地区，时间上出现得比较早、调整方式与转变对象上比较多样。

“特色农业”调整，这里指村庄针对内部生产环境要素展开的种植作物与农地形式的调整活动。桂林地区的此类活动，主要针对生产环境。作物更替类型多样，土地改造的方向比较多元。这种调整在乡村地区比较广泛，但调整程度各不一致。这种调整，也会带来村庄中自然环境、聚落环境的形态变化。进行“特色农业”发展，属于全国各地比较普遍的方式。但在广西桂林地区的这种调整，成效比较突出。

"低城镇化"，这里指从桂林地区城乡边界、村庄更新程度来看，已转变为城镇形态的村庄数量较少；村庄内聚落环境的空间格局、形态更新有限，向城镇空间形态进行转变的比重较低。这种转变，属于全国各地比较普遍的方式。不过在桂林地区，除了本地乡村建筑资源不足外，更重要的还包括了地方上对于山水风景的保护以及建设上的控制。

聚落环境的低城镇化、生产环境的特色农业发展与整体环境的风景化，是桂林地区乡村景观的变动趋向。

经历了曲折的城市定位转变，桂林地区的工业化与城镇化水平有限。改革开放后的桂林地区，在全国大的局势转变下，以社会主义风景游览城市开始了地区发展与建设。这一时期，乡村景观面对着更多的影响：随着全球社会、经济、文化的变动，我国内部地区间人口流动与产业调整开始更多地影响到乡村地区。在大的背景下，桂林乡村的本地人口向外部流动而大量的外来游客不断进驻；随着地区间人口的流动，乡村当地的生产、营建技艺，以及生活作息方式与审美也在发生变化；乡村景观开始接受现代规划设计的管理控制；公共基础建设进一步现代化；城镇化由市区向县镇拓展；商贸活动向城镇与交通要道周边集聚；风景建设不断增加投入。

在这样的背景下，本地居民展开了对于乡村景观的调整。其中，人工环境中的生产环境、聚落环境以及村庄格局都发生了不同程度、不同形式及种植作物与材料的转变。生产环境的变动包括四个方面：一是，劳动力的商品化影响下，地区居民对水田进行变更；二是，农产品商品化，旱地、山林地被进行不同程度的换种；三是，风景观光的带动下，开始出于风景的需要进行农作物种植的维续或调整；四是，不稳定的市场经济下，乡民以自给自足的种植调整获取生存保障。建筑为主的聚落环境变动包括三个方面：一是，随着建材、劳动力的商品化，本地建筑材料、营建技艺进行更替；二是，政策、生活变迁下，地居建筑楼化、干栏建筑地居化；三是，旅游业发展下，地域特色建筑开始新建与更新再利用。而由于乡民传统生活习惯与空间组织观念的限制，各种变迁中仍然可以看到传统建筑空间在新建筑中呈现出不同的遗留。由于山水、耕地、历史建筑的保护，山水为主的自然环境、田园为主的生产环境、聚落为主的建筑环境，三者在村庄中的空间形态结构变化较小。更多的变化反映在人工环境内部形式、作物、材料的更替，以及在布局上对于道路交通的集聚。

就桂林地区乡村三组环境来说，建筑为主的聚落空间整体表现为比较低程度的城镇化转变；田园为主的生产环境在局部有土地资源优势的地区形成大规模的特色种植转变，其他地区比较零碎；而山水为主的自然环境与上述人工环境都开始作为风景观光资源进行保护或开发，在自然环境奇特与人工环境传统改造比较极致的地区，这种作为风景资源的转变较为突出。三者的变动上，互相促进、牵制、转换。由于自然环境资源及当地社会劳动力情况差异，不同乡村景观的变化方式互相结合，使得桂林地区村庄表现为四种基本变动类型。这包括了"山水名胜村""农业特色村""城村（城中村、城边村）"，以及在各方面转变皆不突出，但比重最大的"一般村庄"。它们在空间分布上与自然环境或城镇交通相互关联。

整体而言，改革开放后的桂林地区乡村景观在演进中继承了改革开放前的空间形态调整逻辑。而由于城镇化、工业化的程度较低，乡村建设的投入有限，本地乡民或乡村社区更多地结合本地自然资源与社区情况，对乡村景观中各环境组成进行形式、种植作物与材料的更替、置换，对环境组成与空间形态的结构进行调整与控制，获得乡村社区的维续与发展。因而，桂林地区乡村在整体上呈现出低强度地景观更新。在山水风景资源基础上，进一步将人工环境作为风景资源进行利用开发，则成为本地乡民或乡村社区比较低投入的更新方式。（图5-4-1）

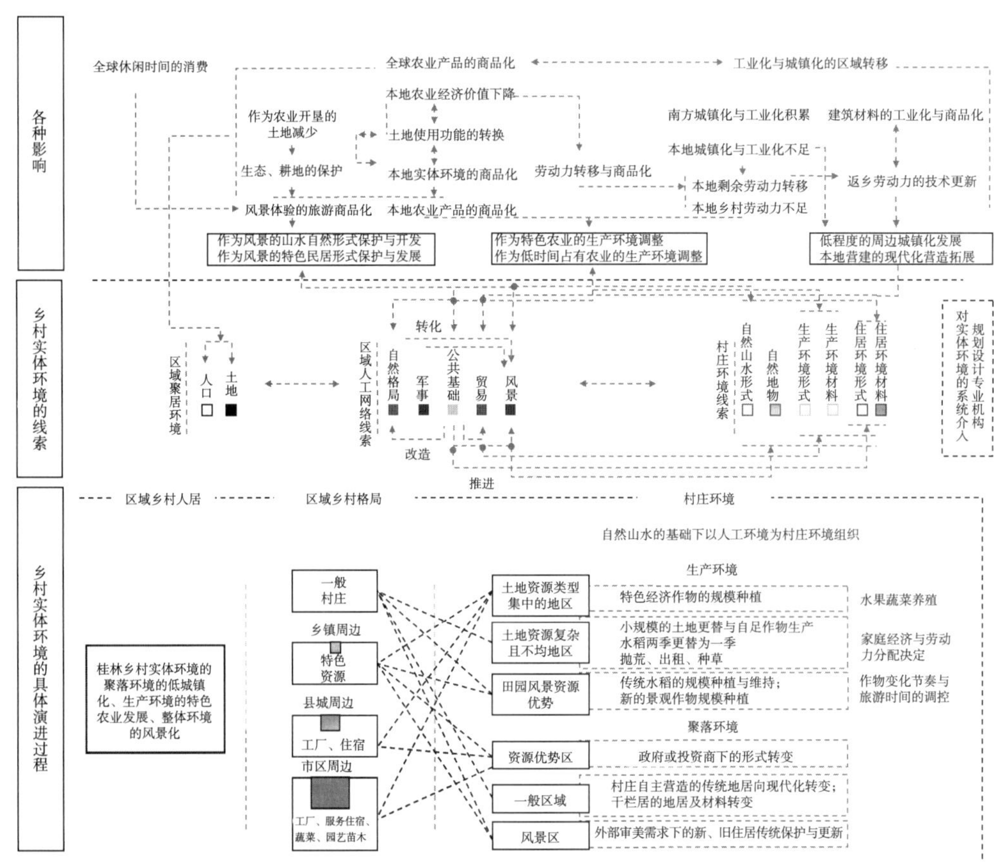

图5-4-1　改革开放后，桂林地区乡村景观的演进过程

第六章

桂林乡村景观的地域特色与价值

在探寻乡村景观形态、形态的变化以及其背后逻辑的过程中，我们可以看到“地域”“价值”，它们是多维的、复合的，更是动态的。

当地乡村建筑为主的聚落环境与山水田园环境相融合，需要以更综合的“乡村景观”为对象进行分析。本章基于乡村景观的形态分析与演进研究，将桂林地区乡村景观各要素间的结构特点与建构关系进行总结，提炼桂林地区乡村景观的地域特色，针对乡村景观的普遍价值、改革开放后桂林地区乡村景观的价值转变、形态发展趋向进行分析。笔者结合参与的桂林乡村实践，提出对未来桂林地区乡村景观价值的保护与发展参考建议。

第一节

桂林地区乡村景观的地域特色

乡村景观需要将山水为主的自然环境、田园为主的生产环境、建筑为主的聚落环境作为一个整体讨论。桂林地区乡村地域建筑及其环境的特质，除了形态的特质，更重要地反映在三者的空间结构关系与形态关联中。桂林地区乡村景观的营建智慧，则反映在乡民利用与调整三者空间结构与形态的逻辑中。

其中，桂林地区的乡村景观现状形态，从整体上与湖南西南的乡村景观相近，兼容了贵州南部的特质。乡村景观的形态特质，可以用“山水乡村”作为关键词进行梗概。具体来讲，桂林地区的城乡边界，自然山水在其中充当了重要的边界实体。桂林地区的村庄布点，整体反映出与自然江河溪流的紧密联系，并呈现出鱼骨状、树状、网状三种类型。从村庄环境来看，桂林地区的乡村聚落在空间上与自然山水、田园农地相融。后两者在村庄中的空间比重较高，并主导着村庄的整体风貌。多数村庄中建筑集中布置在低丘台地之上，呈现出岛状的聚落，嵌于自然山水与田园农地之间。因自然地形的差异，聚落布置在平原、山地呈现出不同村庄格局类型。丘陵地区的村庄格局则兼有两种地形的聚落布置方式。聚落环境包括两大类传统聚落建筑风貌，平原丘陵地区的砌体木构地居建筑风貌与山地地区木楼建筑风貌。相应的建筑空间形式、材料构造，以及新建筑也有着两套逻辑。三开间砌体木构地居建筑，广泛分布于桂林平原丘陵地区。基本形式为“一明两暗”的三开间格局，以穿斗式梁架为心间支撑结构，横向连接广泛使用叠檩、过梁，结合地方材料作为砌块形成外部围护的多样材料质感。其中，卵石为主的小砌石墙、当地石灰岩的乱石或块石砌墙，比较有地方特色。

通过桂林地区乡村形态的历史演变分析可以看到，桂林乡村聚居的空间格局，呈现为由湘—桂的并行扩张到湘—漓—桂的渐进扩张；边缘向中心地带扩张到中心地带向边缘地带扩张与深化的变化过程。“山水为主的自然环境、田园为主的生产环境、建筑为主的聚落环境”，三者的空间结构关系是伴随人对自然改造利用程度与需求，不断分化与建构联系的。伴随着时代变化，生产环境与聚落环境的形式、材料通过内部的转换与更替，三者的形态发生变化。其中，桂林特有的“穴居”随着历史的过程逐渐消退。而一直以来桂林在风貌与建筑营造体系中保持着两套主要线索，它们来自于山地少数民族与平原汉族，并转变为当下桂林最主要的两大类乡村风貌。

在进一步的历史演进研究中，结合改革开放前的演进与改革开放后的演进比较。可以看到桂林在整体发展上，是作为宏观区域中的过渡地区展开的开发与建设。在演进上，乡村结合土地占有、种植与营建、既有土地或景观的经营，形成了相应的以生存为基础，以生产为拓展，以杂居共建、风景营建进行环境精进的演进路径。改革开放后至今的乡村景观转向则表现为聚落环境的低城镇化、生产环境的特色农业发展与整体环境的风景化。这一过程中，在外部的各种影响下，桂林乡村景观结合地区内自然环境的差异性形成对于空间形态的势力划分；平原地区居民在求得生产与生存的最优过程中，结合防御空间的改造形成对于乡村景观的演进；在民族融合的大背景下，人们结合住居习惯、营造条件，形成对于建筑环境及聚落的演进推动；结合风水、风景建设，实现村庄环境的合理化与精致化。其中，风景建设，与其他地区相比，在改革开放后已成为桂林乡村景观的重要推力。

第二节

当代桂林地区乡村景观地域价值及其转变

历史演进过程中，桂林乡村景观对于本地居民、社区的价值不断转变。结合“改革开放前的历史演进”与“改革开放后的当代演进”可以了解乡村景观的普遍价值、价值转变的过程、当代价值转变面对的问题。

一、普遍价值

将桂林乡村景观各时期的演进作为一个整体进行观察，区域乡村景观，呈现为两个方面的普遍价值。

（一）乡村景观是本地社区生存、维续的资源、场所，提供着社区生存、生活、安全庇护的支撑

历史演变中，桂林地区水稻、旱地作物一直是最主要的种植经营对象，同时麻、杉木、竹对应于住、衣，都保持着比较重要的地位。可以说，乡村景观中，生产环境提供的物产涵盖了社区基本的资源需求。在桂林北部的龙胜、灵川地区，种植结构中水稻、旱地作物、杉木仍保持着与当地居民食、住紧密联系，是维续生命生存、安全的物质支撑。此外，即便是在物资、人口流动越加快速的当代社会。桂林地区的村庄中大部分的村民仍然进行着大量的农业生产与当地营造活动，相当一部分村民还在以自足的思维逻辑进行生产土地的分配与使用。

桂林乡村地区一直是地区内重要的聚居地，虽然有着较复杂的流动过程，但人们的定居都伴随着乡村景观的生产、营建。历代的军事进驻，乡村地区的开发是支撑其当地生存的关键，是乡村景观的生产与营建得以落实的关键。明清以来的外来战事，乡村山林岩穴与防御工事的建立承担着本地居民的安全保障。现当代，桂林地区缓慢的城镇化过程中，乡村仍然保持着居住地的重要功能。大量的流动人口仍然依靠乡村的在地营造获得对于生存生活的支撑。

（二）乡村景观的物产或本身，是本地社区与外部获取交换价值的物质对象或占有资源的物质媒介

桂林地区的种植生产中，柑橘自六朝时期便是特色种植，受到关注。之后的广泛种植，其果实成为行销他地的重要特产。漫长的历史过程中，乡村地区的物资生产与交换一直是区域经济的重要支撑。虽然传统的乡村社区被认为有着一定的封闭性，但在六朝时期桂林便已经有圩市作为乡间物资交换的空间。清后期的记述中，桂林地区的少数民族也广泛通过本地物产与外界进行交换。在当代的发展中，桂林地区居于广西蔬果生产的前列，生产环境的物产是本地乡民获取交换价值的重要对象。

改革开放后，桂林地区特有的山水作为重要的观光对象，是周边地区乡村社区获取外来旅游消费与占有政府或开发商投资的重要媒介。同时，伴随着休闲时间的消费，地区内早期的历史古迹、历史民居，或是特色种植都在不断转换为旅游资产，成为占有外部资源的物质媒介。

二、桂林地区乡村景观地域价值及其实现方式的转变

乡村景观对于本地社区而言，两条普遍的价值伴随着历史而变化。将“改革开放前的历史演进”与“改革开放后的当代演进”进行比对，乡村景观的地域价值也在改变。

（一）乡村景观作为本地乡民维续生存、生活的价值，逐渐消减

桂林地区乡村景观漫长的演进过程中，乡村由独立的社区，随着人与物的交流，逐渐成为一个开放的对象。稳定的时局下，国家土地政策的变动、农业技术的提升，改革开放后的桂林地区乡村景观快速转变。乡村景观更多地作为对外交换的物产或服务输出。相应的城村（城中村）、（城边村）的出租业在为城市及周边区域工作的外来人口提供居住，农业特色村则主要服务于外地市场。

（二）价值实现方式，由场所、物资的实体形式转向文化载体

在桂林早期的人居环境中，乡村景观作为维续生存、生活的基本，其价值主要来自对于场所、物资的提供。随着历史过程中，乡村景观被赋予更多的意义。其中“山水”是表现最突出的对象。早期的山水，主要作为文人、政客公关媒介。在改革开放后，其交换价值被进一步认识与利用，成为服务于乡村社区的文化载体。通过文化意义的赋予、传播、产业化，“山水”的价值，更多地取决于其对于本土历史、地域特质的呈现程度与文化受众。村庄田园、传统民居也在这样的逻辑下进行价值转变。

随着乡村景观地域价值及其实现方式的转变，桂林地区的乡村景观呈现出了既有的“聚落环境的低城镇化、生产环境的特色农业发展与整体环境的风景化”的实体调整与形态变化趋向。

三、当代桂林地区乡村景观转变

当代桂林的这一转变，其背后的内因来自于“商品化”对于乡村地区的渗透以及乡村景观在从土地开垦、房屋建造转向维续、经营阶段。

（一）“商品化”的渗入

学者们在近代乡村的研究中，已经提及了“商品化”对于乡村景观的影响。改革开放以来“商品化”进一步影响到桂林乡村发展。

一是，乡村景观作为交换商品的转化。桂林乡村景观中的三个基本组成，以山水为主的自然环境、以田园为主的生产环境、以建筑为主的聚落环境，以不同的形式转换为交换商品。然而，在作为交换商品进行转化的程度上，几者存在着差异。其中，山水环境为主的自然环境，一部分借由人工开发转换为后两类环境；另一部分保留的自然山水，通过文化意义的赋予，结合休闲时间的消费，转换为旅游产品，被商品化。田园为主的生产环境，农产品被作为商品交换。相较而言，建筑为主的乡村聚落环境，小部分的结合旅游业和出租业有了交换价值的转换。但由于受限于土地制度，大部分未被作为商品进行交换。

二是，乡村景观的营造或经营，受到外部商品的干预。首先，由于市场经济，本地物产及相应的文化产品，受到外地同类产品的冲击。山水为特色的旅游产品，也在与外地旅游业的竞争中展开各种调整。在客源被瓜分的同时，桂林山水旅游也间接受到海外经济影响。2008年经济危机，海外客源数量消减，桂林地区旅游业受到影响。其次，乡村景观中生产与聚落环境，都受到外部市场供给的物资变化，发生了形态变动。建筑为主的聚落环境，在形态上的变化程度较生产环境来得更为明显。这使得新建筑与乡村传统聚落风貌间有着比较大的冲突。

（二）从开发、生产、营造转向维续经营阶段

改革开放后，桂林乡村景观的建设活动，由土地开垦转向房屋建设并逐步转向对既有居住环境的维续经营。这一过程，三个基本组成在转变上存在差异，且面对着各自的发展困境。

20世纪80年代后，桂林早期乡村地区的规模开垦逐渐减缓。本地居民开始进行生产环境的结构优化；自然山水的风景保护与营造。其中，生产环境主要是在既有的空间形态下，进行作物或生产土地的类型更替；山水风景主要是在既有的自然环境基础上，进行生态或文化意义的赋予，展开环境保护与局部的风景营建。但是，随着商品化的渗入，两者较难获得持续稳定的经济收益。

而建筑为主的聚落环境，与生产环境或山水环境的经营阶段并不同步。限于历史原因，聚落环境的住居品质，在既有的传统聚落基础上进行提升存在困境。新的建设形成了对周边地区规模占有，呈现出聚落的快速扩张，乡村建设用地压力增大。同时，第五章中提到了建筑环境在更新中面对的产权切分、城镇建筑风尚等问题影响，本地居民或社区逐步淘汰旧有房屋。由于历史聚落的废置，衰败的速度极其快速。个别结合古村落旅游或文物保护进行维续经营，但限于经费资源限制很难进行整体且持续的维护。加之，新建筑与旧建筑间差异较大。故而，乡村景观中建筑为主的聚落环境在地域特质的保存上，面对着较山水、田园环境更为严峻的局势。

此外，由于地区借由旅游进行景观的经营，乡村景观的生态受到外来游客的影响，存在污染与资源的过度消耗。

第三节

桂林地区乡村景观的发展契机

结合乡村景观转变中的一些积极因素、“乡村景观演进”的发展趋向，桂林地区乡

村景观有着诸多契机与发展可能性。

一、当代桂林地区乡村景观转变的积极因素

现有桂林乡村地区呈现出的一些变化及发展困境。但，现状桂林地区乡村景观的形态，仍然保持着较好的整体环境品质；当代桂林地区乡村景观的演进与发展趋向，仍然保持着一些积极因素。

（一）桂林乡村整体环境品质的维续与山水文化

通过第二章的研究，可以了解到现状的桂林地区乡村聚居环境，从区域聚居格局、村庄布点、村庄格局、村庄要素的形态来说，都保持着与山水环境的紧密联系。结合第五章的“演进”分析，也可以了解到桂林地区现状中较好地延续了既往的乡村整体环境。

桂林乡村整体环境品质的维续，包括了比较多的因素，如有限的城镇化、工业化等等。其中非常关键且特殊的原因，在于桂林“山水文化”对于地区乡村的建设发展的影响。这表现为三个方面：

1. 对城镇地区的建设与工业发展进行了控制，留存自然山水的界定、维持山水环境的生态品质。

2. 对山水风景进行保护，使得山体不存在过度的开垦、开采。对山体与水系周边进行风貌控制，建筑为主的聚落环境在比例、色彩、形式上比较早地进行控制，维持了与山水田园相融的整体风貌。

3. 山水文化及其相应的文化产业，带动了当地居民对于自然山水与传统文化的认识与理解。乡村中的自主更新也形成了比较好的拓展。

因此，在未来的建设发展中，桂林乡村地区应该进一步挖掘山水文化内涵，结合生态保护、风景建设、文化产业进行拓展。

（二）乡村地域建筑的自主更新利用与文化交流

桂林地区的乡村聚落，虽然大部分呈现着衰退的迹象。但是现状各地村庄中仍然保留了一定规模的历史建筑。同时，从乡民或外来定居者开始进行的旧建筑自主更新利用以及新建筑的传统形式延续中，可以看到桂林乡村历史建筑及聚落环境的保护更新存在着许多积极因素。其中，山水文化下的山水旅游及文化产业发展是一个首要的背景。在此基础上，区域人口的变动与文化交流，带来了地区内相应建筑营造活动的转变。

“文化交流”通过三个路径成为推进旧建筑自主更新利用的积极力量：

1. 外地定居者的直接进驻成为本地居民，对于旧建筑进行更新利用。

2. 受到外来旅游者的影响，本地居民对于旧建筑审美发生转变，开始展开对于老

建筑的更新利用。部分居民还结合已有的新式建筑进行改造，保持与历史建筑风貌的协调。

3. 受到外地建设中对于传统文化的保护呼吁或桂林古迹的宣传，本地居民返乡青年，选择对于旧建筑进行保护利用。

（三）自给自足的种植结构与乡村生存价值重拾

现状的桂林地区的乡村中，虽然有一部分被置换为特色物产。然而，大部分生产环境仍然保持着传统的粮食、棉麻种植。

其背后，是桂林地区乡村居民对于在地生存价值的重拾，使得乡村地区的生产仍然保持着早期的生产环境形态与作物肌理。乡民这种思维转变包括两种情况：

1. 由于本地资源及外来投入的限制，人口大量流失，留守的乡民出于降低外来市场经济影响的思路，维持自给自足的种植结构与种植肌理。

2. 随着发达地区的产业转型以及桂林本地旅游的发展，出外务工的乡民更多地回归桂林进行工作。大部分的返乡村民在感慨乡村落后的同时，仍然会表示乡村在环境质量、食品安全上的优越性。在本地种植上仍然保持自留地，结合自给需求进行种植。

二、桂林地区乡村景观发展的建议

结合桂林地区乡村景观发展的地域特色、现有发展的困境及积极因素，桂林地区的乡村景观发展思路可以从以下角度探索：

（一）山水乡村理念下的整体风貌控制

在桂林山水、山水城市的基础上，以“山水乡村”的理念对于既有的乡村景观进行整体控制。其中，包括：在空间形态上，对于既有山水乡村格局及要素形态的延续及维续；在面对外来开发建设与影响时，坚持生态环境的保护，建筑风貌与山水田园的共融；在既有的村庄布点、村庄要素的建设活动中，保持维续村庄布点与水网间的关系；尊崇既有的呈岛状的小规模村庄形态，在乡村间的道路结合山水田园风光以及传统驿道绿化进行道路周边的绿化及边沟改造，形成道路的荫蔽与向道路集聚新建设的限定；在既有建筑及聚落风貌的色彩、屋顶形式、楼高、用地的控制基础上，推进本地材料在新建筑中的应用，提升与山水田园环境的融合，增强传统聚落风貌的延续与发展；整合村庄住居需求，提升村庄历史建筑的自主更新再利用，推进村中大量历史建筑的维续。

（二）本地建筑材料与营建资源的整合及应用推广

具体的建筑与聚落层面，从既有的桂林地区村庄的历史建筑环境衰退来看。建筑造型的限制，并不能根本上化解既有的困境。其未来的建设引导，包括：对于产权问题的化解，政府在乡村土地、房屋政策上应当提供相应历史建筑再利用的引导与激励措施；在化解产权问题的基础上，从专业层面结合桂林本地建筑材料与营建资源进行整合，推进与推广相应材料技术对于建筑营造、修复、保护维续的应用与创新，以解决传统建筑对现代生活的适应、对村民自主营造在技术与成本上的可操作性、对传统建筑风尚的接受。

本地建筑材料与营建资源的整合，可以结合以下基础工作展开：桂林地区乡村中的各种木作、土作、石作及其他工艺的系统梳理；本地乡镇村匠师登录，结合地域技术的掌握情况，对匠师及其技艺的传承情况进行关注；本地历史建筑修复团队以及从事乡村房屋施工的团队进行登记，开展相关地域技术的实践交流总结与培训工作；乡土材料资源、建材市场的整理；桂林保留传统技艺的历史建筑、延续了乡土材料及技艺的新建筑实例数据库。

本地建材供应需要与材料技艺的推广相结合。由于大部分乡村中青年多从事建筑行业，因而针对中青年自主性，更重要地在于结合经济与操作进行建材与工艺的研发，提供有效的建材渠道与营造指南、技术咨询。

而随着一些古建筑修缮施工与现代乡村施工团体的发展，在本地工艺、空间组织的做法上有着比较成熟的经验，因而在未来的村庄建设中应加强相关专业施工团队在乡土技术上的提升与建造组织的专业化。

专业设计师与研究者可以结合上述两类对象展开相关课题研究，并针对相关的材料供应者、施工团队设计进行实践经验的总结、传播、培训，形成对于乡村建筑及建设的良性引导。

政府与规划建设管理者则结合相关的政策鼓励、风貌控制引导与建设审查，获得对于乡村地区建设的推进，维续地区本土建设的可持续发展。

（三）将乡村景观作为教育资源进行整合

桂林地区应针对既有的文化旅游产品进行更新，以“生存”教育为核心，将乡村景观作为教育资源进行整合。

这里总结了历史过程中，桂林乡村景观演进中山水文化的角色变化经验。桂林山水文化的形成过程漫长，早期在乡村地区的影响力较弱。后期的发展中，通过与乡民的生活、生产紧密联系，才在外部政策或文化介入中，形成了具体的景观影响。然而，随着桂林山水旅游转向乡村旅游，风景的消费需要结合乡村的基本价值“本地社区生存、生活、安全庇护的支撑”特点，进行文化产品的更新。

桂林的乡村景观应结合“生存教育”，进行资源整合，以本地乡民为主体，结合学习交流（城乡间、乡村间、地区间的相关经验），互助共建（耕种、营造、手工）等活动，提供新形式的剩余时间消费与生产。具体内容包括：乡村自然环境相关的自然知识、求生经验、保护方法；乡村生产环境相关的生命知识、生产技术、加工技艺；乡村建筑及聚落环境相关的材料知识、营造技术、保护技艺；乡村生活的体验等。

这些工作可以以高校教育机构、城市中小学教育机构为主要对象进行开展。

三、实践样本：阳朔旧县村的建设尝试与经验总结

2007～2010年期间，法国人Frederic Coustols[①]（简称P.F.C.）与高校合作，组织了D.a.S.T.的旧县村合作团队，对于桂林阳朔的旧县村进行了一些建设尝试。笔者参与其中的调研与组织工作，结合实践经验从两方面进行总结。

（一）本地建筑材料与营建技术的延续与拓展

本地建筑材料与营建技术的延续与拓展，主要结合团队调研、设计构想与相关营建实践获得。具体的工作内容包括以下几个方面：

1. 基础调研对建筑材料与营建的信息保存。旧县村的建筑材料，包括了传统的土、石、竹、木与青砖、红砖等。这部分工作与一般的历史建筑或聚落调研的思路一致，即尽可能多地了解本地资源，留存本地传统材料与工艺信息。

2. 传统建筑材料及其工艺的营建延续。在基础调研的基础上，团队成员们结合历史建筑的传统构造进行了结合现代住居需求的改造设计。同时，团队成员结合当地淘汰的夯土砖房及迁建的木构干栏建筑进行了传统建筑材料及其工艺的延用与改造尝试。

其中，2008年，村中黎某将父亲在20世纪80年代修建的夯土砖房及其院落[②]，租借给团队进行改造示范。设计是由P.F.C.与在校学生完成；施工执行由专业的工程监理负责担当；改造的营建由本村居民完全承担。团队成员在建筑造价控制下，展开了改造施工操尝试：一是以当地房屋新建房屋的500元/平方米标准进行改造；二是与村民协调，结合当地传统材料与新的环保材料及营造技艺进行改造。改造内容包括屋面的重新铺设；立面开窗、墙面粉刷、地面铺地的更新、楼板与结构的加强等工作。具体的施工过程由村民完成。在夯土砖墙体的修缮与改造上，积极与村民学习传统工艺，共同发掘传统材料工艺的新形式呈现，村民之间也相互讨论已逐渐被淘汰的三合土工艺的调整。通过沟通与解释，村民们开始认识理解传统灰浆制作的优点与使用意义。（图6-3-1）

① P.F.C.自20世纪70年代开始从事相关工作，并创立致力于文化遗产保育与可持续发展的民间组织——D.a.S.T.（Design a Sustainable Tomorrow）。P.F.C.在过往，已对法国、葡萄牙、泰国、中国等地组织了6个文化遗产保护及可持续发展项目。

② 该宅为旧县村21号，建筑包括了主体建筑与附属猪圈，猪圈一侧屋顶坍塌。同时租用了周边内庭园与位于建筑北侧的小块菜地。

图6-3-1　邀请村民对于传统墙体灰浆进行制作，并在建筑修复中进行应用

此外，团队收购并迁建了一栋灵川瑶族村寨中淘汰的木构干栏建筑。师生们通过测绘以及与瑶寨大木师傅交流营建经验，记录本土建筑语汇、增补乡土建筑知识。同时，结合新的功能空间拓展需求，高校师生与大木师傅共同完成改造设计，对传统建筑材料及工艺下的建筑空间改造做出尝试。

3．启发乡民进行匠艺的拓展。竹是桂林重要的建筑材料，在旧县村本地主要作为建房脚架、种植棚架或水塘棚寮材料。营造的搭接方式，多以木构相近的榫卯或捆绑、钉接为主。团队在旧县村的实践中，希望结合村口晒谷坪，营建一个小型的竹构小品；因此邀请本村乡民参与其中，进行营造。在营造过程中，匠师更多地通过自己的创造力，进行了竹构营造技艺的拓展。其过程经历了三个阶段。（图6-3-2、图6-3-3）

图6-3-2　从传统的鱼篓制作，开始尝试大尺度的竹构

图6-3-3　当地竹艺师傅与设计师合作，在竹构进行多种形式的尝试

第一阶段，通过调查，寻找到本村精通竹工艺的师傅，进行咨询。匠师本人主要从事传统渔具的制作，并不熟悉竹构建筑。但通过沟通与设计意向的提供，竹艺师傅制作了小的模型草样，确定了可行的结构。匠师结合具体营造进行了实践。作品作为村庄中的景观小品得到关注。第二阶段，匠师结合前次经验进行了更新。由于前次营造作为竖向骨架的竹木强度不够，使得竹构受力不均，发生倾斜。经过调整造型，匠师进行了第二次尝试，巧妙结合竹子抗拉强度大的特性，营造了曲面造型的竹构小品。第三阶段，匠师在既有的经验中，掌握了比较成熟的竹构交接以及形式塑造的办法。在之后的设计委托中，匠师已经能够非常快速地对设计进行分解，制定合适的建造方案，进行快速营造。

综合来讲，结合本地建筑材料与营建技术的调研、营建延续、技艺拓展，使得相关的信息得以保存、整合，本地材料与技术能够结合现代生活消费及需要进行适应，材料及其工艺能够提供更多的形式。同时，这些也可作为教育资源的整合，实现对于村庄营建在技术层面的更大推进。（图6-3-4）

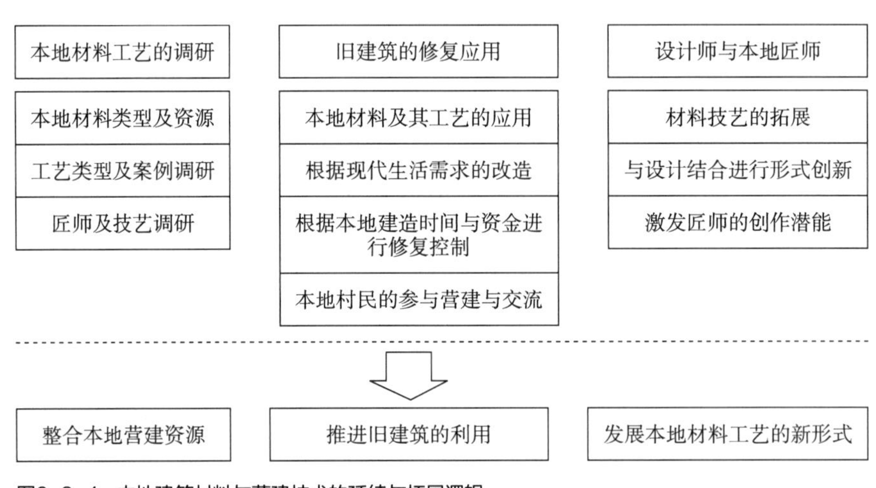

图6-3-4　本地建筑材料与营建技术的延续与拓展逻辑

（二）结合乡村景观相关的教育资源，通过高校教学工作坊，推进高校师生与乡民的交流

旧县村的教学工作坊，以大学在读学生为主，由P.F.C.与高校教师、校外设计师及热心的人士进行指导。工作坊包括了三大类，综合设计工作坊（涵盖建筑、景观、规划）；专项设计工作坊（建筑、景观、规划、服装、工业设计、大地艺术创作），海外交流工作坊，合计11次。教学工作坊的基本理念，是以永续更新、文化遗产保护复兴为工作要义，推动生态文明的发展与传统中国文化的传承；延续与发展中国传统建筑营造及造园艺术，尤其两者在当下乡村经济中的永续性；组织与促进相关学术的互动交流。

旧县村的教学工作坊将乡村景观作为教育资源融入学习交流活动的路径，集中包括四个方面：

1. 针对山水保护，开展高校学生、本地小学生的环境教育；

2. 针对生产环境，开展本地中草药、蔬果、烹饪、庭园设计的传授；

3. 针对建筑为主的聚落环境，开展本地建筑材料、匠艺的学习互动；

4. 向村民展示学生与本地孩童记录下来的村庄山水、田园、建筑与人。

本地资源的整合与教学工作的开展，主要通过以下方式展开（图6-3-5）：

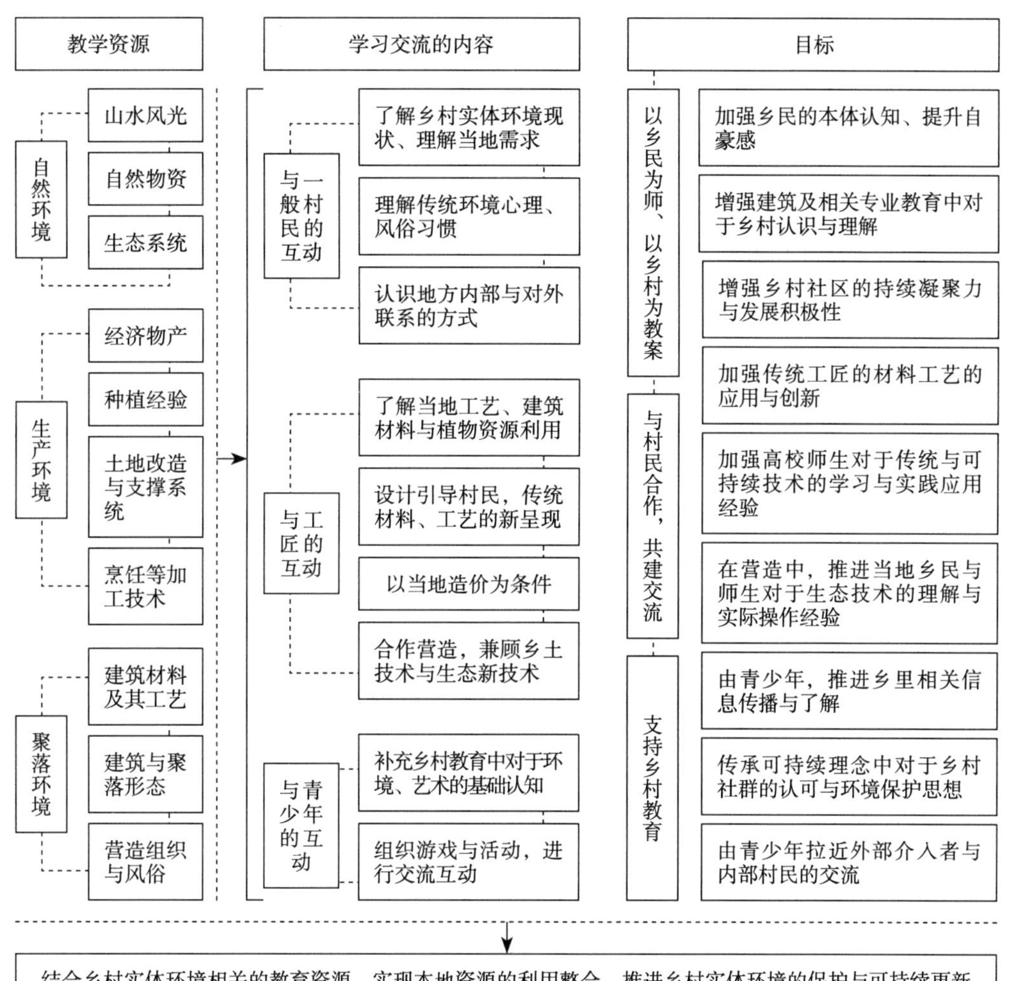

图6-3-5 旧县村教学工作坊的组织逻辑

针对乡村景观中各组成部分进行分解，作为教育资源转化。内容以相关的基础知识与生产、营造信息为主，选择本地热心且精通的乡民为教学指导，以高校师生为教学对象。针对本地小学教育缺少的艺术音乐课程进行补充。通过组织富含趣味性的游戏活动，将相关知识信息对本地孩童进行传授。针对乡民相对忽视的知识信息以及本土文化进行宣传。通过教学工作成果的展示，重新激活村落公共空间，唤起乡民对本土文化的自豪感以及文化传承的热情。高校的教学工作进入乡村，除了推进了乡村本土文化的传承与发展，也推进了乡村经济的健康发展。高校的师生们，以相对较长的停留时间、较少的环境破坏，进行本地住宿、饮食的消费，提升本地乡村景观的文化与经济价值，同时提升了村民收入与乡村景观的保护与传承热情。

第七章

结语

笔者在既有的建筑学研究逻辑与方法下，结合历史、人文学科方法，针对桂林地区的乡村景观展开了空间形态与动态变化的研究。通过考古、文史、实地调研资料的收集、分析、归纳、提炼，得出以下六点结论：

一、乡村景观的演进研究，有助于乡村地域特质的认知与发展的定位

乡村景观的演进研究，是以更整体、更动态的视角展开的乡村地域建筑及其环境研究。其中，乡村景观的分析，是将山水为主的自然环境、田园为主的生产环境、建筑为主的聚落环境作为一个整体进行讨论。针对于桂林乡村而言，能够更全面地认知乡村空间形态的组织结构与建构逻辑。演进的分析，是将乡村景观作为动态的对象进行研究。针对于桂林乡村现有的保护与建设工作而言，能够更深入地挖掘空间形态中蕴含的历史文化信息，把握形态背后的发展动向，更理性地辨析保护与更新对象，明确发展方向。同时，演进研究注重挖掘本地乡民利用乡村景观应对外来影响的逻辑与策略分析，有助于留存本地营建智慧，进一步推进桂林地区乡村的保护与发展。

而对于我国各地的乡村景观保护及发展而言，理解与厘清地域乡村景观的演进过程是非常关键的。其中，本土社区应对外来影响的思路及方法是乡村景观背后社区创造力、多样性的来源之一，理解与挖掘内在动力及智慧是更有助于本土社区及环境发展的。

二、以生存为基础，以生产为拓展，以杂居共建、风景营造为精进，是桂林地区乡村景观的演进过程

针对于桂林地区乡村景观的演进过程，本书认为其表现为一个递进的过程，即远古以来以生存为基础的人居建设，六朝以来以生产为拓展的开发调整，明清以后民族杂居的村庄共建，中华人民共和国成立以后山水风景营造的乡村改造。

由于桂林地区从宏观尺度下表现为区域开发的过渡节点，因而整体的演进过程上与其他地区相近，特质更多地反映在变化的时间节点上。整个演进过程是连续的，各时间节点更多地作为形态转变的爆发期。各阶段的调整逐步叠加，在各时间节点之后成为村庄环境的建设偏重。其中，以风景营造为精进，是桂林地区乡村景观演进比较突出的特点。由于桂林山水风景营造的重视，桂林地区乡村景观比较早地开始注重自然环境上的保护与人工环境建设的控制。山水风景营造，是制衡工业化、城镇化影响的重要力量。同时，在山水风景资源基础上，本地乡民比较早地主动将人工环境作为风景资源进行利用开发，推进了桂林地区乡村景观的品质提升。

其中，“山水文化”既包含了对于自然生态的思考，更蕴含了中国特色的审美及营境哲学，它可以更深入生产、生活，推动乡村景观的可持续发展。

三、尊崇自然环境的主导地位，强调自卫自强的内部功能建设，建筑形式上的质朴杂合，是桂林地区乡村景观的形态演变特点

针对于桂林地区乡村景观的形态演变，其特点则表现在，尊崇自然环境的主导地位，强调自卫自强的内部功能建设，建筑形式上的质朴杂合。

其中，尊崇自然环境的主导地位，是桂林一直以来表现比较突出的空间形态演变特点。一方面，由于早期人工改造能力的局限，乡村景观中乡民依赖自然环境，求得庇护，进行人工环境的组织营建。村庄在空间格局上表现出对于自然环境的顺应；具体的人工环境要素上表现出低强度的改造。另一方面，至近现代，桂林山水风景营造的重视早于国内大部分地区。而乡村景观比较早地在自然环境上进行保护与建设控制。桂林地区乡村景观整体空间格局与村庄风貌维持了自然环境的主导地位。自卫自强的内部功能建设，是中华人民共和国成立前最主要的形态发展线索。由于一直以来的桂林作为边防与民族冲突的焦点，土地开发与环境建设上以军事防御为地方建设的重点。军事驱动下的土地开发是桂林乡村主要的建设与拓展动力，且在时间上早于广西其他地区。桂林区域内部的聚居格局、村庄内部的环境建设形式都体现出自卫防御、自强生产的形态特征及形态变化趋向。由于国家政策与外部资源的限制，中华人民共和国成立后的桂林地区乡村大部分区域仍然维持着自给自足的土地生产特点。改革开放后，由于本地乡村建设资源有限、市场信息匮乏，本地乡民更多地坚守自给自足的生产对乡村景观进行经营。在上述两点特征的基础上，桂林地区的乡村景观在建筑形式上呈现出质朴杂合的特点。由于桂林处于自然的边界区位与边防的交界点上，自然地形复杂、民族民系多元，在乡村景观的营造上存在多样性。但经历漫长的民族融合，区域内部的乡村景观在形式上进行融合。建筑形式、材料构造中的民族差异较小。而由于区域内战事活动频繁，乡村本地建设资源有限，桂林地区乡村的建筑材料更多基于本地自然资源进行营造，建筑形象质朴简洁。

四、聚落环境的低城镇化、生产环境的特色农业发展与整体环境的风景化，是改革开放以来桂林地区乡村景观形态的发展动向

改革开放后的桂林地区乡村景观在演进中继承了改革开放前的空间形态调整逻辑。而由于城镇化、工业化的程度较低，乡村建设的投入有限，本地乡民或乡村社区更多地结合本地自然资源与社区情况，对乡村景观中各环境组成进行形式、种植作物与材料的更替、置换，获得乡村社区的维续与发展。因而，桂林地区整体的乡村景观，其内部各环境之间的空间结构变化较小；乡村景观内部的人工环境则表现出低强度的更新。其中，建筑为主的聚落环境，其空间形态表现为比较低程度的城镇化转变；田园为主的生产环境，则只是在部分土地资源有优势的地区形成有规模的特色种植转变，其他地区转

变较少且较零散。而在山水风景资源基础上，进一步将人工环境作为风景资源进行利用开发，则成为本地乡民或乡村社区比较低投入的更新方式。因此，从整体来看，改革开放后的桂林乡村景观形态演变的趋向表现为：聚落环境的低城镇化、生产环境的特色农业发展与整体环境的风景化。

而改革开放后桂林地区的这一形态转变趋向，也代表了我国大部分地区乡村景观的转变方向。除却一些沿海发达地区或者内陆省会地区，大部分欠发达地区的本地乡村建设资源比较有限。当地的本地乡民流失严重，而乡村社区大部分依赖于本地的自然环境资源与有限的留守劳动力进行乡村景观的更新。

五、“商品化”，是改革开放后桂林地区乡村景观价值及其形态转变的主要原因

“商品化”对于乡村的影响是一个漫长的历史过程。它逐步渗入乡村，并作用于乡村景观的形态及其转变。而改革开放后，“商品化”开始全面影响到桂林地区的乡村生产、生活。相应的，乡村景观的价值也在转变。早先更多地是作为本地居民与社区获取生存、生活保障的资源、场所，现在则更多地转变为与外部进行交换的对象与媒介进行环境营造。

其中，相应于劳动力的商品化、农产品的商品化、风景观光的发展、市场信息的缺少、建材的商品化，本地乡民通过环境形式、种植作物与材料工艺上的更替置换，形成了四种生产环境的转变，三种聚落环境的转变。而伴随着桂林地区山水旅游向乡村旅游的拓展。乡村居民也开始由实体的物资生产、营造，逐步转变为对景观文化内涵的传播与营销。对应于文化消费的需求，山水风景、田园风光、聚落风貌作为观赏对象，被当作桂林地区乡村旅游资源进行开发利用。在自然环境、生产环境、聚落环境的综合转变下，桂林地区村庄也形成了相应的格局变动与区域乡村整体环境的变化。

六、立足本地乡村社区，基于自然山水进行整体风貌管理、基于本地资源进行营建拓展，是桂林地区维续乡村地域特质与推进乡村发展的关键

尊崇自然山水为主导，立足本地资源进行营建，是桂林地区乡村景观地域特质的精髓。结合“乡村景观形态”与“乡村景观的演进”的分析，对于桂林地区乡村景观的地域特质进行归纳。从形态上来看，它更多地来自于区域乡村或整体村庄环境中的自然环境地形地貌；人工环境中种植作物或营建材料对于本地物产资源的使用。从形态变化过程来看，它更多地反映在山水环境一直保持着在乡村景观形态变化中的主导作用；以及在此基础上，村庄风貌形成了山地、平原两套稳定的形式与材料营建工艺的发展线索。

从乡民利用调整乡村景观的逻辑与策略来看，它更多地反映在乡民对于山水为主的自然环境，在传统社会的尊崇，在现代化过程中的坚守；以及在有限的乡村建设资源下，乡民对于本土资源的利用与低投入的持续更新。

改革开放以来，随着乡村景观的价值转变，山水为主的自然环境、田园为主的生产环境，已经以不同的方式进行了商品化的转换与形式调整。然而，由于相应商品化对于外部消费群体的依赖，相应的环境维续出现瓶颈。此外，建筑为主的聚落环境，其本土建筑材料、营建资源未得到持续利用与商品化转换。这使得大部分以自主更新展开的乡村建设，无法延续对于本地资源的利用与技术更新。桂林地区乡村历史建筑的保护与地域建筑的延续成为聚落更新的困境。

因此，在外来乡村建设资源有限的桂林地区，立足本地乡村社区，基于自然山水进行整体风貌管理、基于本地资源进行营建拓展，既是维续桂林地区乡村地域特质保存的关键，又是促进桂林地区乡村发展的推力。

七、乡村景观的可持续发展需要结合地域特色，发展多样性的社会、文化、经济、生态价值，融合新居民保存与发展本土社区文化及可持续生活生产模式

“商品化”使得乡村社区在开放的市场关系中需要获得自身资源价值的认可。现有城乡、区域间甚至国际间的资源交换，影响着“乡村”外在价值。但同时，就传统的乡村社区而言，自身丰富的自然与社区资源为系统内循环经济是可持续社区非常重要的基础。在人口流动如此频繁的现代，乡村的特色也成为人们多样性生活方式、生产方式的组成之一。虽然一部分居民会迁移外地，但桂林乡村也在吸引着生活方式或价值认可一致的市民、外地人及外国人成为新乡民，形成新乡村社区。地域特色是动态变化的，它与自然、与本土社区的关联性、回应变化的路径与节奏是需要重点关注的内容。同时，新的社区结构中，如何包容多样性，如何在融合的过程中可持续发展地方文化亦是可以从传统、从本土社区的智慧中探寻的。

在未来的相关地域研究中，笔者认为还有进一步拓展的空间：

1. 桂林地区的乡村作为一个整体进行研究，在空间样本及类型研究上，尚有深入研究的可能，如桂林地区瑶、壮、汉各族的乡村环境特质。

2. 乡村景观作为一个动态变化的对象，本书对于“演进”研究以时间轴上的形态及其运动状态的比对进行分析。在深入的探讨中也尝试了以个别村庄进行连续的时间追踪。然而限于课题研究的时限，收集样本相对有限，时间阶段的连续度不强。未来尚可结合回访及更丰富的时间数据收集，对“演进”趋向及内部机制做出讨论。另外，虽然抽取了明、清、近代进行具体时间样本讨论，但限于篇幅，讨论以交待乡村景观的演进因素及相互作用关系为主，未来仍可以继续对于各时期的乡村景观形态及

演变展开深入讨论。

3. 虽然本书针对改革开放后桂林乡村本地居民的自我更新与景观的变动进行了综合分析，提出了未来应结合本地建筑材料及营建资源的产业化构想。其中论及了结合建筑教育开展的一些实验尝试，但在深度、广度上尚需结合广泛的地区建材、乡间匠人与施工团队展开更细致的论述。这是未来乡村建设中赋能社区的关键点之一。

期待大家一起关注乡村景观，共同探寻与实践乡村的保育。

参考文献

方志：

[1] （明）彭泽修，等. 民国方志选（六、七）：广西通志（明万历二十七年刊印）[M]. 台北：台湾学生书局，1986.

[2] 郝浴，修；廖必强，王如辰，等，纂. 广西通志（清康熙二十二年）[Z]. 京都大学图书馆藏.

[3] （清）金鉷，等，监修；钱元昌，陆纶，纂；广西地方志编纂办公室. 广西通志（雍正）[M]. 南宁：广西人民出版社，2009.

[4] 蔡呈韶，等，修；胡虔，等，纂. 临桂县志（嘉庆七年修光绪六年补刊）[M]. 台北：成文出版社，1967.

[5] 谢沄. 义宁县志（道光元年抄本）[M]. 台北：成文出版社，1975.

[6] 周诚之. 龙胜厅志（道光二十六年刊本）[M]. 台北：成文出版社，1967.

[7] 陶墫，修；陆履中，等，纂. 恭城县志（光绪十五年刊本）[M]. 台北：成文出版社，1967.

[8] 全文炳，修；伍嘉犹，等，纂. 平乐县志（光绪十年刊本）[M]. 台北：成文出版社，1967.

[9] 李繁滋. 灵川县志（民国十八年）[M]. 台北：成文出版社，1975.

[10] 黄旭初，监修；张智林，纂. 平乐县志（民国二十九年）[M]. 台北：成文出版社，1967.

[11] 黄昆山，等，修；康载生，等，纂. 全县志（民国二十四年）[M]. 台北：成文出版社，1975.

[12] 张岳灵，修；黎启动，纂. 阳朔县志（民国二十五年）[M]. 台北：成文出版社，1975.

[13] （清）谢启昆，修；胡虔，纂；广西师范大学历史系，中国历史文献研究室点校. 广西通志（全十册）[M]. 南宁：广西人民出版社，1988.

[14] 赖彦于. 广西一览[M]. 南宁：广西印刷厂，1935.

[15] 广西省统计局. 广西年鉴（民国二十五年）[M]. 台北：文海出版社有限公司，1999.

[16] 易熙吾，等. 桂林市年鉴[Z]. 桂林市文献委员会编印，1949.

[17]《桂林漓江志》编纂委员会. 桂林漓江志（上下）[M]. 南宁：广西人民出版社，2006.

[18] 广西壮族自治区地方志编纂委员会. 广西通志 · 大事记[M]. 南宁：广西人民出版社，1998.

[19] 广西壮族自治区地方志编纂委员会. 广西通志 · 教育志[M]. 南宁：广西人民出版社，1995.

[20] 广西壮族自治区地方志编纂委员会. 广西通志 · 农垦志[M]. 南宁：广西人民出版社，1998.

[21] 广西壮族自治区地方志编纂委员会. 广西通志 · 人口志[M]. 南宁：广西人民出版社，1993.

[22] 广西壮族自治区地方志编纂委员会. 广西通志 · 水利志[M]. 南宁：广西人民出版社，1998.

[23] 广西壮族自治区地方志编纂委员会. 广西通志 · 民俗志[M]. 南宁：广西人民出版社，1992.

[24] 广西壮族自治区地方志编纂委员会. 广西通志 · 宗教志[M]. 南宁：广西人民出版社，1995.

[25] 广西壮族自治区地方志编纂委员会. 广西通志 · 交通志[M]. 南宁：广西人民出版社，1996.

[26] 广西壮族自治区统计局. 广西统计年鉴（2012）[M]. 北京：中国统计出版社，2012.

[27] 桂林市地方志编委会. 桂林市志（1991-2005）[M]. 北京：方志出版社，2010.

[28] 桂林市地方志编委会. 桂林市志（上、中、下册）[M]. 北京：中华书局，1997.

[29] 阳朔县志编纂委员会. 阳朔县志[M]. 南宁：广西人民出版社，1988.

[30] 阳朔县地方志编纂委员会. 阳朔县志（1986-2003）[M]. 北京：方志出版社，2007.

[31] 阳朔县地方志编纂委员会. 阳朔县情资料汇编 [G]. 广西：阳朔县地方志编纂委员办公室，2007.

[32] 桂林市档案馆，桂林图书馆. 桂林游览史料汇编[G]. 广西：桂林市档案馆、桂林图书馆编印，1991.

[33] 荔浦县地方志编纂委员会. 荔浦县志[M]. 北京：生活 · 读书 · 新知三联书店，1996.

[34] 灵川县地方志编纂委员会. 灵川县志[M]. 南宁：广西人民出版社，1997.

[35] 平乐县地方志编纂委员会. 平乐县志[M]. 北京：方志出版社，1995.

[36] 龙胜县志编纂委员会. 龙胜县志[M]. 上海：汉语大词典出版社，1992.

[37] 龙胜各族自治县地方志编纂委员会. 龙胜各族自治县志（1988-2005）[M]. 北京：中国时代经济出版社，2013.

[38] 兴安县地方志编纂委员会. 兴安县志[M]. 南宁：广西人民出版社，2002.

[39] 灌阳县志编委办公室. 灌阳县志[M]. 北京：新华出版社，1995.

[40] 全州县志编纂委员会. 全州县志[M]. 南宁：广西人民出版社，1998.

[41] 临桂县志编纂委员会. 临桂县志[M]. 北京：方志出版社，1996.

[42] 恭城瑶族自治县地方志编纂委员会. 恭城县志[M]. 南宁：广西人民出版社，1992.

[43] 永福县志编纂委员会. 永福县志[M]. 北京：新华出版社，1996.

[44] 资源县志编纂委员会. 资源县志[M]. 南宁：广西人民出版社，1998.

[45] 桂林市城市建设管理局. 桂林市城市建设管理志[M]. 北京：中国建筑工业出版社，1995.

[46] 桂林市建设规划局．桂林市规划建筑志[M]．桂林：漓江出版社，1998.

[47] 灌阳县城乡建设委员会．灌阳县建设建筑志 [M]．南宁：广西人民出版社，1996.

[48] 桂林地区经济统计年鉴编委会．桂林地区经济统计年鉴[M]．北京：中国统计出版社，1995.

[49] 桂林经济社会统计年鉴编委会．桂林市经济社会统计年鉴[M]．北京：中国统计出版社，2010.

[50] 广西地情网[DB/OL].

[51] 桂林地情网[DB/OL] .

古籍：

[52] 北大国学研习系统．二十五史[DB/OL]．北京：北京大学.

[53] 北京爱如生数字化技术中心．中国基本古籍库[DB/OL]．合肥：黄山书社出版.

[54] （明）徐弘祖，著；烟照，方岩，闫若冰，校点．徐霞客游记[M]．济南：山东齐鲁书社，2007.

[55] 李官理．新广西[M]．广州：商务印书分馆，1907.

[56] W.H.Oldfield. Pioneering in Kwangsi-The Story of Alliance Missions in South China[M]. Harrisburg，Pa，1936.

[57] 伍联德．中华景象——全国摄影总集[M]．上海：良友图书印刷有限公司，1934.

[58] 刘锡蕃．岭表纪蛮[M]．商务印书馆，1935:45-47.

[59] 崔龙文．粤北纪行·桂林游记合编[M]．广州：广州澄怀书屋．1935.（桂林游记）.

[60] 庞新民．两广猺山调查[M]．上海：中华书局，1935.

[61] 行政院农村复兴委员会．广西省农村调查[M]．上海：商务印刷馆，1935.

[62] 桂林市政府．桂林市政府民国廿九年度工作报告[Z]．桂林：桂林市政府，1940.

[63] 桂林市政府．桂林市建筑规则[Z]．桂林：桂林市政府，1941.

[64] 陈正祥．广西地理[M]．重庆：正中书局，1946.

[65] 戴裔煊．干兰——西南中国原始住宅的研究[M]．广州：岭南大学西南社会经济研究所，1948.

著作：

[66] 广西文物考古研究所．广西考古文集（第三辑）[M]．北京：科学出版社，2007.

[67] 广西壮族自治区文物工作队．广西考古文集（第二辑）[M]．北京：科学出版社，2006.

[68] 广西壮族自治区博物馆．广西考古文集 [M]．北京：文物出版社，2004.

[69] 李长杰．桂北民间建筑[M]．北京：中国建筑工业出版社，1990.

[70] 广西民族传统建筑实录编委会．广西民族传统建筑实录[M]．南宁：广西科学技术出版社，1991.

[71] 吴正光，等．西南民居[M]．北京：清华大学出版社，2010.

[72] 雷翔．广西民居[M]．北京：中国建筑工业出版社，2009.

[73] 雷翔．广西民居[M]．南宁：广西民族出版社，2005.

[74] 唐旭，谢迪辉，等．桂林古民居[M]．桂林：广西师范大学出版社，2009.

[75] 黄恩厚. 壮侗民族传统建筑研究[M]. 南宁：广西人民出版社，2008.
[76] 覃彩銮. 壮族干栏文化[M]. 南宁：广西民族出版社，1998.
[77] 广西壮族自治区地图集编纂委员会. 广西壮族自治区地图集[M]. 北京：星球地图出版社，2003.
[78] 桂林市档案馆. 百年光影：桂林城市记忆[M]. 桂林：广西师范大学出版社，2012.
[79] 蒋廷瑜，彭书琳. 文明的曙光——广西史前考古发掘日记[M]. 南宁：广西人民出版社，2006.
[80] 覃乃昌. 壮族稻作农业史[M]. 南宁：广西民族出版社，1997.
[81] 黄现璠，黄增庆，张一民. 壮族通史[M]. 南宁：广西民族出版社，1988.
[82] 张家璠，张益桂，许凌云. 古代桂林山水文选[M]. 桂林：漓江出版社，1982.
[83] 李炳东，弋德华. 广西农业经济史稿[M]. 南宁：广西人民出版社，1985.
[84] 广西民族研究所. 广西少数民族地区石刻碑文集[M]. 南宁：广西人民出版社，1982.
[85] 黄体荣. 广西历史地理[M]. 南宁：广西民族出版社，1985.
[86] 向民，刘荣汉，梁有梅. 广西经济地理[M]. 南宁：广西教育出版社，1989.
[87] 古道编委会. 清代地图集汇编（二编）[M]. 西安：西安地图出版社，2005.
[88] 王建周. 桂林客家[M]. 桂林：广西师范大学出版社，2011.
[89] 梁漱溟. 乡村建设理论[M]. 上海：上海世纪出版社，2006.
[90] 梁雪. 传统村镇实体环境设计[M]. 天津：天津科学技术出版社，2001.
[91] 金其铭. 农村聚落地理 [M]. 北京：科学出版社，1988.
[92] 吴承洛. 中国度量衡史 [M]. 上海：上海书局，1984.
[93] 葛剑雄，曹树基，吴松弟. 简明中国移民史 [M]. 福州：福州人民出版社，1993.
[94] 李培林. 村落的终结——羊城故事[M]. 北京：商务印书馆，2004.
[95]（英）阿雷恩·鲍尔德温（Baldwin，E.），等. 文化研究导论（修订版）[M]. 陶东风，等，译. 北京：高等教育出版社，2004.
[96] 李立. 乡村聚落：形态、类型与演变——以江南地区为例[M]. 南京：东南大学出版社，2007.
[97] 刘晖. 珠江三角洲城市边缘传统聚落的城市化[M]. 北京：中国建筑工业出版社，2010.
[98] 叶齐茂. 发达国家乡村建设考察与政策研究[M]. 北京：中国建筑工业出版社，2008.
[99] 陆元鼎，杨新平. 乡土建筑遗产的研究与保护[M]. 上海：同济大学出版社，2008.
[100] 吴必虎，刘筱娟. 中国景观史 [M]. 上海：上海人民出版社，2004.
[101] 彭一刚. 传统村镇聚落景观分析[M]. 北京：中国建筑工业出版社，1992.
[102] 费孝通. 乡土中国[M]. 上海：上海人民出版社，2006.
[103] 费孝通. 江村农民生活及其变迁[M]. 兰州：敦煌文艺出版社，1997.
[104] 王昀. 传统聚落结构中的空间概念[M]. 北京：中国建筑工业出版社，2009.
[105] 刘沛林. 风水——中国人的环境观[M]. 上海：生活·读书·新知三联书店，1995.
[106] 刘沛林. 古村落：和谐的人聚空间[M]. 上海：生活·读书·新知三联书店，1997.
[107] 吴良镛. 人居环境科学导论[M]. 北京：中国建筑工业出版社，2002.
[108] 吴良镛，等. 人居环境科学研究进展（2002-2010）[M]. 北京：中国建筑工业出版社，2011.

[109] 刘黎明. 乡村景观规划[M]. 北京：中国农业大学出版社，2003.

[110] 段进，等. 世界文化遗产西递古村落空间解析[M]. 南京：东南大学出版社，2006.

[111]（日）进士五十八，铃木诚，一场博幸. 乡土设计手法——向乡村学习的城市环境营造[M]. 李树华，杨秀娟，董建军，译. 北京：中国林业出版社，2008.

[112] 乌廷玉. 中国历代土地制度史纲（上）[M]. 长春：吉林大学出版社，1987.

[113] 华揽洪. 重建中国——城市规划三十年（1949-1979）[M]. 李颖，译. 北京：生活·读书·新知三联书店，2006.

[114] 张松. 城市文化遗产保护国际宪章与国内法规选编[M]. 上海：同济大学出版社，2007.

[115] 陈威. 景观新农村：乡村景观规划理论与方法[M]. 北京：中国电力出版社，2007.

[116] 方明，刘军. 新农村建设政策理论文集[M]. 北京：中国建筑工业出版社，2006.

学位论文：

[117] 李玲. 桂林近代城市规划历史研究（1901-1949）[D]. 武汉：武汉理工大学，2008.

[118] 郭建琳. 桂林城市历史文化特色与保护探索[D]. 广州：华南理工大学，2004.

[119] 高伟. 广西旧县村保护与复兴策略研究[D]. 广州：华南理工大学，2010.

[120] 赵冶. 广西壮族传统聚落及民居研究[D]. 广州：华南理工大学，2012.

[121] 熊伟. 广西传统乡土建筑文化研究[D]. 广州：华南理工大学，2012.

[122] 石拓. 中国南方干栏及其变迁研究[D]. 广州：华南理工大学，2013.

[123] 张伦方. 中国区域农村工业化问题研究[D]. 成都：西南财经大学，2007.

[124] 魏开. 滘中村的空间转换——一个珠三角村庄的土地利用与土地权属变化[D]. 广州：中山大学，2010.

[125] 杨鑫. 地域性景观设计理论研究[D]. 北京：北京林业大学，2009.

[126] 熊昌锟. 明末至民国时期桂北圩镇与周边农村社会研究——以灵川大圩为中心[D]. 桂林：广西师范大学，2012.

期刊论文：

[127] 葛立成. 产业集聚与城市化的地域模式——以浙江省为例[J]. 中国工业经济 2004. 1（1）：56-62.

[128] 闫小培，魏立华，周锐波. 快速城市化地区城乡关系协调研究——以广州市“城中村”改造为例[J]. 规划研究，2004，3（28）：30-38.

[129]（日）福田亚细男. 村落领域论[J]. 周星，译. 民间文化，2005（1）：78-89.

[130] 刘沛林. 古村落文化景观的基因表达与景观识别[J]. 衡阳师范学院学报（社会科学版），2003，24（4）：1-8.

[131] 周心琴. 西方国家乡村景观研究新进展[J]. 地域研究与开发，2007（3）：85-90.

[132] 沈克宁. 批判的地域主义[J]. 建筑师，2004，10（5）：45-55.

[133] 张小林. 乡村概念辨析[J]. 地理学报，1998，7（53）：365-371.

[134] 项继权. 中国农村建设:百年探索及路径转换[J]. 甘肃行政学院学报，2009，2：85-94.

[135] 周作翰，张英洪. 改革以前中国乡村和农民问题研究回顾[J]. 湖南文理学院学报（社会科学版），2007，3：14-19.

[136] 王景新．乡村建设的历史类型、现实模式和未来发展[J]．中国农村观察，2006，3：46-59.

[137] 刘家峰．基督教与中国近代乡村建设论纲[J]．浙江学刊，2003，5：111-120.

[138] 肖旻．作为“泛文化遗产”的古村落保护[J]．广州花都 中国古村落保护与发展研讨会论文集2010：67-70.

[139] 杨焕典，梁振仕，李谱英，等．广西的汉语方言（稿）[J]．方言，1985（3）：181-190.

[140] 张美良，朱晓燕，覃军干，等．桂林甑皮岩洞穴的形成——演化及古人类文化遗址堆积浅议[J]．地球与环境，2011（39）：305-312.

[141] 广西壮族自治区文物工作队资源县文物管理所．广西资源县晓锦新石器时代遗址发掘简报考古[J]．2004（3）：7-30.

[142] 漆招进．桂东北漓江流域的石器时代洞穴遗址及其分期[J]．农业考古，2000（1）：47-80.

[143] 广西壮族自治区文物工作队．平乐银山岭汉墓[J]．考古学报，1978，4：467-495.

[144] 蒋廷瑜．广西汉代农业考古概述[J]．农业考古，1981（2）：61-68.

[145] 广西壮族自治区文物工作队．广西永福县寿城南朝墓[J]．考古（7）：612-623.

[146] 黄金铸．六朝岭南农业开发的综合考察[J]．中南民族学院学报（哲学社会科学版），1999，2（97）：57-61.

[147] 林志杰．简论六朝时期广西的民族关系[J]．广西民族研究，1995（2）：33-36.

[148] 蒋廷瑜．从广西出土的南朝地券看当时社会经济状况[J]．广西民族学院学报（哲学社会科学版），1985（3）：59-63.

[149] 何乃汉．广西史前时期农业的产生和发展初探[J]．农业考古，1985（02）：90-95，125.

[150] 杨清平．试论六朝时期广西地区的农业[J]．农业考古，2003（03）：96-98.

[151] 黄金铸．从六朝广西政区城市发展看区域开发[J]．中南民族学院学报（哲学社会科学版），1995，6（76）：93-96.

[152] 黄金铸．六朝岭南农业开发的综合考察[J]．中南民族学院学报（哲学社会科学版），1999，2（97）：57-61.

[153] 鲁西奇．广西所出南朝买地券考释[A]//历史·环境与边疆——2010年中国历史地理国际学术研讨会论文集[C]．桂林：广西师范大学出版社，2012，6：7-16.

[154] 郑维款．清代广西生态环境变迁研究[A]//历史·环境与边疆——2010年中国历史地理国际学术研讨会论文集[C]．桂林：广西师范大学出版社，2012，6：257-258.

[155] 广西壮族自治区文物工作队，兴安县博物馆．广西兴安县秦城遗址七里坪王城城址的勘探与发掘[J]．考古，1998（11）：34-47.

[156] 柳春藩．曹魏两晋的封国食邑制度[J]．史学集刊，1993（1）：1-6.

[157] 韩光辉．广西桂林地区城镇体系的形成与发展[J]．中国历史地理论丛No.1，1995：91-105.

[158] 桂林博物馆．广西桂州窑遗址[J]．考古学报，1994（4）：499-526.

[159] 黄展岳．论两广出土的先秦青铜器[J]．考古学报：1986．10：409-434.

[160] 章百家．改变自己影响世界——20世纪中国外交基本线索刍议[J]．中国社会科学，2002（1）：11-13.

[161] 邵晖，黄晶，左腾云．桂林龙胜龙脊梯田整治水资源平衡分析[J]．中国农学通报，

2011，27（14）：227-232.

[162] 广西壮族自治区文物工作队，兴安县博物馆．兴安界首汉晋墓的清理[A]//广西壮族自治区博物馆．广西考古文集 [C]．北京：文物出版社，2004，5：290.

[163] 广西壮族自治区文物工作队．广西永福县寿城南朝墓[J]．考古，1983（7），612-623：613.

[164] 李珍．广西湘江流域史前文化遗址调查与研究[A]//广西壮族自治区文物工作队编．广西考古文集（第二辑）[C]．北京：科学出版社，2006：238-277.

[165] 广西壮族自治区文物工作队，兴安县博物馆．兴安石马坪汉墓[A]//广西壮族自治区博物馆．广西考古文集 [C]．北京：文物出版社，2004，5：238.

[166] 广西文物考古研究所，桂林市文物工作队，阳朔县文物管理所．2005年阳朔县高田镇古墓葬发掘报告[A]//广西文物考古研究所．广西考古文集（第三辑）[C]．北京：科学出版社，2007：193-194.

[167] 广西文物考古研究所，灵川县文物管理所．桂林电子工业学院尧山校区三国至西晋墓的发掘报告[A]//广西文物考古研究所．广西考古文集（第三辑）[C]．北京：科学出版社，2007：319.

其他资料：

[168] 村松伸．建筑史的诞生与成长[R]．广州：华南理工大学讲座与展览，2012.

[169] 黎氏资料编写组．阳朔县黎氏史料汇编（2008）[G]．桂林：阳朔黎氏资料室，2007.

[170] 广西壮族民居调查组．广西壮族民居调查图集[Z]．南宁：广西壮族自治区建筑工程局综合设计院，1963，10.

[171]《桂林市建设现代化国际旅游城市的标准和发展战略》课题组．桂林市建设现代化国际旅游城市的标准和发展战略[M]．北京：中国旅游出版社，2007.

[172] 桂林市旅游局，中山大学旅游发展与规划研究中心．桂林市旅游发展总体规划 2001-2020[M]．北京：中国旅游出版社，2002.

后记

2007年之前，桂林对于我来说是一个陌生的地方。机缘巧合，走进了这里的乡村。在付梓之际，重新看回这片土地时，自己不禁感慨，或许应该首先感谢这片土地带给我在思想、意志与知识上的锤炼。而在七年漫长的求学过程中，我得到了众多前辈与朋友的帮助、关心和鼓励，这里希望可以表达我对大家的感谢！

感谢博士导师陆琦教授，硕士导师鲍戈平副教授，一直以来在学习上的悉心指导、在生活上的帮助。两位老师为人谦和、学识渊博、认真负责，时时了解我的研究动向，指导我厘清思路，使我能够顺利完成论文。

感谢出席开题、预答辩、答辩的何镜堂院士、吴硕贤院士、吴庆洲教授、唐孝祥教授、郭谦教授、肖大威教授、田银生教授、蔡云楠教授，他们花费了宝贵的时间和精力，为论文的进一步完善提出了许多中肯意见。

感谢李涛先生、黄全乐博士对于论文提供许多宝贵的意见！感谢林哲博士、熊伟博士、赵冶博士、桂林市城建档案馆的林老师，对本论文的研究资料收集提供了大力支持。感谢陈吟博士、刘渌璐博士等与我平日展开的研究讨论。感谢王元毅先生，在调研过程中提供的帮助。感谢本书的出版过程中，同门赵紫伶提供的帮助。

感谢法国友人Frederic Coustols，将我带入桂林这片土地，开启一个新的世界。感谢D.a.S.T.的全体师生，在学习、调研工作中的帮助、支持！感谢同门的兄弟姐妹们对于我的支持与帮助。感谢所有关心和支持我的同学和朋友们。

特别感谢母亲邹慧洁女士，由始至终无私的爱与奉献，对于我学习与生活上的支持。感谢先生金裕益的支持！感谢所有的家人，他们对我的关爱是支撑我不断进取的动力！

谨以此书向所有关心和帮助我成长的人致谢！